西安交通大学 本科"十四五"规划教材

测控基础实训教程

cekong jichu shixun jiaocheng

（第3版）

主　编　张育林
副主编　王　娜　黄宝娟
编　者　李　铭　王明伟　毕文婷

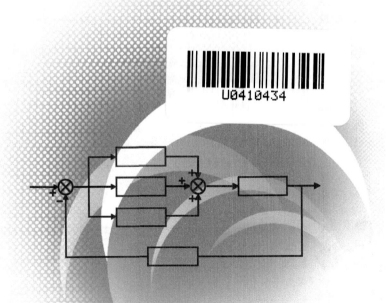

西安交通大学出版社

内容简介

本书是针对高等教育理工科专业二、三年级学生开展测量及控制的基础训练和提升教材，重点介绍测控系统原理、各个模块的组成原理以及各个模块相互之间的连接和影响。用软件和硬件结合应用方面，引导学生用传感器、测量电路、控制电路、计算机等几大功能模块构建一个基本的测、控系统。从应用的角度出发，注重各功能模块的技术要求、相互间的连接和影响，使初学者可以快速了解测控系统的基本功能和组成，建立测控系统的总体认知。

本书内容涉及实训安全规范、通用测量仪器的使用、测量系统的设计、控制系统的构成和设计、计算机编程控制等。另外，为了顺应技术发展和社会需求，第三版教材增加了典型测控系统案例章节，包括智能门禁控制系统、电梯控制系统、模块化机器人以及智能家居系统设计等内容。

图书在版编目（CIP）数据

测控基础实训教程 / 张育林主编. —3 版. —西安：
西安交通大学出版社,2025.3
西安交通大学本科"十四五"规划教材
ISBN 978-7-5693-3439-5

Ⅰ.①测… Ⅱ.①张… Ⅲ.①工程测量—高等学校—教材 Ⅳ.TB22

中国国家版本馆 CIP 数据核字(2023)第 185581 号

书　　名	测控基础实训教程（第 3 版）
主　　编	张育林
副 主 编	王　娜　黄宝娟
责任编辑	李慧娜
责任校对	李　文　魏　萍
出版发行	西安交通大学出版社 （西安市兴庆南路 1 号　邮政编码 710048）
网　　址	http://www.xjtupress.com
电　　话	(029)82668357　82667874(市场营销中心) (029)82668315(总编办)
传　　真	(029)82668280
印　　刷	西安日报社印务中心
开　　本	787 mm×1092 mm　1/16　印张 18.375　字数 434 千字
版次印次	2025 年 3 月第 3 版　2025 年 3 月第 1 次印刷
书　　号	ISBN 978-7-5693-3439-5
定　　价	46.00 元

如发现印装质量问题，请与本社市场营销中心联系。
订购热线：(029)82665248　(029)85667874
投稿热线：(029)82668315
读者信箱：64424057@qq.com

版权所有　侵权必究

前　言

近年来，随着我国产业结构的调整和优化，社会正在经历"百年未有之大变局"，新一轮科技革命和产业变革加速进行，以新技术、新业态、新产业、新模式为特点的社会经济蓬勃发展，迫切需要高素质的专业技术人才。培养学生的创新意识、创新能力，以贴近实际的项目和案例训练培养学生学科交叉能力、团队合作的精神，使学生学得快、记得牢、用得活，从而提升学生的工程素养和创新实践能力。

本书和测控体系具有以下特点：

(1) 与传统课程实验不同，不附属于任何一门课程，主要通过让学生直接学习器件、部件、机构等外特性及应用相关知识，直观地了解所学的知识，易于理解，将理论和实践紧密结合。

(2) 注重工程概念的建立，以典型环节和典型系统为核心进行引导，方便学生开展自主学习。章节设计从学生熟悉的系统应用中提出问题，启发学生思考，激发学生兴趣，引导学生发现问题、分析问题和解决实际问题。

(3) 训练内容针对不同专业学生开发了多种模块，训练内容层次递进，既包含基本通识内容，又包含机电综合项目的设计与开发。基础实训课程与拓展训练、综合工程训练课程体系相结合，满足不同专业、不同层次同学的需求。

(4) 在多个综合训练环节，学生通过自主选择训练项目、组建项目小组、小组讨论、动手实践等多种手段进行学习，从而使学生具备工程实践能力、分析解决问题能力、综合设计能力、团队协作能力，激发创新意识。

(5) 为了更好地开展测控训练，自主开发了各种物理量测量装置、信号处理板、驱动与控制训练板，以及智能门禁控制系统、电梯控制系统等机电综合系统，从而保证实训体系的完整和层次递进。

(6) 实训过程强调工程规范，引导学生团队配合、不惧困难、相互鼓励，培养学生严谨务实的精神和责任担当，对学生工程素养的培养，体现在教学的全过程，渗透到每一个环节。

参与编写测控技术实训教程的作者长期从事测控技术、机器人、机电系统相关教学和研究工作，对于测控体系的构建也在不断探索和完善，希望通过本教材为广大师生提供参考。张育林、王娜负责组织编写和统稿工作。张育林、王娜编写第1章，王娜、张育林编写第2章，张育林、李铭、王明伟编写第3章，张育林、毕文婷编写第4章，黄宝娟、张育林编写第5章，张育林、王娜编写第6章，王娜、张育林编写第7章，黄宝娟编写第8章，李铭编写第9章。王娜编写附录1，张育林编写附录2，张育林、黄宝娟编写附录3至附录7。由于编者水平有限，经验不足，书中难免存在一些问题，欢迎读者批评指正。

编　者

2025年1月

目　　录

第1章　绪论 …………………………………………………………………………… 1
　　1.1　概述 ………………………………………………………………………… 1
　　1.2　测控实训的目标和内容 …………………………………………………… 1
　　1.3　实训安全操作规程 ………………………………………………………… 2

第2章　通用测量仪器的使用 ………………………………………………………… 4
　　2.1　波形的参数 ………………………………………………………………… 4
　　2.2　数字示波器 ………………………………………………………………… 6
　　2.3　信号发生器 ………………………………………………………………… 15
　　2.4　直流电源 …………………………………………………………………… 19
　　2.5　数字万用表 ………………………………………………………………… 23
　　2.6　训练内容 …………………………………………………………………… 25

第3章　测量系统 ……………………………………………………………………… 26
　　3.1　概述 ………………………………………………………………………… 26
　　3.2　测量系统的组成 …………………………………………………………… 26
　　3.3　传感器特性 ………………………………………………………………… 27
　　3.4　常用传感器 ………………………………………………………………… 32
　　3.5　信号调理电路 ……………………………………………………………… 51
　　3.6　信号显示 …………………………………………………………………… 64

第4章　控制系统 ……………………………………………………………………… 72
　　4.1　控制系统的基本概念 ……………………………………………………… 72
　　4.2　控制系统的硬件构成 ……………………………………………………… 78
　　4.3　控制理论及技术 …………………………………………………………… 94
　　4.4　本章小结 …………………………………………………………………… 102

第5章　计算机控制系统 ……………………………………………………………… 103
　　5.1　概述 ………………………………………………………………………… 103
　　5.2　计算机控制系统的组成 …………………………………………………… 104
　　5.3　采集卡 PCI－1710 简介 …………………………………………………… 106
　　5.4　开关量的输入、输出通道 ………………………………………………… 114

5.5	模拟量的输入、输出通道	117
5.6	本章小结	128
5.7	训练内容	129

第6章 智能门禁控制系统 136

6.1	门禁系统	136
6.2	通道门禁控制系统	142
6.3	翼闸教学实验平台	147
6.4	智能门禁控制系统的实现	152

第7章 电梯控制系统 157

7.1	概述	157
7.2	透明仿真教学电梯	169
7.3	优化节能电梯系统	184
7.4	感应式群控电梯系统	187

第8章 基于单片机控制的模块化机器人 193

8.1	概述	193
8.2	Basra 控制板	194
8.3	编程环境	198
8.4	常用函数	201
8.5	Bigfish 扩展板简介	203
8.6	Basra 控制板的使用	205
8.7	本章小结	218
8.8	训练内容	218

第9章 智能家居系统的设计与开发 221

9.1	概述	221
9.2	智能家居实现的功能	221
9.3	智能家居技术架构	222
9.4	无线组网技术基础	223
9.5	ZigBee 通信网络	225
9.6	智能家居系统的总体结构	227
9.7	本章小结	244

附录1 常用元器件 245

F1.1	电阻器	245
F1.2	电容器	247

	F1.3	半导体二极管	250

附录 2　C++控制程序设计 ... 252

	F2.1	概述	252
	F2.2	C++语言基础	252
	F2.3	函数及常用 C++函数	259
	F2.4	VC 6.0 开发环境介绍	262
	F2.5	创建 C++控制台(console)程序	265
	F2.6	编程规范	267
	F2.7	WinIo 库的使用	268
	F2.8	小结	268
	F2.9	基本训练内容	269

附录 3　PCI-1710 数据采集控制卡 ... 270

附录 4　开关量输入例程 DItest.cpp ... 278

附录 5　开关量输出通道例程 DOtest.cpp ... 280

附录 6　模拟量输入通道例程 AItest.cpp ... 282

附录 7　模拟量输出通道例程 AOtest.cpp ... 284

参考文献 ... 286

第1章 绪论

无论是科学研究、工程设计还是工业生产,都需要通过大量测试取得客观事物的正确量值,从而了解事物的本质。并根据得到的信息采取措施,使某一客观事物尽可能按照希望的方式运行。这个活动有两个基本过程:一是对系统状态的了解,即测量过程;二是对系统状态的改变,即控制系统。用于检测过程的人工系统称为测量系统;用于控制过程的人工系统则称为控制系统。测量的目的是为了更好地控制,控制的结果需要测量来检验,这是一个反馈过程。这两类系统统称为测控系统。

1.1 概述

人类在认识世界和改造世界的过程中,一方面要采用各种方法获得客观事物的量值,这个任务称为"测量";另一方面也要采用各种方法支配或约束某一客观事物的进程结果,这个任务称为"控制"。测控系统或仪器则是以测量和控制为目的的系统或仪器。测控系统逐步发展的半个多世纪,经历了从简单到复杂、从手动到自动、从集中式到分布式的革新。传统的测控系统主要由测控电路组成,所具备的功能比较简单。随着计算机技术和通信网络技术的迅猛发展,传统的测控系统发生了根本变革,计算机和网络成为测控系统的主体和核心,形成了现代测控系统。

测控系统的功能含义十分丰富:就其功能而言,测控系统的功能包括"测量"与"控制"两部分,即检测被控变量,并根据检测的参数去控制执行机构;就其技术内涵而言,测控系统是传感器技术、通信技术、计算机技术、控制技术、计算机网络技术等信息技术的综合;就其应用而言,测控系统是现代化生产和管理的有力工具,广泛应用于国民经济的各个领域,如化工、冶金、纺织、能源、交通、电力、城市公共事业等,在科学研究、国防建设和空间技术中的应用更是屡见不鲜。

1.2 测控实训的目标和内容

测控系统的应用广泛,不同应用领域使用的测控仪器或系统的名称、组成、型号、性能各不相同。但是如果从总体设计的角度出发,研究各模块设计的必要性以及整体对各模块的技术要求,会发现各个模块组装成整体的基本原则是大体相似的。而研究测控系统各个模块的组成原理、各个模块相互之间的连接和影响,软件和硬件的结合方式和方法,对于初学者快速了解测控系统的基本功能和组成,建立测控系统的总体认知是十分必要的。因此,测控实训定位于让学生了解测量及控制系统的组成,学会怎样用传感器、测量电路、控制电路、计算机等几大功能模块构建一个基本的测量及控制系统;从应用的角度出发,注重各功能模块的技术要求、相互间的连接和影响;侧重培养学生自主动手能力,学生可以在提供的多种传感器之间自主选择一种,自主设计并搭建相关电路。最后提供若干个实际系统(或实际系统模型)供学生选择几项,完成测控系统的综合训练。

测控实训不同于测控技术专业课,也不同于一般实验课,更不同于生产实习。它不依附于某一门课程,是综合性的实践环节,既涉及硬件及测控技术理论知识,同时又需要软件来实现控制功能,主要是通过学生操作、观察、总结、分析直接获取知识,积累工程实践经验。在教学中,注重工程概念的建立,教师以典型环节和典型系统为核心进行引导,以学生自主学习为主、教师引导解惑为辅,由学生自主选择训练项目、自主组建项目小组、进行小组讨论、进行实际动手等多种手段进行学习,从而使学生具备工程实践能力、分析解决问题能力、综合设计能力、创新意识、团队协作能力。

1.3 实训安全操作规程

1.3.1 通用电气设备安全

1. 安全准备工作

安全准备工作包括以下几个方面:

①进入工作或实习场地,应详细了解周边环境和工作内容,对涉及的电气线路在未经测电笔确定无电前,应一律视为"有电",不可用手触摸,不可绝对相信绝缘体。

②电气设备正常不带电的金属外壳、框架,应采取保护接地(接零)措施。工作之前,检查所用设备的金属器外壳是否接地。具体方法为检测电气设备金属外壳与电源线接地端之间的电阻,如已接地,则电阻应小于 4 Ω。

③正确选用和安装电气设备的导线、开关、保护装置。

④设备通电之前,检查设备电源线是否完好,环境电源是否与设备的电压、容量相吻合。

⑤如果设备无法开机,请用万用表检查电源的插座是否有电,设备的保险管是否完好。

⑥合理配置和使用各种安全用具、仪表和防护用品。对特殊专用安全用具要定期进行安全试验。

⑦如需进行线路故障排除,应先关闭工作场地电源的开关或电气设备开关,养成良好习惯,切勿带电操作。

⑧导线或电器着火时,应先断电,再用干粉灭火器灭火。切不可用泡沫灭火器(灭火泡沫导电)。

2. 实验室用电安全基本要求和注意事项

①用电安全的基本要素有:电气绝缘良好、保证安全距离、线路和插座容量与设备功率相适宜、不使用三无产品。

②实验室内电气设备及线路设施必须严格按照安全用电规程和设备的要求实施,不许乱接、乱拉电线,墙上电源未经允许,不得拆装、改线。

③了解有关电气设备的规格、性能及使用方法,严格按额定值使用。注意仪表的种类、量程和使用方法。

④在实验室同时使用多种电气设备时,其总用电量和分线用电量均应小于设计容量。连接在接线板上的用电总负荷不能超过接线板的最大容量。

⑤实验室内应使用空气开关并配备必要的漏电保护器;电气设备和大型仪器须接地良好,对电线老化等隐患要定期检查并及时排除。

⑥实验中,要随时注意仪器设备的运行情况,如发现有超量程、过热、异味、冒烟、火花等情况,应立即断电,并请相关人员检查。

⑦实验时同组者必须密切配合,接通电源前须通知同组者以防发生触电。

⑧移动电气设备时,一定要先拉闸停电,后移动设备,绝不可带电移动。

⑨接线板不能直接放在地面,不能多个接线板串联。

⑩电源插座需固定;不使用损坏的电源插座;空调应有专门的插座。

⑪实验前先检查用电设备,再接通电源;实验结束后先关仪器设备,再关闭电源。

⑫离开实验室或遇突然断电,应关闭电源,尤其要关闭加热电器的电源开关。

1.3.2 实验室管理安全规程

为规范大学生教学实习活动,保障参加实习活动的师生人身安全,制定实验室安全管理规定:

①实习前必须了解实习内容、时间安排和纪律要求,接受必要的安全教育。

②严格遵守实习纪律,按要求着装,实习中不得擅离工作岗位。

③认真完成实习内容,扎实训练基本技能,提高实践动手能力,认真完成实习报告和实习总结。

④认真听从指导教师的安排,严格遵守安全操作规程,不得违章操作,未经指导教师允许不得启动仪器仪表及装置。

⑤操作过程中如出现意外情况,应立即切断电源,保护好现场并及时报告指导教师。

⑥故意违反安全操作规程或者不按实习规定操作,经批评教育不改者责令停止实习,待有了正确认识后方可恢复实习。

⑦实习期间严格遵守考勤制度,因紧急事情需要请假,所缺实习另行安排时间补修。

⑧不准携带任何与实习无关的物品进入实习场所,书包、雨伞等物品应在指定地点存放,保持实习场所肃静,保持实验室及仪器设备的卫生整洁。

⑨实验设备运行中,实习人员不得离开现场。

⑩离开实验室前关闭电源,收好所用工具及材料,认真打扫卫生,经指导老师检查合格后方可离开。

第 2 章 通用测量仪器的使用

对于反映被测物理量变化过程的信号,将其转换成人们视觉所见的各种波形或可读取的数值,是测试系统中不可缺少的环节。常见的表示信号的波形及其参数有哪些,如何描述以及观察它们,是我们本章要解决的问题。

正弦波、锯齿波和矩形波在工程中有广泛的应用,它们的波形参数可以用来表示信息。认识这些常用信号的波形参数具有非常重要的实践意义。

2.1 波形的参数

2.1.1 信号的波形参数

1. 正弦波

正弦波的主要参数有周期、幅值、峰峰值、直流电平,如图 2-1 所示。

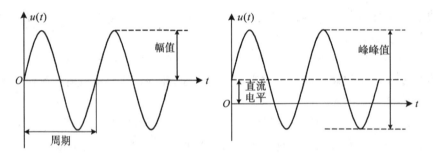

图 2-1 正弦波的主要参数

2. 锯齿波和三角波

锯齿波的主要参数有周期、峰峰值、直流电平、上升段斜率和下降段斜率,如图 2-2 所示。三角波是上升段斜率和下降段斜率绝对值相等的锯齿波,如图 2-3 所示。

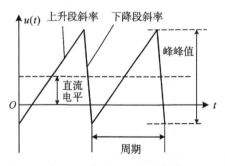

图 2-2 锯齿波的主要参数

第 2 章 通用测量仪器的使用

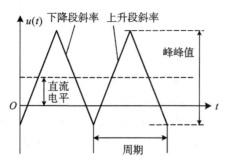

图 2-3 三角波的主要参数

3. 矩形波和方波

矩形波的主要参数有周期、峰峰值、直流电平、高电平、低电平和占空比。

$$占空比 = \frac{高电平段宽度}{周期} \times 100\%$$

方波是占空比为 50% 的矩形波。矩形波和方波的主要参数如图 2-4、2-5 所示。

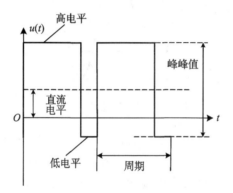

图 2-4 矩形波的主要参数

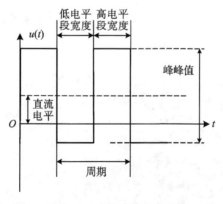

图 2-5 方波的主要参数

观察到信号波形及其参数后,将表示信号的波形及其参数记录下来,能够为后续分析和研究提供依据。如何用简明的表达清晰准确地反映信号是接下来需要解决的问题。

2.1.2 信号的记录

通常波形的记录有下列几个要点：

①坐标系的建立：包括横纵坐标及坐标原点。横纵坐标应标出物理量/单位，对于复杂波形，还应标出坐标刻度。如图2-6所示，纵坐标是电压，横坐标是时间，表明是随时间变化的电压信号。需要注意的是，横坐标是时间，一般不在其负半轴作图。测量结果直接标注到图中。

②如实记录波形：对于周期信号，记录一至两个完整周期的波形；对于非周期信号则应记录完整信号。

③标出信号的波形参数：波形中的关键点，例如波形曲线的拐点；同一坐标内多条信号曲线的应标出每条信号曲线的物理意义等。

④简要说明记的信号：例如获得信号的测试环境、系统或元件参数等。

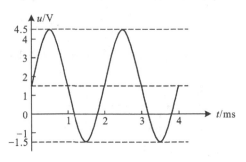

图2-6 正弦波信号的记录

观察信号，搭建测量系统需要用到通用测量仪器。示波器、函数信号发生器、直流稳压电源、数字多用表这四种通用测量仪器是工业系统测量技术中必不可少的工具。这几种工具能用来做什么，如何正确使用它们正是我们接下来需要解决的问题。

2.2 数字示波器

示波器是用来观察信号的波形、测量信号的幅值、周期等参数的仪器。示波器分为数字型和模拟型两类，图2-7所示即为数字示波器。

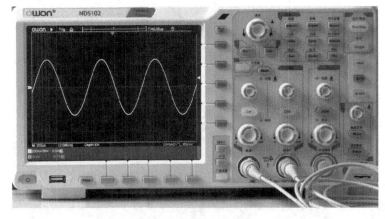

图2-7 数字示波器

示波器的基本工作原理如图 2-8 所示。

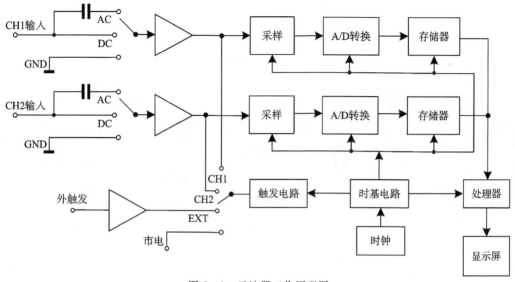

图 2-8 示波器工作原理图

将被测信号送入示波器,输入的电压信号经过耦合电路送至放大器,放大器将输入信号放大,以提高示波器的灵敏度和动态范围。放大器输出的信号经过采样/保持电路进行采样,送至 A/D 转换电路进行数字化转换,信号转换成数字形式存入存储器。处理器对存储器中存储的数字信号波形进行相应的处理,显示在显示屏上。

触发决定了示波器何时开始采集数据和显示波形。正确设定触发,可以将不稳定的显示转换成有意义的波形。

2.2.1 示波器的基本操作

了解了示波器的基本工作原理后,使用者更关注的是如何使用示波器。示波器的使用通过操作示波器前面板上的各种旋钮和功能按键实现。示波器前面板如图 2-9 所示。

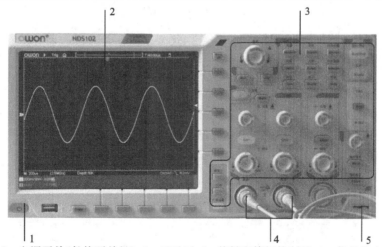

1—电源开关(长按开关机);2—显示区;3—按键和旋钮控制区;4—信号输入通道及通道连接电缆;5—探头补偿:5 V/1 kHz 信号输出。

图 2-9 示波器前面板

示波器的基本操作步骤如下。

1. 准备工作

(1)检查示波器电源连接和通道电缆连接

示波器通道连接电缆称为探头,如图2-10所示。

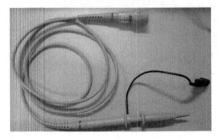 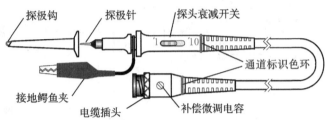

图2-10 示波器探头

注意:确认探头完好并与示波器通道插口连接可靠。

(2)选择通道,接入信号

根据被测信号的数量和测量需求选择通道,例如同时要观察两路不同的信号波形可以同时使用两个通道。利用探头接入被测信号,如图2-11所示,探极钩接信号端,接地鳄鱼夹接地。

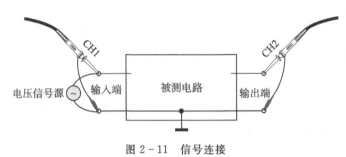

图2-11 信号连接

注意:示波器两个探头的接地鳄鱼夹是连通的,不能连接在不同电位点。

2. 接通示波器电源

长按主机左下方的电源开关键,机内继电器将发出轻微的咔哒声。仪器执行所有自检项目,出现开机画面。开机画面消失后,显示屏出现信息。示波器的显示区如图2-12所示。

屏幕中的显示界面如图2-13所示。波形显示区水平和垂直地划分出若干格,为了观察方便,波形显示区边框线和中心十字线对应的每一格又划分成5小格。

第 2 章 通用测量仪器的使用

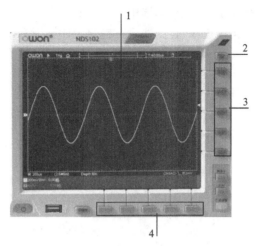

1—显示界面;2—隐藏侧屏幕菜单;3—选择右侧屏幕菜单项;4—选择正文屏幕菜单项。

图 2-12 示波器显示区

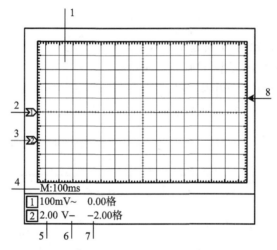

1—波形显示区;2—CH1 通道坐标 x 轴(0 V 线);3—CH2 通道坐标 x 轴(0 V 线);4—主时基设定值(时间/格);5—对应通道的电压挡位(电压/格);6—对应通道的耦合方式:"—"表示直流耦合(DC),"~"表示交流耦合(AC),"⏚"表示接地耦合;7—对应通道 0 V 线的位置,即通道坐标 x 轴与屏幕中心水平刻度线的距离;8—通道的触发电平位置。

图 2-13 示波器显示界面

注意:不同通道的波形及参数用不同颜色区分,且颜色与对应通道 0 V 线标识颜色相同。

3. 控制面板的操作

(1)垂直控制区的按键和旋钮(如图 2-14 所示)

CH1:通道 1 波形和垂直菜单显示按键。

CH2:通道 2 波形和垂直菜单显示按键。

CH1、CH2 按键的选中将产生下列三种结果:

①如果波形关闭,则选中按键打开波形并显示通道垂直菜单。

②如果波形打开但没有显示其菜单,则选中按键显示其菜单。

③如果波形打开并且其菜单已显示,则选中按键将关闭波形和不显示菜单。

图 2-14 垂直控制区

通道 1 和通道 2 可以通过分别选中 CH1、CH2 按键独立工作,也可以通过同时选中 CH1、CH2 按键实现双踪方式工作,同时显示两路信号。

通道 1 和通道 2 的垂直菜单内容相同,只在菜单栏最后用数字 1 和 2 区分通道。以通道 1 的垂直菜单为例,如图 2-15 所示,出现在显示区屏幕右下方。

耦合	反相		探头	带宽限制		1
接地	开启	关闭	X10	20M		

图 2-15 通道垂直菜单

通道垂直菜单说明见表 2-1。

表 2-1 垂直菜单功能说明

功能菜单	设定	说明
耦合	直流	通过输入信号的交流和直流成分
	交流	阻挡输入信号的直流成分
	接地	断开输入信号
反相	开启	打开波形反相功能
	关闭	波形正常显示
探头	1X	根据探头衰减开关设定值选取探头衰减系数,使它们取值相同,以保证垂直挡位读数准确
	10X	
带宽限制	全带宽	示波器的带宽
	20M	限制带宽至 20 MHz 以减少显示噪音

注意:示波器出厂时菜单中的探头衰减系数的预定设置为10X。

垂直位移:调整对应通道信号的垂直显示位置旋钮。若按下此旋钮,通道垂直显示位置恢复到零点,即此时通道坐标 x 轴与波形显示区中心水平刻度线重合。两个通道的用法相同。

电压挡位:调整对应通道信号的垂直分辨率,即电压/格。两个通道的用法一样。调节范围为每格 1 mV~10 V。使用中,应预先估计被测信号幅值的数量级,选用接近的分辨率。观测小信号时应选用较小的分辨率;反之,观测较大信号时应选用较大的分辨率。

Math:显示通道 1 和通道 2 的波形相加、相减、相乘、相除或对某个通道进行傅里叶变换运算的结果。按下按键显示波形计算菜单,通过菜单相应功能选择运算。

(2)水平控制区的按键和旋钮(如图 2-16 所示)

水平位移:调节信号在波形显示区的水平位移。若按下此旋钮,信号位移恢复到水平零点处。

HOR:在正常模式和波形缩放模式之间切换。

水平挡位:改变水平时基设置,即时间/格。调节范围为每格 2 ns~1 000 s。使用中,应预先估计被测信号频率的数量级,预选接近的水平标尺因数。

(3)触发控制区的按键和旋钮(如图 2-17 所示)

触发决定了示波器何时开始采集数据和显示波形。一旦触发被正确设定,它可以将不稳定的显示转换成有意义的波形。

图 2-16 水平控制区

图 2-17 触发控制区

触发电平:改变触发电平设置旋钮,旋转此旋钮可设定触发点对应的信号电压。若按下此旋钮则设定触发电平在触发信号幅度的垂直中点。

Menu:调出触发菜单,通过菜单选择功能,改变触发的设置。

Force:强制产生一个触发信号。主要应用于正常 & 释抑和单次 & 释抑模式中。

触发菜单如图 2-18 所示,出现在显示区屏幕右下方。

图 2-18 触发菜单

菜单第一项是触发类型,触发有四种方式:单触、交替、逻辑和总线触发。

单触触发:用一个用户设定的触发信号同时捕获双通道数据以达到稳定同步的波形。

交替触发:稳定触发不同步的信号。

逻辑触发:根据逻辑关系触发信号。

总线触发:设定总线时序触发。

每类触发使用不同的功能菜单,本书以常用的单触触发为例进行介绍。单触触发方式有八种模式:边沿触发、视频触发、斜率触发、脉宽触发、欠幅触发、超幅触发、超时触发和第 N 边沿触发。以边沿触发模式为例介绍具体设置。当触发输入沿给定方向通过某一给定电平时,边沿触发发生。边沿触发的功能菜单说明如表 2-2 所示。

表 2-2 触发菜单功能说明

功能菜单	设定	说明
单触类型	边沿	设置垂直通道的触发类型为边沿触发
信源	CH1	设置通道 1 作为信源触发信号
	CH2	设置通道 2 作为信源触发信号
	EXT	设置外触发输入通道作为信源触发信号
	EXT/5	设置外触发源除以 5,扩展外触发电平范围
	市电	设置市电作为触发信源
耦合	交流	设置阻止直流分量通过
	直流	设置允许所有分量通过
	高频抑制	阻止信号的高频部分通过,只允许低频分量通过
斜率	↗	设置在信号上升沿触发
	↘	设置在信号下降沿触发
模式 & 释抑	自动	设置在没有检测到触发条件下也能采集波形
	正常	设置只有满足触发条件时才采集波形
	单次	设置当检测到一次触发时采样一个波形,然后停止

(4) 暂时不用的按键、旋钮和菜单

此类情况一般都置于默认状态或不工作的状态,常用菜单选项设置如下:

① 垂直菜单。

——耦合,通常选择"直流",观察未知信号的完整波形。

——反相,通常选择"关闭",观察未知信号的原始波形。

——探头,通常选择与图 2-10 所示探头衰减开关相同取值。

② 触发菜单。

——信源,通常信源的选择和所选用的信号通道一致,双踪测量时选幅值大的一路作为信源。

——模式 & 释抑,通常选择"自动",自动采集波形。

4. 信号的显示和测量

为了保证测量精度,信号的显示通常需要同时满足下面两个条件:

① 垂直方向:调节电压挡位旋钮,使波形尽可能大地显示在波形显示区内。

② 水平方向:调节水平挡位旋钮,在波形显示区内显示一至两个波形的完整周期。

测量方式包括手动测量和自动测量两种。

(1) 手动测量

① 调节波形 0 V 线位置。

为了保证手动测量的精度,通常调节垂直位移旋钮,使通道坐标 x 轴与波形显示区某条水平刻度线重合,此时这条水平线作为整个测量工作中的 0 V 线。

观测周期信号时,水平(时间轴)的零点没有确切意义。

② 获得波形参数。

峰峰值:波形显示区中波形波峰到波谷所占格数乘以电压挡位示数"电压/格"为信号峰峰值。

周期:波形显示区中波形周期所占格数乘以水平挡位示数"时间/格"是周期大小。

直流电平:垂直菜单——耦合在"直流""交流"选项之间进行切换,波形平移的格数乘以电压挡位示数"电压/格"为直流电平大小。

(2) 自动测量

按下功能区测量按键,可实现自动测量,测量菜单如图 2-19 所示,出现在显示区屏幕右下方。共有 30 种测量类型,包含了周期、频率、平均值、峰峰值、均方根值、最大值、最小值等典型测量值。通过添加测量在屏幕左下方显示测量值,最多能显示 8 种测量类型。

| 添加测量 | 删除测量 | 快照CH1
关闭 | 快照CH2
关闭 | | |

图 2-19 测量菜单

测量菜单说明见表 2-3。

表 2-3 测量菜单功能说明

功能菜单		设定	说明
添加测量	测量类型		通过旋转通用旋钮,选择要测量的类型
	信源	CH1	设定 CH1 为信源
		CH2	设定 CH2 为信源
	添加测量		添加选中的测量类型,最多 8 种
删除测量	测量类型		通过旋转通用旋钮,选择要删除的类型
	删除		删除选中的测量类型
	删除全部		删除全部的测量类型
快照 CH1		开启	显示 CH1 全部 30 个测量值
		关闭	关闭 CH1 测量快照
快照 CH2		开启	显示 CH2 全部 30 个测量值
		关闭	关闭 CH2 测量快照

2.2.2 示波器的操作实例

示波器自带探头补偿信号输出端子,输出 5 V(峰峰值)、1 kHz、+2.5 V 直流电平的方波信号。以测量该信号为例,熟悉示波器的使用过程。

1. 准备工作

接通示波器电源,等待开机画面消失后,显示屏出现信息。

任选一路通道,探级钩接 5 V 信号端⊓,接地鳄鱼夹接地线连接端⊥。

按下功能区自动测量。

2. 信号的显示

下面以使用 CH2 通道连接信号为例,介绍信号显示的调节过程:

选中垂直控制区 CH2 按键,使波形显示界面仅显示 CH2 通道输入的信号,并打开垂直菜单进行相应设置,确认通道耦合方式为直流,确认探头菜单衰减系数和探头上的开关系数取值相同。

调节对应通道的垂直位移旋钮使通道坐标 x 轴与波形显示区某条水平刻度线重合。

为了保证测量精度,调节电压挡位和水平挡位旋钮,使 1~2 个完整周期的波形尽可能大地显示在波形显示区内,如图 2-20 所示。

第 2 章　通用测量仪器的使用

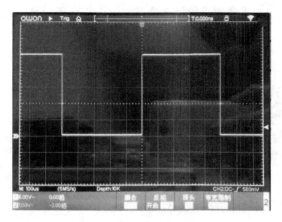

图 2-20　探头补偿信号的显示

需要说明的是,如果采用示波器双踪显示信号,信号连接如图 2-11 所示,两路信号同时显示在波形显示区,有时为了对两路信号进行比较,需要将两路信号置于同一坐标系。具体操作为:分别调节两路通道的垂直位移旋钮使两路通道的坐标 x 轴重合,并与波形显示区某条水平刻度线重合。

3. 信号的测量

采用手动测量或自动测量获得信号的峰峰值、周期、直流电平等参数值。

以手动测量为例:

峰峰值＝5 格×1.00 V/格＝5 V

周期＝10 格×100 μs/格＝1 000 μs＝1 ms

直流电平通过垂直菜单——耦合在"直流"和"交流"选项之间切换,发现波形向上平移2.5格,因此直流电平＝2.5 格×1.00 V/格＝2.5 V。

4. 信号的记录

将观察到的探头补偿信号记录下来,如图 2-21 所示。

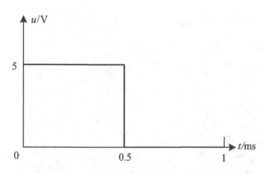

图 2-21　示波器自带探头补偿信号

2.3　信号发生器

信号发生器能产生正弦波、矩形波或方波、三角波或锯齿波等信号,并能在一定范围内调节

15

信号的波形参数,为系统调试或测试提供标准信号。图2-22所示是一台信号发生器的面板。

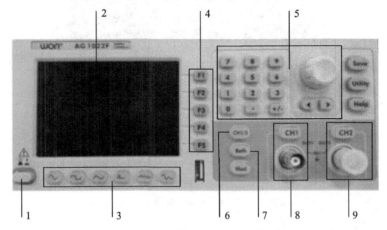

1—电源开关;2—显示屏;3—波形选择键;4—选择右侧屏幕菜单项;5—控制区:数字键盘、旋钮和方向键;6—屏幕显示通道选择CH1/CH2;7—屏幕同时显示两个通道;8—CH1输出控制及输出端口;9—CH2输出控制及输出端口。

图2-22 信号发生器面板

2.3.1 信号发生器的基本操作

使用者通过操作信号发生器面板上的按键、旋钮实现信号的选择、调节与输出。信号发生器的基本操作步骤如下:

1. 准备工作

检查信号发生器电源连接和通道电缆连接,确认通道电缆完好并与仪器上通道输出端口连接可靠。

2. 接通信号发生器电源

按下电源开关,等待开机画面消失后,显示屏出现信息,如图2-23所示。

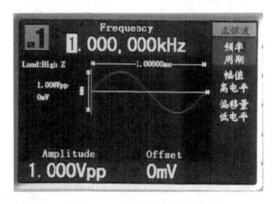

图2-23 信号发生器显示屏

左上角显示当前通道号,可以通过CH1/2按键切换至显示CH2通道输出信号,也可以通过Both按键选择同时显示CH1和CH2通道输出信号。

右侧从上往下依次显示当前信号波形及波形参数菜单,通过显示屏下方波形选择键切换波形;通过选择右侧屏幕菜单项按键选择不同的波形参数,进一步对波形参数值进行调节。

显示屏其他位置显示具体波形图和参数值。

注意:"Load:High Z"表明当前信号输出负载状态为高阻,为默认设置,不可更改。

3. 根据需求输出信号

(1)信号波形选择

按下波形选择键,可以选择当前通道输出信号的波形。波形选择键和对应的波形见表2-4。

表2-4 波形选择

波形选择键	波形	参数
∿	正弦波	频率/周期、幅值/高电平、偏移量/低电平
⊓	矩形波/方波	频率/周期、幅值/高电平、偏移量/低电平、占空比
∿	锯齿波/三角波	频率/周期、幅值/高电平、偏移量/低电平、对称性
⊓	脉冲波	频率/周期、幅值/高电平、偏移量/低电平、脉宽/占空比
∼	噪声波	幅值/高电平、偏移量/低电平
∿	仪器内置波形	略

(2)信号参数设置

①参数选择。

选择波形后,使用选择右侧屏幕菜单项F1—F5按键选择波形参数,如图2-24所示。

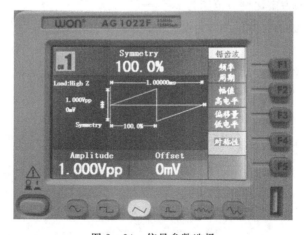

图2-24 信号参数选择

F1 键——切换频率/周期,选中的参数高亮显示;
F2 键——切换幅值/高电平;
F3 键——切换偏移量/低电平,偏移量即直流电平大小;
F4 键——选中特定参数,不同波形 F4 键选中的参数不同,对应关系见表 2-5。

表 2-5　F4 键对应的波形参数

波形	正弦波	矩形波/方波	锯齿波/三角波	脉冲波
参数	无	占空比	对称性	脉宽/占空比

②参数调节。

选中特定参数后,参数值出现光标闪烁,表示可以进行参数调节,调节方法有两种:

方法一:使用控制区旋钮改变参数值,使用方向键移动光标位置。

方法二:按下控制区数字键盘任一数字键,屏幕弹出数据输入框,输入所需参数值,如图 2-25 所示。

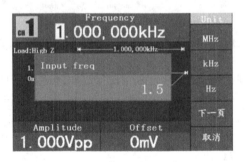

图 2-25　数字键盘调节参数

按方向键可以删除最后一位,按 F1—F3 键选择参数的单位,按 F4 键进入下一页选择其他的单位,按 F5 键取消当前输入。

需要说明的是,对于矩形波/方波的占空比参数,定义为高电平宽度占整个周期的百分比,信号发生器可以实现的占空比调节范围为 20%～80%。

对于锯齿波/三角波的对称性参数,定义为锯齿波上升段宽度占半个周期的百分比,如图 2-26 所示。

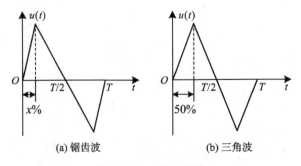

(a) 锯齿波　　　　　　(b) 三角波

图 2-26　对称性参数

可以实现的对称性调节范围为 0%～100%。

(3) 信号的输出

完成波形选择及参数设置后,按下 CH1 或 CH2 输出控制按键,从对应通道输出信号。

2.4 直流电源

直流电源是一种为系统提供稳定的直流电压、电流源的仪器。直流电源的供电电源大都是交流电源,当交流供电电源的电压或负载电阻变化时,直流电源的直流输出电压或电流可以保持稳定。图 2-27 所示是一台直流电源的面板。其中,CH1 和 CH2 输出电压范围是 0～30 V,CH3 输出电压范围是 0～6 V,3 个通道输出电流范围均为 0～3 A。

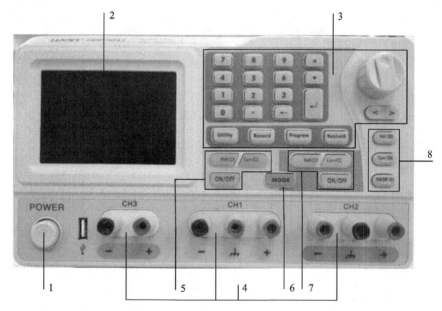

1—电源开关;2—显示屏;3—控制区:数字键盘、功能按键、旋钮;4—CH3、CH1、CH2 输出端;5—CH1 输出控制区;6—MODE:全显示/双通道显示切换;7—CH2 输出控制区;8—CH3 输出控制区。

图 2-27 直流电源面板

2.4.1 直流电源的基本操作

以直流电源输出稳定直流电压为例介绍仪器的使用,作为直流电压源使用的基本操作步骤如下。

1. 准备工作

在未接通电源的情况下连接负载系统。输出端接线柱连接导线采用直径 4 mm 的香蕉插头导线。连接不同输出端接线柱选择使用不同颜色的导线,遵循原则如下:

+:暖色,如红色;

-:冷色,如绿色;

地:黑色。

需要说明的是,接地有两种:

一种是接大地,如图 2-27 中 CH1 和 CH2 输出端中的接线柱⊥。接大地的目的是防止仪器设备可能带电的金属部分(如外壳)在故障情况下突然带电从而造成的伤害,通常用符号⏚表示。

另一种是接系统地,也称为 GND,即电路中的零电位点。通常用符号⊥表示。目的是为电路提供唯一的零电位参考点。

两种地的区分如图 2-28 所示,CH1 输出 +10 V 电压,CH2 输出 +5 V 电压,串联 CH1 和 CH2,电源输出 +15 V 电压。

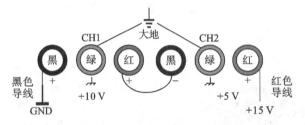

图 2-28 CH1 和 CH2 串联连接

注意:确认香蕉插头导线完好并与电源通道输出端接线柱连接可靠。

(1) 单极性电压源

通过任一通道的"+""-"接线柱输出单极性电压,如图 2-29 所示。

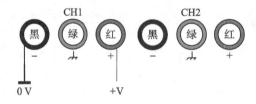

图 2-29 单路输出方式的连接

(2) 双极性电压源

将两个通道串联,即其中一个通道"-"接线柱与另一个通道"+"接线柱相连作为系统地,一个通道未相连的"+"接线柱输出正电压,另一个通道未相连的"-"接线柱输出负电压,如图 2-30 所示。

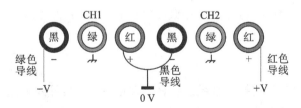

图 2-30 双级性输出方式的连接

2. 接通仪器电源

按下电源开关,等待开机画面消失后,显示屏出现信息。显示屏如图 2-31 所示,为全显示模式,显示三个通道的输出及设定信息。

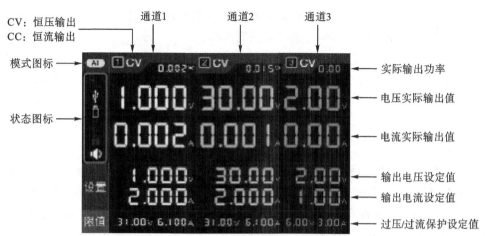

图 2-31 直流电源显示屏

面板 MODE 按键可以切换全显示模式至双通道显示模式,如图 2-32 所示,只显示 CH1 和 CH2 的输出及设定信息,信息含义与全显示模式时相同。

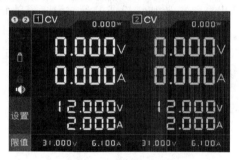

图 2-32 双通道显示模式

3. 根据需求输出直流电压

(1)输出电压设置

三个通道的输出电压设置过程相同,以 CH1 为例介绍操作过程。

①设置输出电压。

按下 CH1 输出控制区的 Volt/CV 键,CH1 输出电压设定值的第一位数字出现光标闪烁,表示进入编辑状态。有两种方法可设置数值:

方法一:使用控制区旋钮改变参数值,使用"方向键"移动光标位置,按下"旋钮"或按下数字键盘"回车键"确认当前输入。

方法二:按下控制区数字键盘任一数字键,屏幕弹出输出电压设定框,输入所需数值,按下数字键盘"回车键"确认当前输入。

注意:当输入值超过额定值范围时,显示"ERROR",需重新输入。

②设置过压保护。

过压保护开启后,一旦输出电压达到设定值,仪器将断开输出,保护仪器设备及人身安全,屏幕显示超限警告。

按下 CH1 输出控制区的 Volt/CV 键,CH1 输出电压设定值的第一位数字出现光标闪烁,按"向下方向键",直到 CH1 过压保护设定值的第一位数字出现光标闪烁,表示进入编辑状态。按照与设置输出电压同样的两种方法设置限制电压。

需要说明的是,各通道输出电流设置的具体操作与输出电压设置唯一不同在于设置输出电流需首先按下输出控制区 Curr/CC 按键,接下来的操作与设置输出电压过程相同。

(2)电压的输出

完成输出电压设置后,按下对应通道输出控制区 ON/OFF 按键,从对应通道输出电压。

4. 输出模式

对于 CH1 和 CH2 的参数输入,有四种不同输出模式可供选择,选择输出模式可以简化通道的参数输入。按下面板控制区 Utility 功能按键,显示屏出现可供选择的输出模式,分别是:独立输出、并联跟踪、串联跟踪、通道跟踪。按控制区上下方向键可以切换输出模式,按数字键盘回车键可选中并进入当前模式。

独立输出:各通道的参数可独立设置。

并联跟踪:CH1 和 CH2 并联。按照独立模式的参数设置方法设置并联后通道的参数,输入电压的额定值与独立模式下单个通道相同;输入电流的额定值为独立模式下两通道之和。

串联跟踪:CH1 和 CH2 串联。按照独立模式的参数设置方法设置串联后通道的参数,输入电压的额定值为独立模式下两通道之和;输入电流的额定值与独立模式下单个通道相同。

通道跟踪:在独立模式下分别设置通道参数,进入通道跟踪模式后,若改变其中一个通道的参数,另一个通道的对应参数也会自动按比例同步改变。

2.4.2 直流电压源的操作实例

以直流稳压电源输出 10 V 单极性电压和±10 V 双极性电压为例,熟悉直流电压源的使用过程。

1. 10 V 单极性电压的输出,如图 2-33 所示。

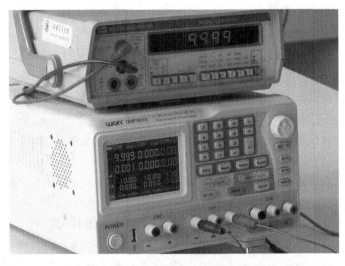

图 2-33　10 V 单极性电压的输出

2. ±10 V 双极性电压的输出,如图 2-34 所示。

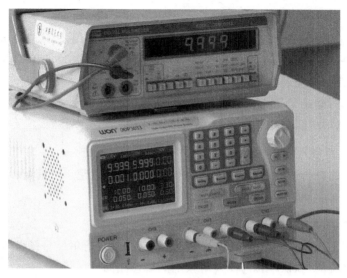

图 2-34　±10 V 双极性电压的连接和输出

2.5　数字万用表

多用表也称为万用表,有台式和便携式两种类型,便携式用电池供电,台式用交流电压供电。显示方式有指针式和数字式两种,数字显示有 $3^{1}/_{2}$ 位、$3^{3}/_{4}$ 位、$4^{1}/_{2}$ 位等。一般地,数字仪器的位数越多,精度越高。多用表可以测量直流电压、直流电流、正弦交流电压、正弦交流电流、电阻等。图 2-35 所示为一种台式数字万用表的面板,$4^{1}/_{2}$ 位显示。

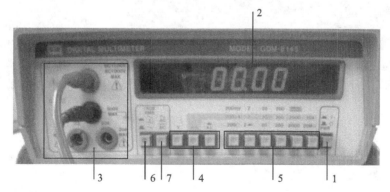

1—电源开关;2—显示屏;3—红黑表笔插孔;4—测量对象选择;5—量程选择;
6—直流/交流选择;7—正弦交流和直流叠加的有效值/仅正弦交流有效值切换。
图 2-35　台式数字万用表面板

2.5.1　数字万用表的基本操作

台式和便携式数字万用表的基本操作相同,具体操作步骤如下:
1. 根据被测对象选择表笔插孔

黑色表笔插入 COM 黑色插孔,测量电压和电阻时,红色表笔插入 V-Ω 红色插孔;测量电流时,红色表笔插入 mA、20A 红色插孔。

2. 根据被测对象选择选择相应功能

测量电压时,选中电压表功能,若被测对象是直流电压,采用"DC"直流方式测量;若被测对象是交流电压,采用"AC"交流方式测量;测正弦电压、正弦电流时,示值是有效值。

测量电流时,选中电流表功能。

注意:为了安全,电流测量结束后应立即将万用表设置成非电流测量功能。

测量电阻时,选中电阻表功能。

3. 预估被测量的值,选择合适的量程开关

通常从大到小选择合适的量程,实现精确测量。当被测量超出当前量程时,仪器显示全零闪烁。

4. 读出被测量大小

万用表显示屏上显示当前被测量的大小,直接读数,测量值单位与量程标示单位一致。量程按键上未标识单位的,默认单位与测量对象上的单位相同。

2.5.2　示波器自带数字万用表的基本操作

图 2-36 所示为示波器自带数字万用表。在示波器后面板右侧有万用表红黑表笔插孔。

图 2-36　示波器自带万用表

示波器自带万用表的具体操作步骤如下:

1. 根据被测对象选择表笔插孔

黑色表笔插入 COM 黑色插孔,测量电压和电阻时,红色表笔插入 V/Ω/C 红色插孔;测量电流时,红色表笔插入 mA、10A 红色插孔。

2. 按下示波器前面板万用表按键,开启万用表测量

通过示波器显示屏右下方的万用表菜单选择测量对象,在示波器显示屏的右上方出现万用表显示窗,根据显示直接读取数值。

2.6 训练内容

1. 示波器"AC/DC"功能的观测

用示波器观测自带探头补偿信号:调节对应通道垂直菜单的耦合方式,设定直流耦合方式,调节示波器,观察波形。耦合方式切换至直流,调节示波器观察波形。

2. 正弦波产生及观测

调节信号发生器,输出一个频率为 2 000 Hz、峰峰值为 50 mV、偏移量为零的正弦波信号,用示波器测量该信号,记录观测到的波形。

3. 矩形波产生及观测

调节信号发生器,输出一个频率为 500 Hz、低电平 0 V、高电平 5 V、占空比 65% 的矩形波信号,用示波器测量该信号,记录观测到的波形。

4. 三角波产生及观测

调节信号发生器,输出一个频率为 1 000 Hz、峰峰值为 3 V、偏移量为 2 V 的三角波信号,用示波器测量该信号,记录观测到的波形。

5. 方波产生及观测

调节信号发生器,输出一个频率为 500 Hz、低电平 0 V、高电平 5 V 的方波信号,用示波器测量该信号,记录观测到的波形。

6. 锯齿波产生及观测

调节信号发生器,输出一个频率为 1 000 Hz、峰峰值为 5 V、偏移量为 2.5 V,对称性为 45% 的锯齿波信号,用示波器测量该信号,记录观测到的波形。

7. 直流稳压电源输出的观测

①调节直流电源,输出 5 V 电压,分别用数字万用表和示波器观测。
②调节直流电源,输出 ±5 V 双极性电压,分别用数字万用表和示波器观测。

第3章 测量系统

3.1 概述

测量是人类认识世界的方式之一,比如,物体的大小、距离的远近、时间的长短、速度的快慢……它们统称为"被测量"或"测量对象"。为了了解客观事物的本质,常要观察、记录、显示或控制这些量,都需要测量这些量。怎样才能获取被测量的信号?怎样才能使被测量的信号能够传输到记录装置和控制装置?为了回答这些问题,需要掌握最基本的测量技术,学会如何构成测量系统。

本章将学习测量系统的基本组成,学习传感器的基本特性和几种信号调理电路的搭建,学会选用适当的传感器、信号调理电路和显示装置设计简单的测量系统,并对测量系统进行基本测试。当然,领域不同,测量对象不同,也决定了测量方法的种类和广度数不胜数,不便——列举。希望通过本章内容的学习,读者在遇到此类问题时可以由此及彼,举一反三,灵活运用。

3.2 测量系统的组成

日常生活中常常能观察到一些现象:例如,电冰箱、空调按照用户的需求调整温度,红外遥控器让使用者"坐享其成",报警器报告燃气泄漏避免意外发生,汽车时速表提醒驾驶员不会超速违章,等等,不胜枚举。深入地想,温度、位置、气体浓度、转速这些信息是如何被获得的?测量技术给人类带来了太多便利和帮助。

尽管获取不同被测量的测量技术不尽相同,但是构成一个测量系统最基本的硬件部分基本一致,主要有传感器、信号调理电路、显示/记录装置、电源等,如图3-1所示。

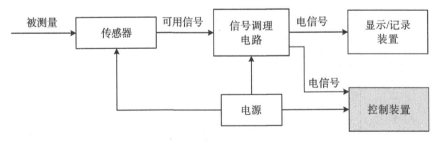

图3-1 测量系统的一般组成

传感器是能按照一定的规律将规定的被测量转换成可用信号的器件或装置,是测量系统中的前置部件。可用信号是特定场合中适于特定介质传输,能够被后续部件接受的信号。传感器通常安装在被测量发生的部位或被测量能够作用到的位置。传感器的种类繁多,可以按不同方法分类:按工作机理分类,有结构型、物性型和结构物性复合型;按是否需要供电,分为有源的和无源的;按敏感元件的电性质分类,分为电阻式、电容式、电感式;按输出信号的形式分类,有电压型、电流型,又可分为开关量型、模拟量型和数字量型;按被测量分类,例如,运动学和力学中有力/力矩、位移、速度、形变等,热力学中有温度、压力等,流体力学中有液位、流量、流速等,化学和化工中有浓度、pH值、湿度、透射率等,生命体中有肌电、脑电、脉搏、血压、血氧饱和度等,还有电磁学量、光学量,等等……传感器的种类真是数不胜数。大多数传感器产品的输出信号是电压、电流、波形信号。传感器技术已经在越来越多的领域得到应用。

信号调理电路是测量系统中不可缺少的中间部件。传感器输出的信号往往功率很小,或信号形式不适当,或数值范围不适当,不便于传输,不能直接送给显示装置、记录装置或控制装置。信号调理电路的作用是对传感器输出的信号施行一定预调整或预处理,使信号的功率、形式和数值范围符合显示装置、记录装置或控制装置的输入端的要求。信号千差万别,因而信号调理方法也丰富多样,例如分压、分流、滤波、限幅、放大、衰减、隔离、整形、电流/电压转换、频率/电压转换、模/数转换……信号调理的主要技术是模拟电子技术或数字电子技术,随着新技术的不断发展,有的传感器内部集成了部分信号调理电路,传感器和信号调理电路一体化研究开发制造越来越多。

显示装置的作用是将被测量的值和单位显示出来方便观察。最常见的显示方式有单灯方式,稍复杂的有指针方式和数字方式。单灯显示方式用一个指示灯的亮/灭显示如通/断、转/停、是/否之类的开关量,有时用于超载、过热、超速之类事件的报警;指针显示方式用指针在度盘上的位置指示出被测量数值,指针需要由偏转机构带动;数字显示方式用若干位数字直接显示出被测量数值,需要进行模/数转换和译码。图形显示方式用图形形象地显示更丰富的信息,需要较复杂的信号调理技术和驱动技术,这种显示方式超出了本书范围。有的测量系统还用蜂鸣器发出报警声信号。每一种显示方式都有多种器件产品,如果器件的尺寸大,必然功率消耗大。

大多数传感器、信号调理电路和显示装置需要直流电源供电,如果不用电池供电,测量系统必须具备自己的直流电源单元。直流电源单元从电力网获得直流电压,是向测量系统提供所需能源的部件,电源单元的性能可以影响整个系统的性能。

3.3 传感器特性

3.3.1 传感器的静态特性

当输入量是静态或变化缓慢的信号时,输入与输出的关系称为静态特性。此时传感器的输入与输出有确定的数值关系,各个量都被视为与时间无关,可以表示为

$$y = f(x) \tag{3-1}$$

若用直角坐标系中的曲线表示,如图3-2所示。有时通过实测获得静态特性数据,用数表和直角坐标系中的散点图表示,也可以为散点图拟合一条曲线。根据曲线特征来描述传感器特征。描述传感器特性的主要指标包括量程、灵敏度、阈值、线性度、迟滞、精度等,它们是衡量传感器静态特性的重要指标参数。

1. 量程

量程也称为测量范围、输入范围，记为 U_{Range}，是被测量（或输入量）下限值 x_{min} 和上限值 x_{max} 为端点的实数区间 $[x_{min}, x_{max}]$ 的长度，

$$U_{Range} = x_{max} - x_{min} \tag{3-2}$$

对应的输出量值区间为 $[y_{min}, y_{max}]$。

2. 灵敏度

灵敏度是传感器的一个重要指标，指输出量的增量 Δy 与引起该增量的输入量增量 Δx 之比，是输出-输入曲线的斜率，如图 3-3 所示。

$$\eta = \frac{\Delta y}{\Delta x} \tag{3-3}$$

灵敏度单位是 $\left[\frac{y \text{ 的单位}}{x \text{ 的单位}}\right]$。如果传感器的静态特性是线性的，那么灵敏度是一个常数。否则，灵敏度随着输入的变化而变化。

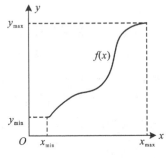

图 3-2 输入输出特性

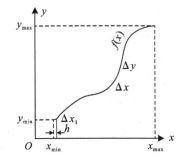

图 3-3 灵敏和阈值

3. 分辨力、分辨率与阈值

① 传感器的输入从非零值开始缓慢增加，在超过某一输入增量后，输出发生可观测的变化，这个输入增量称为传感器的分辨力，即最小输入增量，记为 λ。如式(3-4)所示，即 x 变化幅度 Δx 小于 λ，输出量没有相应的 Δy。

$$\frac{\Delta y}{\Delta x} = 0, \Delta x < \lambda \tag{3-4}$$

分辨率 ψ 定义为分辨力相对于满量程输入值的百分比，

$$\psi = \frac{\lambda}{x_{max}} \times 100\% \tag{3-5}$$

② 阈值，也称为死区。传感器的输入从零开始缓慢增加，在输入达到某一值后，输出发生可观测的变化，此时输入值称为传感器的阈值，或临界值。阈值是指输入小到某种程度输出不再变化的值。如图 3-3 中所示，输入量下端的不灵敏区，记为 Δx_{th}。这个区间上 $\Delta y/\Delta x = 0$，阈值是由下限处的分辨力决定的。

4. 线性度与非线性误差

一个理想的传感器，应该具有线性的输出-输入关系，但大多数传感器是非线性的。线性

度是指实际关系曲线偏离拟合曲线的程度,如图 3-4 所示。最大偏差称为传感器的非线性误差,记为 δ_L。

非线性误差率定义为

$$\delta_L = |y - (ax + b)|_{max} \tag{3-6}$$

$$\varepsilon_L = \frac{\delta_L}{y_{max}} \times 100\% \tag{3-7}$$

5. 迟滞

在相同条件下,传感器在正行程(输入由小到大)和反行程(输入由大到小)期间,所得输入、输出特性曲线往往不重合,称为迟滞现象,也称为回差,如图 3-5 所示。迟滞差值定义为全量程内正程特性曲线与逆程特性曲线纵坐标之差的绝对值的最大值,记为 δ_H,

$$\delta_H = |y_d - y_c|_{max} \tag{3-8}$$

迟滞差率也称为回差率,定义为

$$\varepsilon_H = \frac{\delta_H}{y_{max}} \times 100\% \tag{3-9}$$

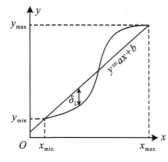

图 3-4 非线性误差

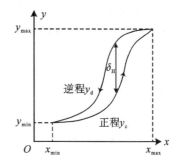

图 3-5 迟滞特性

6. 精度和精度等级

传感器的精度是指测量的可靠程度,是测量中各类误差的综合反映,测量误差越小,精度越高。精度是传感器的一个重要静态特性指标。

一次测量的示值记为 $\hat{x}$,被测量的真值记为 x,一次测量的绝对误差定义为

$$\delta = \hat{x} - x \tag{3-10}$$

一次测量的相对误差定义为

$$\varepsilon = \frac{\delta}{x} \times 100\% \tag{3-11}$$

在规定的工作环境中,正常工作情况下,测量系统量程内允许的绝对误差最大值记为 δ_{max}。一个测量系统的精度 a 定义为

$$a = \frac{\delta_{max}}{x_{max} - x_{min}} \times 100\% \tag{3-12}$$

工程技术中为简化传感器精度的表示方法,引入了精度等级的概念,式(3-12)右边略去正负号和百分号就称为该测量系统的精度等级,常简称为精度。国家质量监督部门和标准化

管理机构规定了若干个精度等级,常见的一般工业测控产品多为0.1级~4.0级。工业测控产品的精度通常在产品目录和说明书中给出,往往还标识在产品的刻度盘、标尺或铭牌上。科学研究和工程实际中,为了评估测量的误差,通常用A和B两个测量系统同时进行同一测量,系统B的精度比系统A的精度至少高两个等级,系统A是实际测量中使用的被评估系统,系统B是作为标准的系统,系统B的示数被视为此具体情况下的"真值"。通过实测获得测量系统的静态特性,实际上是用A和B两个测量系统同时进行一系列相同测量,得到系统A的分度值,如果系统B是符合国家有关规定的高精度系统,就称为对系统A标定的过程。标定是传感器及测量系统研究开发的重要环节。

传感器还有其他静态性能指标,例如,与工作环境有关的指标如工作环境温度、温度引起的零点漂移、温升、贮存环境温度;与供电有关的指标如电源电压允许范围、功率消耗;与使用有关的指标如过载能力、输出驱动能力等。此外还有重量、外形尺寸及安装尺寸等其他指标。

3.3.2 传感器的动态特性

传感器的动态特性指输入量随时间变化时,输入和输出之间的关系。为使传感器的输出信号及时准确地反应输入信号的变化,不仅要求传感器有良好的静态特性,更希望它有好的动态特性。如图3-6所示的单位阶跃信号l_x常常作为定义及测试动态性能指标的输入信号。

图3-6 单位阶跃信号

设初始时刻前($t<0$)x和y均不随时间变化,$x(t)$是单位阶跃信号l_x,$y(t)$称为系统的单位阶跃响应,$0 \leqslant t < \infty$。如果一个测量系统在l_x作用下有一个静态值l_y,这个系统的单位阶跃响应$y(t)$波形如图3-7所示。单位阶跃响应波形$y(t)$上定义的诸项特征统称为动态性能指标,主要有以下几项。

上升时间t_r:单位阶跃响应$y(t)$从l_y的10%上升到l_y的90%所需的时间。

峰值时间t_p:单位阶跃响应$y(t)$从起始时刻到第一个峰值时刻所需的时间。

调整时间t_s:单位阶跃响应$y(t)$进入规定的误差带而不再离开所需的最少时间。误差带常规定为±0.1%、±0.2%、±0.5%、±1.0%、±2.0%等。

超调量M_p:

$$M_p = y(t_p) - l_y \qquad (3-13)$$

百分比超调量σ_p:

$$\sigma_p = \frac{y(t_p)}{l_y} \times 100\% \qquad (3-14)$$

稳态误差 ε_{ss}：若 $y(t) \xrightarrow{t \to \infty} y_\infty$

$$\varepsilon_{ss} = y_\infty - l_y \tag{3-15}$$

百分比稳态误差 σ_{ss}：

$$\sigma_{ss} = \frac{\varepsilon_{ss}}{l_y} \times 100\% \tag{3-16}$$

振荡次数：单位阶跃响应 $y(t)$ 在到达 t_s 前振荡的周期个数。

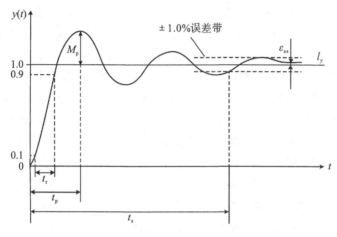

图 3-7 主要动态性能指标

有些系统没有超调现象，无须使用峰值时间和超调量指标，如图 3-8 所示。

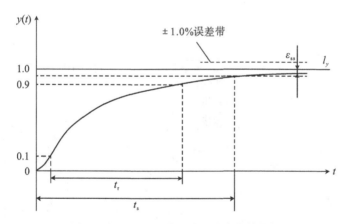

图 3-8 无超调系统的主要动态性能指标

科学研究和工程实际中，还将动态特性归结为"快、准、稳"三个方面的品质，对于单位阶跃测试信号，分别表现出以下特征。

"快"：快速性，上升时间、峰值时间和调整时间小。

"准"：准确性，稳态误差小。

"稳"：稳定性，没有超调或超调量很小，振荡能很快消除。

3.4 常用传感器

3.4.1 模拟量传感器

1. 弹性体-电阻应变片式力传感器

工程实际中,力传感器的应用非常广泛。在公路、铁路、桥梁建筑工程领域,常要进行大型构件的力学检测试验。材料试验机、测力机工作中要对力进行测量。在工业中,物料的精确称重是稳定生产工艺、改进产品质量的重要手段之一。各种配料系统、包装系统、装卸系统等现场用自动衡器称重越来越普遍;机床切削中要测量切削力,机械产品装配中对于关键部位的螺栓组装配预紧力提出了严格的测试需求。生物组织工程中要测量组织材料的力学性能。

弹性体是测量力的基本敏感元件,而应变元件则将形变转换成电量,改变弹性体形状设计、应变原件的装配方式,配合传感器安装位置,弹性体-电阻应变片原理可以用于测量扭矩、加速度。固体受到力时会发生一定的形变,不超出弹性形变范围的形变在力撤除后可以恢复,这种形变称为应变。如果受力物体具有一定的导电能力,发生应变时,因长度、截面积改变而导致电阻值改变,电阻值的变化量与应变量有关,而应变量与弹性系数和力的大小有关,于是电阻值变化量与所受力大小有关,这一现象就是电阻应变现象,利用电阻应变现象可以测量力。应变电阻材料有金属和半导体两大类,金属电阻常用镍铜合金(康铜)、镍铬合金、镍铬铝合金(卡玛合金)、铁铬铝合金、铂、铂钨合金等。金属电阻有箔式、丝式和薄膜式。

在弹性良好的片基上制成厚度为 0.003~0.101 mm 的金属电阻箔,就成为如图 3-9 所示的箔式电阻应变片。

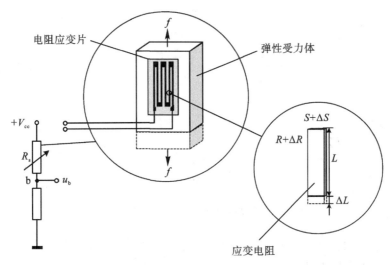

图 3-9 弹性受力体和箔式金属电阻应变片构成的力传感器

电阻应变片能承受的力很小,并且难以安装固定,必须贴附在另一受力体上,实用中的力传感器产品用弹性良好的合金钢或铍青铜作受力体,将电阻应变片贴在受力体上,制成"弹性受力体-电阻应变片"式力传感器。被测力 f 作用于受力体时,电阻应变片的电阻值变化量 ΔR_s 与被测力 f 引起的长度变化量 ΔL 和 ΔS 有关,图 3-9 中 b 点电压变化量 Δu_b 可以表示被

测力 f。

还可以用一个电阻应变片 R_s 与另外三个电阻构成电桥,如图 3-10 所示。选择四个电阻的阻值,可以使当被测力为零时电桥处于平衡状态,则有

$$u_a - u_b = u_{ab} = 0 \qquad (3-17)$$

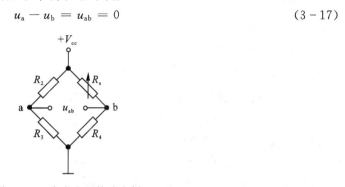

图 3-10 应变电阻构成电桥

当传感器受力时,应变电阻 R_s 因受力而发生变化,引起 b 点电位 u_b 变化,电桥失衡,则有

$$u_a - u_b = u_{ab} \neq 0 \qquad (3-18)$$

u_{ab} 称为差动电压。电桥失衡时,差动电压 u_{ab} 可以表示被测力 F 的变化。

XYL-1 型称重传感器如图 3-11 所示,是一种"弹性受力体-电阻应变片"式的力传感器,它的合金钢弹性体制成 S 形,关于几何中心的对称性精度很高,力加载方式可以是拉方式,也可以是压方式。安全过载能力为 120%,极限过载能力为 150%。

XYL-1 型称重传感器的电桥的四个桥臂采用了参数相同的电阻应变片,粘贴位置的对称性要求很高,如图 3-12 所示,图中省略了初始调零和温度补偿电路。受力时,对边的两个电阻应变片阻值变化分别相等。根据产品说明书,XYL-1 型称重传感器的工作电压为 5~12 V (DC),最大工作电压 15 V(DC),推荐 10 V(DC)工作电源和电桥输出信号通过电缆插座引出,电缆有屏蔽层。能在 -10~+60 ℃ 环境下工作。输出电阻为 350±1 Ω,非线性误差为 0.05%。

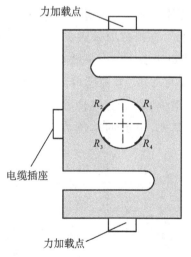

图 3-11 一种 S 形受力体的称重传感器

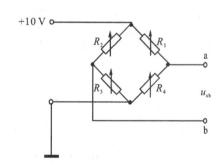

图 3-12 四个桥臂均为应变电阻的直流电桥

传感器系列中一种规格的量程标称值为 200 kg。如果加直流 10 V 工作电压,在 0～200 V 量程内,被测力引起的电桥失衡输出电压 u_{ab} 为 0～20 mV,输出电压与重力成正比。请读者写出这个称重传感器的静态特性表达式,被测量的单位为 kg,输出电压的单位为 mV。

2. 温度传感器

在微电子器件制造、化工、核工业、生物、冶炼、农作物栽培、金属零件热处理、材料制备等工业过程中,温度是至关重要的工艺条件,温度监测及控制是工艺条件的重要保证。材料制备及加工中,温度是重要的变量之一。精密机床加工过程中,工件和床身的热稳定性是影响精度的重要因素之一。随着集成度的提高,超大规模集成电路器件和高密集多层印制电路板的温升很严重,散热及热保护变得十分重要。太空舱、潜艇舱内需要温度控制,空调、冰箱、家用炊厨具中也广泛应用温度控制。有时不仅要测量一点的温度,还要测量两点温度差,甚至测量温度场中多点的温度。本节介绍两种常用的温度传感器。

(1) 半导体集成温度传感器

PN 结伏安特性与热力学温度之间有如下关系

$$i = i_s(\exp(qu/(kT)) - 1) \tag{3-19}$$

其中,i 是 PN 结正向电流;u 是 PN 结正向压降;i_s 是反向饱和电流,与温度有关;T 是绝对温度;q 是电子电荷量常数;k 是玻耳兹曼常数。利用这一关系可以测量温度。采用半导体集成电路工艺技术,在芯片上集成了作为感温元件的 PN 结和部分信号调理电路,使得输出信号仅与温度有关,就制造成半导体集成温度传感器。内部电路详细介绍超出本书范围。半导体集成温度传感器感温范围宽,线性度好。输出信号有电压型、电流型;也有以信号的频率或时间参数表示温度的;有的型号还集成了模/数转换电路,输出数字信号可直接输入微处理器数据通道;有的型号内部程序甚至能完成一定的温度控制;有的型号则以输出电平的高、低变化发出超温报警信号,这种传感器也称为温度开关。

AD590 是一种半导体集成温度传感器,有两脚扁平、三脚 TO-52 和八脚 SOIC 三种封装。产品说明书给出的图形符号和三脚 TO-52 封装底视图如图 3-13 所示,伏安特性与温度的关系如图 3-14 所示。AD590 系列集成温度传感器的主要静态指标见表 3-1。AD590 以电流形式输出信号,根据产品说明书,两端加的工作电压可以为 4～30 V,灵敏度为 1 μA/K,K 是热力学温标的单位,非线性误差为 ±0.3 ℃。在量程 −50～+150 ℃ 范围内,AD590 输出电流为 223～423 μA,具有很好的线性度。忽略非线性误差,请读者写出这种传感器的近似线性静态特性表达式,即输出电流 $i(T)$ 与被测温度 T 的关系式,电流的单位为 A,温度的单位为 ℃。

AD590三脚TO-52封装底视图　　AD590图形符号

图 3-13　AD590 集成温度传感器

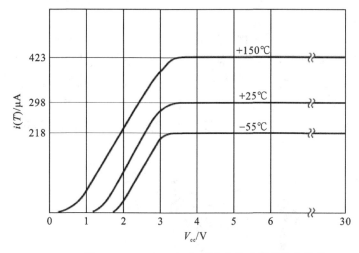

图 3-14 AD590 集成温度传感器的伏安特性

表 3-1 AD590 系列集成温度传感器的主要静态指标

传感器	AD590I	AD590J	AD590K	AD590L	AD590M
非线性误差/℃	±0.3	±1.5	±0.8	±0.4	±0.3
灵敏度/(μA/K)			1.0		
25℃输出电流/μA			298.15		
长期温度漂移/(℃/月)			±0.1		
工作电压/V			4～30		

热容和热阻对传感器的动态快速性有重要影响,可以用时间常数表示。如果测量中传热过程是线性的,且 AD590 的热容和热阻都是常数,在阶跃时刻 t_0 之前,热力学系统已达到热平衡,当被测温度从初值 T_{initial} 阶跃变化到终值 T_{final},测到的温度变化近似是

$$T(t) = T_{\text{initial}} + (T_{\text{final}} - T_{\text{initial}})(1 - e^{-\frac{t-t_0}{\tau}}), t \geqslant t_0 \qquad (3-20)$$

式(3-20)中,τ 是时间常数,单位为 s;$T(t)$ 是测量到的温度读数,T_{initial} 是被测温度的阶跃初值,T_{final} 是被测温度的阶跃终值,温度的单位为 K 或℃。测得的信号波形如图 3-15 所示。

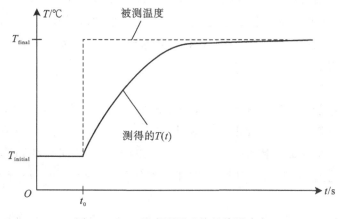

图 3-15 温度测量系统的阶跃响应

(2)半导体热敏电阻

半导体热敏电阻是温度传感器的一种,它体积小、结构简单,利用对温度变化极为敏感的半导体材料制成,其阻值随温度变化而发生极为明显的变化。温度特性是半导体热敏电阻的基本特性,按温度特性,热敏电阻可分为两种,随温度上升电阻值增加的为正温度系数热敏电阻(PTC),反之为负温度系数热敏电阻(NTC)。大多数半导体热敏电阻阻值与温度不是线性的。由于其灵敏度高,被广泛的应用于温度测量、温度控制、温度补偿、过载保护以及时间延长等方面。实物如图 3-16 所示。

图 3-16　半导体热敏电阻

3. 光电码盘式转速传感器

风力发电和风洞都需要测量风速,风速仪实际上测量的是转速。轧钢机的多级轧辊、长网造纸机的长网拖动、光导纤维、尼龙绳索等线缆制造中的拉拔机和绞缆机、数控机床的工件或刀具旋转、轮式或履带式行走机器人、智能车、磁盘机、磁带机、警戒雷达、火炮等系统中的主要动力是各种电动机或液压马达输出的,都需要控制转速,因而需要测量转速。蒸汽轮机、燃气轮机、内燃机、风机、压缩机等动力机械的控制中也需要对主轴转速进行测量。有些线速度的测控要通过转速测控间接实现。

测量转速的一种实现方案便是遮断式(光栅式)光电测量方案,需要利用光电传感器,即把光信号转换为电信号的器件。能将光信号转换为电信号或将电信号转换成光信号的器件,统称为光电器件。光电器件的工作原理是利用光电效应。光照射在某些物质上,使该物质吸收光能后,电子的能量和电特性发生变化,这种现象称为光电效应。光电传感器的种类繁多,有光敏二极管、光敏三极管、红外光电对管、集成式光电传感器等。光电码盘式转速传感器的核心器件是红外光电对管和码盘。

(1)红外光电对管

一定电流的作用能使发光二极管(LED)导通时发射出红外线或可见光,光的波长与 LED 的材料有关。光敏三极管是一种光电传感器,与普通三极管不同的是,它具有基极接收一定光照可使集电极和发射极导通的特性。图 3-17 是 LED 和光敏三极管的图形符号。常将红外 LED 和红外光敏三极管成对使用,利用 LED 的光线能否照射到光敏三极管上,来控制光敏三极管的通断。

红外光电对管由一个红外 LED 和一个红外光敏三极管组成的器件,如图 3-18 所示。采用发出红外线的 LED 是为了消除可见光的干扰,红外光电对管常用于光电开关、光电耦合器、光传感器、光遥控器、光通信等。

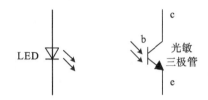

图 3-17　LED 和光敏三极管图形符号图

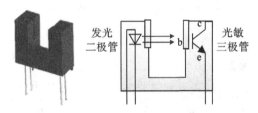

图 3-18　光电对管及其内部结构示意图

MOC70T3 红外光电对管采用图 3-19 所示的一体化封装,发射窗口与入射窗口相对,注意外壳上印的引脚标识。红外 LED 发射红外光,红外光敏三极管只对红外光敏感。红外 LED 发射的红外光束通过两个窗口穿过中槽入射红外光敏三极管的基极。MOC70T3 红外 LED 的正向电压典型值为 1.25 V,电流为 20 mA,红外光敏三极管最小工作电流为 0.25 mA,饱和压降最大为 0.4 V,应据此选用红外 LED 限流电阻值和红外光敏三极管集电极电阻值。

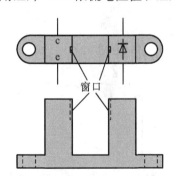

图 3-19　MOC70T3 光电对管外形

图 3-20 所示是红外光电对管的一种工作电路。电路工作时,红外 LED 始终导通,此时正向压降一般为 1.0 V。当红外 LED 和光敏三极管之间光路畅通时,如图 3-20(a)所示,LED 发射的红外光入射红外光敏三极管的基极 b,使红外光敏三极管的集电极 c 和发射极 e 之间导通,u_{ce} 约 0.3 V,$u_o = u_{ce}$;当光路被遮断时,如图 3-20(b)所示,没有红外光入射红外光敏三极管的基极 b 上,此时红外光敏三极管的集电极 c 极和发射极 e 之间截止,u_o 处于高电平,接近 $+V_{cc}$。

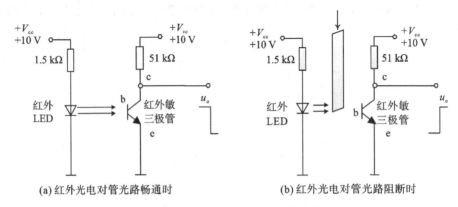

(a) 红外光电对管光路畅通时　　　(b) 红外光电对管光路阻断时

图 3-20　红外光电对管的工作电路

(2) 光电码盘式转速传感器

码盘圆周被等分成等宽相间的透光和遮光条码,成为一种光电码盘。红外光电对管与光电码盘按图 3-21 所示的结构装配,将光电码盘与被测轴同轴安装,条码置于光电对管的两个窗口之间,可组成一种转速传感器。被测轴转动时,码盘的条码交替地透光和遮光,光路交替地畅通和遮断,红外光敏三极管就会输出一连串脉冲电压信号。若码盘条码数 m 一定,脉冲电压信号的频率 f 与被测轴的转速 n 成正比。实用中常以 r/min 作为转速的单位。请读者写出这种传感器的静态特性表达式,即频率与转速关系式,频率段单位为 Hz,转速的单位为 r/min。

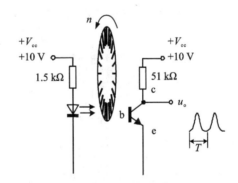

图 3-21　码盘-红外光电对管组成的转速传感器

红外光电对管的光束有一定的直径,当码盘上的条码交替地遮光和透光时,遮光和透光不是瞬间交替的,而是每一次交替存在一个渐变的过程。因此,光电对管输出信号上升沿和下降沿不陡峭,如果条码数很多,严重时难以分辨信号的周期。

3.4.2　开关量传感器

1. 行程开关

行程开关又称为限位开关或者位置开关,应用中,将行程开关安装在预先安排的位置,当运动部件碰撞行程开关时,行程开关的触点动作,实现电路的切换。

如图 3-22 所示是家用电冰箱中的行程开关,关上冰箱门时行程开关被门压紧使冰箱灯控制电路断开,冰箱灯熄灭;打开门时行程开关松开,自动闭合电路使灯点亮。

如图 3-23 所示是工业系统中的行程开关,用来限制丝杠螺母机构运动的位置或行程,当螺母左右移动到位触碰行程开关时,控制电路作用使螺母自动停止或反向运动。

因此,行程开关是一种根据运动部件的行程位置而切换电路的电器,它的作用原理与按钮类似。行程开关的电气符号如图 3-24 所示。

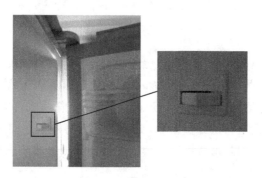

图 3-22 电冰箱中的行程开关

图 3-23 工业系统中的行程开关

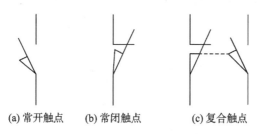

(a) 常开触点　　(b) 常闭触点　　(c) 复合触点

图 3-24 行程开关的图形符号

2. 声光控延时开关

家居楼梯照明广泛使用的声光控延时开关及灯如图 3-25 所示。它是一种用声音和光强来控制灯开关的"开启",若干分钟后延时开关"自动关闭"灯的装置。

图 3-25 声光控开关的应用

声光控开关电路框图如图 3-26 所示,电路的基本功能就是处理声音和光强信号,将其转换成为电子开关的动作。其中声音信号(脚步声、掌声等)由驻极体话筒接收并转换成电信号送到与门的一端。驻极体话筒如图 3-27 所示。驻极体话筒实现声电转换的关键元件是驻极体振动膜,在膜片一面蒸发上一层纯金薄膜,另一面与金属极板之间用薄的绝缘衬圈隔离开。这样,蒸金膜与金属极板之间就形成一个电容。当驻极体振动膜片遇到声波振动时,引起电容两端电场发生变化,从而产生了随声波变化的交变电压。

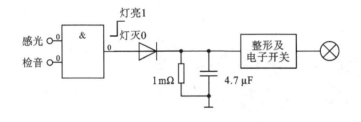

图 3-26 声光控开关电路框图　　　　　图 3-27 驻极体话筒

为了使声光控开关在白天开关断开,即灯不亮,由光敏电阻等元件组成光控电路。如图 3-28 所示是一种常用的光敏电阻及其构成的光控电路。其中,RG625A 型光敏电阻在有光照射时电阻为 20 kΩ 以下,光敏电阻两端的电压很低;无光照射时电阻值大于 100 MΩ,光敏电阻两端的电压很高。

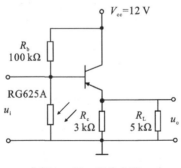

图 3-28 光控电路

3. 霍尔开关

霍尔传感器是根据霍尔效应制作的一种磁场传感器。霍尔效应是指：在半导体薄片两端加控制电流 i，并在薄片的垂直方向施加磁感应强度为 B 的匀强磁场，则在垂直于电流和磁场的方向上，将产生电势差为 u_H 的霍尔电压，如图 3-29 所示。

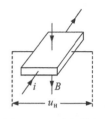

图 3-29 霍尔效应

霍尔开关是输出开关量的霍尔传感器。图 3-30 所示的是开关型霍尔传感器在磁盘驱动器中的应用。磁盘驱动器中使用直流无刷电动机，直流电源通过换向控制电路向直流无刷电动机的定子绕组供电。定子电流产生的电磁转矩使转子转动。为此，必须时刻检测转子的角位置。用三个霍尔器件作转子位置传感器随时检测转子的角位置。

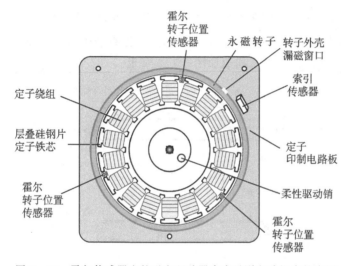

图 3-30 霍尔传感器在软磁盘驱动器直流无刷电动机中的应用

为了使转子角位移满 360°时重新从 0°记起，在永磁转子外壳的边缘开了一个漏磁窗口，在转子外壳附近的定子印制板上，安装了一个霍尔器件作为索引传感器。转子每转一周，窗口的漏磁使传感器产生一个索引脉冲。两个索引脉冲之间，转子运动了 360°的角位移。

4. 干簧管

干簧管是一种磁敏的特殊开关，也称干簧继电器、磁簧开关、舌簧开关或磁控管，是一种气密式密封的磁控性机械开关，可以作为磁接近开关、液位传感器、干簧继电器使用。在手机、复印机、洗衣机、电冰箱、照相机、消毒碗柜、门磁、电磁继电器中得到广泛的应用，电子电路中只要使用自动开关，基本上都可以使用干簧管。干簧管比一般机械开关结构简单、体积小、速度高、工作寿命长；而与电子开关相比，它又有抗负载冲击能力强的特点，工作可靠性很高。干簧管外形如图 3-31 所示。

图 3-31 干簧管

干簧管通常由两个或三个软磁性材料做成的簧片触点,被封装在充有惰性气体(如氮、氦等)或真空的玻璃管里,玻璃管内平行封装的簧片端部重叠,并留有一定间隙或相互接触以构成开关的常开或常闭触点。其基本构造如图 3-32 所示。

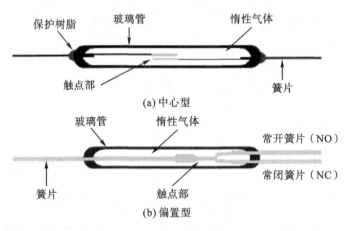

图 3-32 干簧管的基本构造

当永久磁铁靠近干簧管时,绕在干簧管上的线圈通电形成的磁场使簧片磁化,从而簧片的触点部分被磁力吸引。当吸引力大于弹簧的弹力时,接点就会吸合;当磁力减小到一定程度时,接点被弹簧的弹力打开。

5. 微动开关

微动开关是一种施压促动的快速转换开关,因为其开关的触点间距比较小,故名微动开关,又叫灵敏开关。其典型应用有鼠标,鼠标左右按键即对应两个微动开关,如图 3-33 所示。

微动开关的基本原理如图 3-34 所示。

外机械力通过传动元件(按销、按钮、杠杆、滚轮等)将力作用于动作簧片上,当动作簧片位移到临界点时产生瞬时动作,使动作簧片末端的动触点与定触点快速接通或断开。当传动元件上的作用力移去后,动作簧片产生反向动作力,当传动元件反向行程达到簧片的动作临界点后,瞬时完成反向动作。微动开关的触点间距小、动作行程短、按动力小、通断迅速。其动触点的动作速度与传动元件动作速度无关。

图 3-33 鼠标中的微动开关

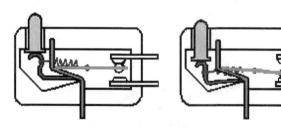

图 3-34 微动开关的基本原理

3.4.3 集成传感器

随着测量领域的不断扩大,测试技术的不断进步,各种集成传感器用途日益广泛,本节介绍几种常见的集成传感器。

1. 超声波概述

人耳能听到的声波频率范围大概是 20~20 000 Hz,超声波的频率大于人类听觉上限,通常,把频率高于 20 000 Hz 的声波称为超声波。超声波的频率高、波长短、方向性好、可以线性传播、对液体或者固体有不错的穿透效果,比如一些不透明的物体,超声波可以穿透几米,而且它在遇到杂质等物体时会发生反射现象,从而产生回波。利用超声波可以测速度、测距离、消毒杀菌、清洗、焊接等。因此,无论是在军事上、农业上还是在生活中都有广泛的应用。

(1)超声波特性

①超声波具有在气体、液体、固体等介质中进行传播的能力。

②超声波具有很强的传递能量的能力。

③超声波具有反射特性,还会产生干涉、叠加和共振现象。

④超声波在液体介质中传播时,可在界面上产生空化现象和强烈的冲击。

(2)超声波主要参数

频率:$F \geqslant 20\,000$ Hz(通常把 $F \geqslant 15\,000$ Hz 的声波也称为超声波);

功率密度:$p=$ 发射功率(W)/发射面积(cm^2);通常 $p \geqslant 0.3$ (W/cm^2)。

2. 超声波传感器

超声波传感器是根据超声波的一些特性制造出来的,用于完成对超声波的发射和接收的装置。超声波传感器主要由发送部分、接收部分、控制部分和电源部分构成。其中,发送部分由发送器和换能器构成,换能器可以将压电晶片受到电压激励而进行振动时产生的能量转化为超声波,发送器将产生的超声波发射出去。接收部分由换能器和放大电路组成,换能器接收到反射回来的超声波,由于接收超声波时会产生机械振动,换能器可以将机械能转换成电能,再由放大电路对产生的电信号进行放大。控制部分就是对整个工作系统的控制,首先控制发送器部分发射超声波,然后对接收器部分进行控制,判断接收到的是否是由自己发射出去的超声波,最后识别出接收到的超声波的大小。电源部分是整个系统的供电装置。这样,在电源作用下、在控制部分控制下,发送器与接收器两者协同合作,就可以完成传感器所需的功能。如图 3-35 所示为常见的超声模块。

图 3-35　超声模块外形图

超声模块输入输出管脚:
V_{cc}:接 5 V 电源;
Trig:接收单片机送出的脉宽大于 10 μs 的高电平触发信号;
Echo:返回信号,高电平有效,高电平持续时间就是超声从发出到返回的时间;
Gnd:接地。

如图 3-36 所示为超声波测距模块工作时序图。通过控制端向模块 Trig 端口输入一个脉宽大于 10 μs 的脉冲信号之后,超声测距模块会自动产生一组频率为 40 kHz 的超声信号并发出,超声信号经过传递遇到障碍物后,形成反射信号,反射信号会被模块再次接收,超声模块接收到反射信号后,通过内部计算能够获得超声的传播时间,超声的传播时间由 Echo 端口高电平持续时间表示。因此测试距离可以用式(3-21)表示:

$$测试距离 = Echo 高电平时间 \times 340(m/s)/2 \qquad (3-21)$$

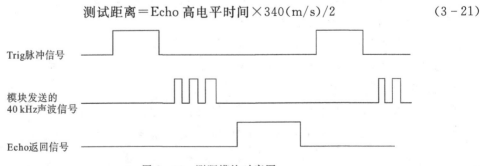

图 3-36　测距模块时序图

另外,使用该模块需要注意,模块在带电状态下,不能进行直接拆卸,即不能进行带电操作,第二,被测物体表面积不能小于 0.5 m²,否则测量精度会变差。

3. 粉尘检测传感器

粉尘传感器的工作原理是利用粉尘散射特定光线的强弱来计算粉尘浓度。计算出的粉尘质量浓度通过液晶显示屏直接显示并转换成电信号输出。粉尘传感器主要用于检测环境中的粉尘浓度,当前人们对生活工作居住环境的要求越来越高,生产性粉尘对人体的危害日益突显,粉尘检测日益重要。

常见的快速粉尘检测方法有五种:光散射法、β射线法、微重量天平法、静电感应法和压电天平法。微重量天平的仪器现基本被少数美国公司垄断,价格高,维护费高。静电感应法的仪器一般用于布袋除尘器后检测布袋是否泄漏。压电天平法的使用比较麻烦,生产厂家少。光散射法的粉尘传感器国外、国内厂家较多,又分普通光散射和激光光散射法。因为激光光散射法仪器的重复性、稳定性好,在欧美日已经全面取代普通光散射法。如选择好厂家,可以达到高性价比。国内传感器质量差别较大,应注意选择质量有保障的厂家。

这里介绍一款空气质量检测传感器($PM_{2.5}$传感器),$PM_{2.5}$又称细粒、细颗粒物。它能悬浮在空气中,浓度越高就表示空气质量越差。$PM_{2.5}$危害人体呼吸时,直径在 10 μm 以上的颗粒大部分通过撞击沉积在鼻咽部,而 10 μm 以下的粉尘可进入呼吸道的深部。而在肺泡内沉积的粉尘大部分是 2.5 μm 以下的细颗粒物($PM_{2.5}$)。$PM_{2.5}$细颗粒物直径小,在大气中悬浮的时间长,传播扩散的距离远,且通常含有有毒有害的物质,因而对人体健康影响更大。$PM_{2.5}$可进入肺部、血液,如果带有病菌会对人体有更大的危害。

$PM_{2.5}$传感器也叫粉尘传感器、颗粒物传感器。目前市场主流的$PM_{2.5}$传感器是根据光的散射原理来开发的。颗粒物在光的照射下会产生光的散射现象,当一束平行光入射到被测颗粒物时,颗粒物会把光进行散射。旁边的光敏元件会把散射光的光信号转换成电信号,电信号经过放大处理,被 MCU 计算成颗粒物浓度值并输出。

下面以激光和红外粉尘传感器为例,介绍它们的主要区别。

红外粉尘传感器所用的发光元件主要是红外发光 LED,所发出的光是红外光,光柱比较粗,对浓度测量不够精准。另外红外粉尘传感器中一般是用加热电阻加热空气让空气流动的,LED 和加热电阻这两种元件成本较低且耐用,所以红外粉尘传感器售价比较低。相应的测量精度也不高,适合低端应用,不过红外粉尘传感器寿命相对较长。如图 3-37 所示是一款红外粉尘传感器 GP2Y1010AU,其结构如图 3-38 所示。

图 3-37 GP2Y1010AU 外形图

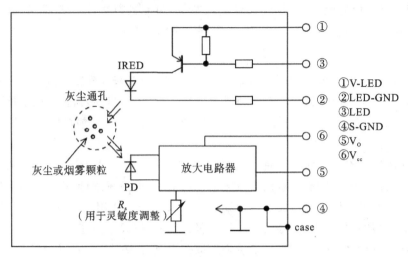

图 3-38 GP2Y1010AU 结构示意图

图 3-38 中 LED 管脚输入信号的特性需要满足表 3-2 中的参数,另外,模块输出管脚 V_o 输出的电压与粉尘浓度之间的具体关系如图 3-39 所示。

表 3-2 LED 信号输入特性要求

参数	符号	数值	单位
脉冲周期	T	10±1	ms
脉宽	P_w	0.32±0.02	ms
电压	V_{cc}	5±0.5	V

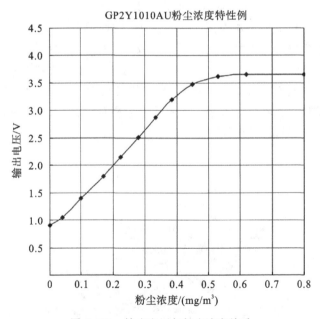

图 3-39 输出电压与粉尘浓度关系

激光粉尘传感器所用的发光元件主要是激光 LED,所发出的光一般是红光,光柱比较细,对浓度测量更精确。激光粉尘传感器中一般是用微型风扇让空气产生流动的,为了让气流稳定,还要对风扇的转速进行控制。同时对风扇的运行噪音要求也比较高。相对于红外粉尘传感器中的 LED 和加热电阻,这两种元器件要昂贵的多,当然激光粉尘传感器的精度和售价也更高。

4. 湿度传感器

湿度是空气中水蒸气量的术语。相对湿度(RH,Relative Humidity)定义为在给定温度下水蒸气的分压(在空气和水蒸气的气体混合物中)与水的饱和蒸气压之比。因此,RH 是特定温度下空气中水蒸气的量,与在给定温度下空气能够保持而不会冷凝的最大水蒸气相比。

湿度传感器通常是电容式或电阻式。电容式传感器具有比电阻式传感器更线性的响应(这些传感器几乎具有对数响应,但在低湿度下具有高灵敏度)。电容式传感器也可用于 0 至 100% 相对湿度的整个范围,其中电阻元件通常限制在约 20% 至 90% 的相对湿度。

电容式相对湿度传感器通常使用经过工业验证的热固性聚合物,三层电容结构,铂电极,除高温版本外,其中一些还具有片上硅集成电压输出信号调理功能。电容式传感器信号调理多电路架构可与电容式湿度传感器配合使用。在这些设计中,在印刷电路板的布局过程中必须格外小心。必须在布局中最小化任何杂散电容,因为任何增加的电容将充当与传感器的并联电容并产生测量误差。

电阻式湿度传感器:电阻式湿度传感器可选陶瓷或聚合物结构。电阻式湿度传感器通常由吸湿(吸收水分)介质组成,例如导电盐或沉积在非导电基底上的贵金属电极上的聚合物。

当传感器存在水蒸气时,它会被吸收,导致功能性离子基团解离,电导率增加。响应时间很慢,范围为 10~30 s,步长变化为 63%。大多数电阻式传感器使用交流激励来防止传感器极化,产生的电流被整流并转换成直流,可以进行线性化并根据需要进行放大。

温度对基于吸收的湿度传感器的影响,所有类型的基于吸收的湿度传感器的输出,无论是电容式、体电阻式、导电薄膜等,都受温度和相对湿度百分比的影响。因此,温度补偿必须用于需要更高精度或宽工作温度范围环境的应用中。

这里介绍一种 YL69 土壤湿度传感器,其外形如图 3-40 所示。

该传感器具有以下特点:

①感应端表面采用镀镍处理,加宽感应面积,提高导电性能,防止接触土壤容易生锈的问题;

②通过电位器调节控制相应阀值,湿度低于设定值时,DO 输出高电平,高于设定值时,DO 输出低电平;

③电压比较器采用 LM393 芯片(内部集成两个运放);

④5 V 供电。

图 3-40 湿度传感器外形

土壤传感器分为两部分,两叉端为传感器感应端,感应端有两根输出端口,一个是信号端,另一个是接地端,用两根杜邦线和传感器调理电路处理板相连,如下图 3-41 所示,K_1 是两个插片,插在土壤里,根据事先的工作可以测出,一般较湿润的土壤在固定的探针间的电阻在几百欧,AC 口用来采集模拟电压值,当土壤湿度较低,探针间电阻接近无穷大,AC 输出电压值就相当于是 V_{cc} 值;当土壤湿度高时,此时探针键电阻会减少到几千甚至几百欧,此时 AC 的输出模拟电压会变化。将传感器输出的模拟电压接至电压比较器电路。

LM393 是一个比较器,内部包含两个比较器电路,我们只用其中一个,另一个悬空不用,通过 R_1 设置一个比较电压标准值,当湿度大(AC 电压输出值小),OUT 端输出低电平,相反输出高电平,因此 OUT 信号(即 DO 端)可以直接用来粗略估算湿度大小。AC 数值(AO 输出)送到数模转换模块可以转换成数字信号进行进一步处理。D_1 指示灯可以用来看电路是否接通,D_2 指示灯表示湿度大小,湿度小(AC 值大),指示灯灭,湿度大(AC 值小),指示灯亮。

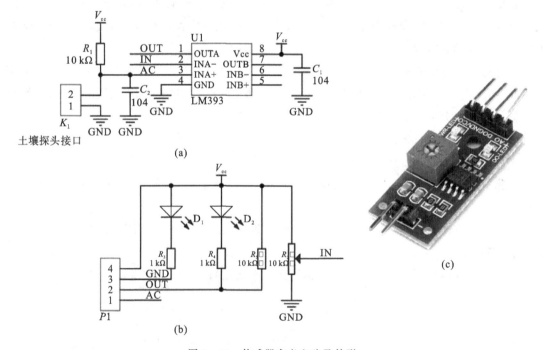

图 3-41 传感器参考电路及外形

5. 雨滴传感器

雨滴传感器主要是用来检测是否下雨及雨量的大小,常见的雨滴传感器主要有流量式雨滴传感器、静电式雨滴传感器、压电式雨滴传感器、红外式雨滴传感器等。

流量式:感应端设置监测电极板,并且检测电极之间物理距离较近,在不同的雨量情况下,实现不同的导通性能(电阻不同),雨量小,导通性能弱,雨量大,导通性能强,以此来表征雨量的大小。

静电式:导体构成电容,电极面积固定,电极间的间隔不变,则电容的容值只由介电系数决定,因为水和空气的介电系数数值不同,因此,电容的容值会随雨滴的大小而变,利用静电容的变化,来反应雨量的变化。

压电式:雨滴传感器由振动板、压电元件、放大电路、壳体及阻尼橡胶构成。振动板的功用是接收雨滴冲击的能量,按自身固有振动频率进行弯曲振动,并将振动传递给内侧压电元件上,压电元件把从振动板传递来的变形转换成电压。所以,当雨滴落到振动板上时,压电元件上就会产生电压,电压大小与加到振动板上的雨滴能量成正比,一般为 $5\sim300$ mV。放大电路将压电元件上产生的电压信号放大后再输用来反应雨量的大小。

红外式:在没有雨水时,雨滴传感器里的 LED 发射红外线,所发射的红外线通过透镜,并经过光路及反射面反射回来。从反射面反射回来的红外线被雨滴传感器中的光敏二极管接收。雨滴传感器根据接收到的红外光的反射率计算降雨量,并将此转换成电信号。在有雨水接触传感器时,雨滴传感器里的 LED 发射出的红外线通过透镜经过光路时,被光路中的雨水散射,没有扩散的红外光被反射面反射,雨滴传感器里面的光敏二极管接收不到红外光或者非常微弱,因此红外式雨滴传感器通过接收到的不同的光强来反应雨量的大小。

如图 3-42 所示是一种流量式雨滴传感器。其中矩形电极板为传感器感应端,感应端有两根输出端口:信号端和接地端,用两根杜邦线和传感器调理电路处理小板相连。其特点如下:

① 当检测到雨滴时,雨滴传感器的电导率升高,电路中的电流增大,V_{out} 端输出的电压值增大;

② 超大面积 5.0 cm$\times 4.0$ cm,并用镀镍处理表面,具有对抗氧化和导电性;

③ 比较器输出,信号干净,波形好,驱动能力强,超过 15 mA。

图 3-42 雨滴传感器

信号调理电路处理板和上文中介绍的湿度传感器所用到的小板相同,如图3-43所示。

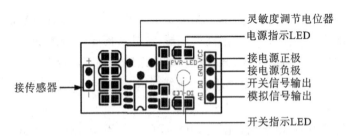

图3-43 传感器小板结构

6．人体红外传感器

波长比红光更长的光,叫作红外光,或红外线(红外)。红外光是人们无法用肉眼直接看见的光线。红外光又可以分为:近红外(760~3 000 nm);中红外(3 000~60 000 nm);远红外(60 000~150 000 nm)。

自然界中任何有温度的物体都会辐射红外线,只不过辐射的红外线波长不同而已。

人体都有恒定的体温,一般在 36.8 ℃左右,所以会发出特定波长 10 μm 左右的红外线,被动式红外探头就是靠探测人体发射的 10 μm 左右的红外线而进行工作的。人体发射的 10 μm 左右的红外线通过菲涅尔滤光片增强后聚集到红外感应源上。红外感应源通常采用热释电元件,这种元件在接收到人体红外辐射温度发生变化时就会失去电荷平衡,向外释放电荷,后续电路经检测处理后就能产生报警信号。

因此,利用人体向外辐射的红外线的不同,热释电传感器检测辐射温度变化产生电压信号输出,并且热释电信号与温度的变化率成正比关系,可以做成热释电感应传感器。

①热释电传感器外部安装一个菲涅尔透镜,可以增加传感器的感应距离,不加该透镜,感应距离不足 2 m;

②该透镜一般由聚乙烯材料制成,实际上是一个透镜组,红外光线经过透镜后,在透镜背面形成不同透光区和盲区。

热释电感应模块的特性:

· 这种探头是以探测人体辐射为目标的。所以热释电元件对波长为 10 μm 左右的红外辐射必须非常敏感。

· 为了仅仅对人体的红外辐射敏感,在它的辐射照面通常覆盖有特殊的菲涅尔滤光片,使环境的干扰受到明显的控制作用。

· 被动红外探头,其传感器包含两个互相串联或并联的热释电元。而且制成的两个电极化方向正好相反,环境背景辐射对两个热释电元件几乎具有相同的作用,使其产生释电效应相互抵消,于是探测器无信号输出。

· 一旦人侵入探测区域内,人体红外辐射通过部分镜面聚焦,并被热释电元接收,但是两片热释电元接收到的热量不同,热释电也不同,不能抵消,经信号处理而报警。

· 菲涅尔滤光片根据性能要求不同,具有不同的焦距(感应距离),从而产生不同的监控视场,视场越多,控制越严密。

热释电模块本身不发任何类型的辐射,器件功耗很小,隐蔽性好,价格低廉。但是容易受各种热源、光源干扰被动红外穿透力差,人体的红外辐射容易被遮挡,不易被探头接收,易受射频辐射的干扰。另外环境温度和人体温度接近时,探测和灵敏度明显下降,有时造成短时失灵。

人体红外热释电传感器如图 3-44 所示,该模块使用时,VCC 端用来连接电源,GND 端连接电源负极,此时,通过热释电传感器输出端 OUT 口输出的高低电平即可以判断传感器前方是否有人存在。

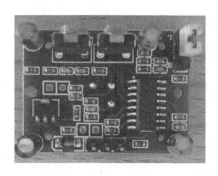 

图 3-44　人体红外热释电传感器

另外,在使用热释电传感器时,需注意以下几点:

- 端口 1:VCC,DC 4.5～24 V;
- 端口 2:GND,接电源负极;
- 端口 3:输出,数字量输出接口,输出高低;
- 检测到人体,输出高电平(3 V);
- 使用时避免强光直接照射。

- 电流:小于 50 μA;
- 感应距离:0.5～7 m;
- 触发时间:0.5～200 s;
- 感应角度:小于 110°;

3.5　信号调理电路

传感器可以测量很多物理量,但是传感器信号不能直接转换为数字数据,因为大部分传感器输出是相当小的电压、电流或变化。信号调理电路往往是把来自传感器的模拟信号变换为用于数据采集、控制过程、执行计算、显示读出和其他目的的数字信号。"调理"就是放大、缓冲或定标模拟信号,使其适合于模/数转换器(ADC)的输入。然后 ADC 对模拟信号进行数字化,并把数字信号送到微控制器或其他数字器件,以便于系统同的数据处理。简而言之,信号调理就是将敏感元件监测到的各种信号转换为标准信号。

3.5.1　运算放大器及其构成的典型电路

运算放大器是信号调理常用的一种集成电路器件,因其具有"放大"的含义,且与其他元器件一起构成的电路能够完成加、减、微积分等运算,所以称之为运算放大器,简称"运放"。图形符号如图 3-45 所示。"+"输入端是同相输入端,"-"输入端是反相输入端,u_o 是输出电压,还有两个供电端口，它属于有源器件。

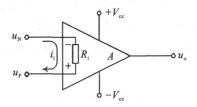

图 3-45　运算放大器

输出端空载时，u_o 与 u_P 和 u_N 的关系为
$$u_o = A(u_P - u_N) \tag{3-22}$$
式(3-22)中，A 是运算放大器的开环放大倍数，单位为 V/mV。如果电源电压是 $\pm V_{cc}$，输出电压 u_o 在电源电压范围内，即
$$-V_{cc} < u_o < +V_{cc} \tag{3-23}$$

一个运算放大器的开环放大倍数是定值，也是产品说明书给出的主要静态性能指标之一，常用型号的开环放大倍数为几十至几百 V/mV。假如电源电压 ± 15 V，由式(3-22)和式(3-23)，输出电压 u_o 在此范围内，两个输入端之间电压只能是 μV 数量级。R_i 称为输入电阻，通常是 MΩ 数量级，进入或流出输入端的电流很小，因为
$$i_i = \frac{u_P - u_N}{R_i} \tag{3-24}$$

如果令
$$A \to \infty \tag{3-25}$$
$$R_i \to \infty \tag{3-26}$$
就成为理想运算放大器。理想运算放大器有以下性质。

两个输入端之间电压为零，称为"虚通"，也称为"虚短路"，即
$$u_P - u_N = 0 \tag{3-27}$$
或
$$u_P = u_N \tag{3-28}$$
进入或流出两个输入端的电流为零，称为"虚断"，即
$$i_i = 0 \tag{3-29}$$

运算放大器的应用中，不同的外围电路可以构成各种输入输出关系，实现对输入信号的多种运算。各种运算关系式大都基于表示"虚通"的关系式(3-28)和表示"虚断"的关系式(3-29)，简要分析电路时，除了应用电路基本定律外，常应用理想运算放大器的性质，很多电路图中也不标识出开环放大倍数 A，如图 3-46 所示。

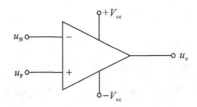

图 3-46　理想运算放大器的图形符号

运算放大器用于实际电路,按输入方式分类,有单端输入和双端输入两种输入方式。在单端输入方式下,若信号从同相输入端输入,称为同相输入方式,若信号从反相输入端输入,称为反相输入方式。双端输入方式下,两路输入信号同时分别连接到同相输入端和反相输入端。按输出信号是否返回输入端,分为开环和闭环两种方式。如果在运算放大器的输出端与输入端之间除地线外没有任何连接,就是开环工作方式。若有信号从输出端经过某种电路返回到输入端,就成为闭环工作方式,也称为反馈工作方式,返回的信号称为反馈信号,反馈信号通过的那部分电路称为反馈通道。实际应用中,运算放大器构成的实用电路大都是通过某种反馈电路构成运算关系。

下面介绍两种常见的运算放大电路集成芯片。

1. OP07

OP07 芯片是一种低噪声、高性能的双极性运算放大器集成电路,开环放大倍数为 200 V/mV,电源电压可以是 ±3～±18 V,输入电阻 33 MΩ,开环输出电阻仅 60 Ω,阶跃响应上升速率与负载有关。OP07 有 SOIC 和 PDIP 两种封装,8 脚双列直插式封装引脚见图 3-47,边缘的缺口向左,左下角的圆点是 1 号脚的标识,引脚从左下第一个起逆时针编号。OP07 的 1 号和 8 号脚的作用是连接外部调零电路,5 号脚无任何连接。

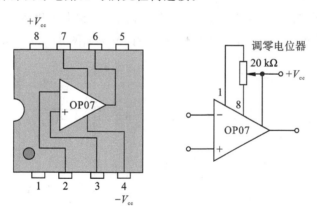

图 3-47 OP07 双列直插式封装引脚及调零电路

2. LM324

LM324 在同一芯片上集成了四个独立的、性能相同的运算放大器,因此也称四运算放大器。LM324 有 PDIP、SOIC 和 TSSOP 等几种封装,14 脚 PDIP(塑料双列直插式)封装引脚见图 3-48,左边缘的缺口是辨认引脚编号的标识,引脚从左下第一个起逆时针编号。LM324 的开环放大倍数为 100 V/mV,既可以用 ±1.5～±16 V 双极性直流电源供电,也可以用 +3～+32 V 单极性直流电源供电。

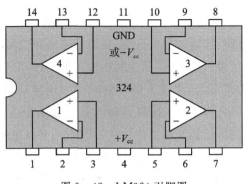

图 3-48　LM324 引脚图

工业现场的各种物理量经过传感器或变送器变为电信号,这些电信号往往比较小,需要经过放大后才能送给 ADC 变为数字量送给微控制器或计算机。由于使用场景千差万别,传感器的输出信号大小不同,对系统的精度、速度和稳定性要求不同,因而需要不同类别的放大器电路。下面介绍几种由运算放大器构成的典型电路。

1. 反相比例器

反相比例器是运算放大器的一种有反馈的单端输入方式的应用。在图 3-49 所示的电路中,引入了反馈电阻 R_2 和输入电阻 R_1,就构成反相比例器,图中省略了运算放大器调零电路。电阻 R_3 阻值应等于 R_1 与 R_2 并联的电阻值,R_3 的作用从略。根据理想运算放大器的性质,反相放大器的静态特性见式(3-30),正弦波信号输入时的波形如图 3-50 所示。

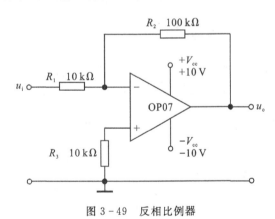

图 3-49　反相比例器

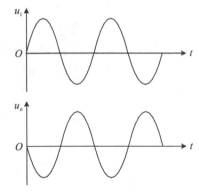

图 3-50　反相比例器的输入输出波形

$$u_o = -\frac{R_2}{R_1} u_i \tag{3-30}$$

如果 $R_2 > R_1$,这个电路成为反相放大器;如果 $R_2 < R_1$,这个电路成为反相衰减器。对于反相放大器,如果输入信号峰-峰值达到一定值,由式(3-30)决定的输出信号 u_o 幅值将超出电源电压范围,但是实际的输出信号 u_o 峰-峰值将被限制在电源电压值,这种现象称为饱和。饱和发生时,输出信号 u_o 出现失真现象,称为饱和失真,实际应用中应避免。由于运算放大器内部电路要产生电压降,所以饱和时输出信号 u_o 的实际峰-峰值并不能充满电源电压的范围。

请读者推导静态特性式(3-30),并画出反相放大器的静态特性曲线。

2. 同相比例器

同相比例器也是有反馈的单端输入方式,如图3-51所示。

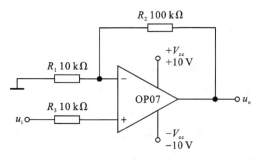

图 3-51 同相比例器

根据理想运算放大器的性质,不难写出同相比例器的静态特性:

$$u_o = \left(1 + \frac{R_2}{R_1}\right) u_i \tag{3-31}$$

请读者推导这个静态特性式(3-31),并画出同相比例器的静态特性曲线。同相比例器也可能出现饱和现象。

3. 差动放大器

如果传感器输出信号是差动电压,信号调理要用差动放大,采用运算放大器的差动放大器如图3-52所示。运算放大器工作在双端输入、反馈方式。根据理想运算放大器的性质,不难将输出电压表示成输入电压的函数:

$$u_o = \left(1 + \frac{R_2}{R_1}\right) \frac{R_4}{R_3 + R_4} u_b - \frac{R_2}{R_1} u_a \tag{3-32}$$

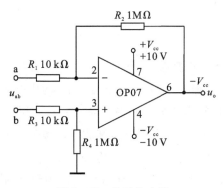

图 3-52 差动放大器

采用电路结构完全对称的差分放大,有利于抑制共模干扰(提高电路的共模抑制比)和减小温度漂移,如果取

$$R_3 = R_1, R_4 = R_2 \tag{3-33}$$

式(3-32)简化为式(3-34)

$$u_o = \frac{R_2}{R_1}(u_b - u_a) = \frac{R_2}{R_1} u_{ab} \qquad (3-34)$$

请读者画出差动放大器的静态特性曲线。

4. 电压跟随器

将同相比例器中的 R_1 断开,就成为电压跟随器,如图 3-53 所示。输出电压等于输入电压,因此得名,简称跟随器。电压跟随器的静态特性式见式(3-35)。读者可以自行画出电压跟随器的静态特性曲线。电压跟随器也可能出现饱和现象。

$$u_o = u_i \qquad (3-35)$$

由图 3-53 可以看出,电压跟随器从信号源输入的电流很小,这一特点常用于传感器与信号调理电路之间的缓冲,因为很多种传感器输出的电流很小。图 3-54 是一种增强型的电压跟随器,如果三极管的功率较大,这种电压跟随器具有较大的电流输出能力,带负载的能力得到增强。

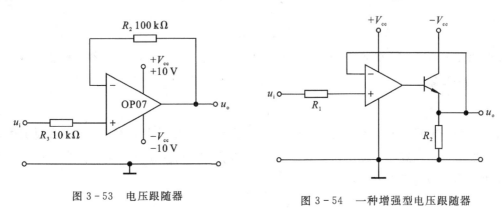

图 3-53 电压跟随器 　　　　　图 3-54 一种增强型电压跟随器

3.5.2 信号变换电路

1. 电压比较器/整形电路

当运算放大器工作在开环或正反馈时,它会工作在非线性状态。如图 3-55 所示,运算放大器工作在开环工作方式下,双端输入、单极性电源供电,构成电压比较器,V_r 称为比较电平或参考电平,由电阻 R_1 和 R_2 对电源电压分压而得。输入信号电压 u_i 由反相输入端输入,称为反相输入的电压比较器。u_i 与 V_r 进行比较,如果运算放大器是理想的,这个电压比较器的输入输出特性曲线如图 3-56(a)所示。如果输入信号电压 u_i 为周期信号,并且上下跨越参考电平 V_r,比较器就能相应地翻转,输出上升沿和下降沿很陡的矩形波,高电平接近 $+V_{cc}$,低电平接近 0 V,但信号周期(频率)保持不变,即电路可以实现保频整形,故电压比较器也称为整形电路。

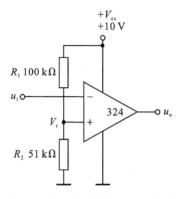

图 3-55 反相输入的电压比较器

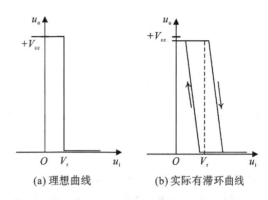

图 3-56 反相输入的电压比较器静态特性曲线

当输入为三角波信号时,输出信号波形如图 3-57 所示。实际的运算放大器并非理想,开环放大倍数是一个定值,因此实际的电压比较器静态特性存在滞环,如图 3-56(b)所示,输出波形如图 3-58 所示。

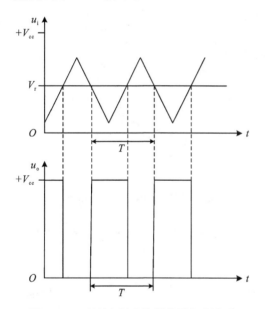

图 3-57 理想电压比较器整形电路波形

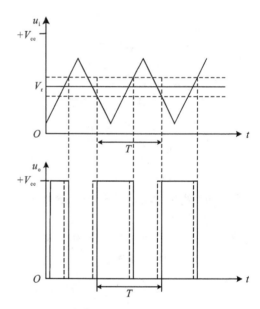

图 3-58 有滞环的电压比较器的整形电路波形

2. 电流/电压转换电路

电流/电压转换电路常记为 I/V 转换电路。电流信号的图形符号和最简单的 I/V 转换电路如图 3-59 所示,电流信号源与一个电阻 R 串联,电阻 R 两端电压 u_o 就是输出电压,如式(3-36)所示。如果 u_o 还要加以放大,电压放大器的输入电阻与 R 并联,电流 i 被电压放大器的输入电阻分流,造成误测量差。为解决这个问题,需要用电压跟随器,因为电压跟随器的输入电阻很大。

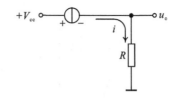

图 3-59　最简单的 I/V 转换电路

$$u_o = iR \tag{3-36}$$

图 3-60 所示的电路也可以将电流信号转换成电压,运算放大器工作在单端输入、反馈方式,图中省略了运算放大器调零电路。根据理想运算放大器的性质,可列出这个电路的静态特性表达式如下:

$$u_o = iR_2 \tag{3-37}$$

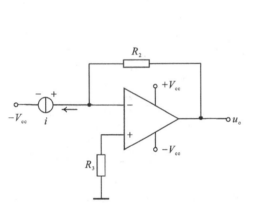 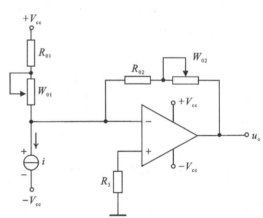

图 3-60　采用运算放大器的 I/V 转换电路　　图 3-61　可调零点的 I/V 转换电路

图 3-61 是可调零点的 I/V 转换电路,根据理想运算放大器的性质,这个电路的静态特性表达式如下,零点由 R_1 调整。

$$u_o = \left(i - \frac{V_{cc}}{R_1}\right)R_2 \tag{3-38}$$

请读者推导式(3-37)和式(3-38)两个静态特性式。

根据式(3-38),在确定了量程下限、上限,确定了输出电压下限、上限,选定了电源电压之后,即可计算出 R_1 和 R_2。为便于调试,常采用一个固定电阻和一个可调电阻串联,依式(3-39)计算。这些可调元件的参数调试准确后不允许再变动。

$$R_1 = R_{01} + W_{01} \tag{3-39a}$$

$$R_2 = R_{02} + W_{02} \tag{3-39b}$$

3. 频率/电压转换电路

频率/电压转换电路常记为 F/V 转换电路。LM2907 是一种集成 F/V 转换器产品,根据产品说明书,内部框图、引脚编号及典型外围电路如图 3-62 所示。

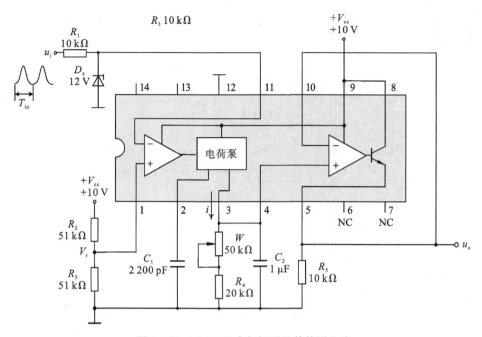

图 3-62 LM2907 内部框图及其外围电路

图中 6、7、13、14 号脚无任何连接。第一级是一个电压比较器作信号整形电路作输入级，第二级是一个电荷泵，第三级是一个电压跟随器作输出级。被测信号经过稳压管限幅电路后从 11 号脚输入整形电路，在 1 号脚外接电阻设定整形电路的比较电平 V_r。电荷泵输出的电流脉冲保持被测信号的周期，但电流脉冲的幅值、前后沿和脉宽均衡定，每一周期输出一定量的电荷，故得名。2 号脚接的电容 C_1 是 LM2907 输出电压 u_{ocd} 的一个决定因子（作用从略），称为定时电容。每一周期输出的电荷量为

$$q = V_{cc} C_1 \tag{3-40}$$

每一周期输出电流的平均值为

$$i_{oavg} = \frac{q}{T_{in}} = V_{cc} C_1 f_{in} \tag{3-41}$$

3 号脚是电荷泵的脉冲电流输出端，在 3 号脚外连接 RC_2 并联电路，将脉冲电流转换成电压 u_o，而后经 4 号脚送入增强型电压跟随器，最后在 5 号脚输出电压信号 u_o，输出驱动能力为 50 mA。u_o 的平均值 u_{oavg} 由式（3-42）决定，该式正是 F/V 转换器 LM2907 的静态特性表达式（推导从略），非线性误差率为 ±0.3%。

$$u_{oavg} = V_{cc} R C_1 f_{in} \tag{3-42}$$

式（3-42）中，u_{oavg} 是输出电压的平均值，也就是直流分量，单位为 V，f_{in} 是被测信号的频率，单位为 Hz。V_{cc} 是电源电压，单位为 V；R 是 3 号脚接的电阻值，单位为 Ω，电路中实际是一个固定电阻和一个可调电阻串联的阻值，由式（3-43）计算；C_1 是 2 号脚接的定时电容，单位为 μF。这三个参数均按图 3-62 中取值。

$$R = R_4 + W \tag{3-43}$$

LM2907 F/V 转换器的波形如图 3-63 所示，RC_2 并联电路以周期 T_{in} 充电放电，输出电压信号含有纹波。当输入信号的频率发生阶跃变化时，这个电路的动态响应快速性由时间常

数 RC_2 决定,较小的 C_2 有利于加快响应速度,但是输出电压信号的纹波较大,因此 C_2 的取值必须兼顾快速性和纹波。

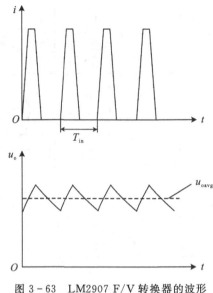

图 3-63　LM2907 F/V 转换器的波形

4. 超限报警电路

超限报警电路是整形电路应用的一种,电路如图 3-64 所示。因为整形电路的输出波形是输入信号 U_{in} 和比较电平 V_r 进行大小比较之后得到的,图 3-64 中,当 U_{in} 比 V_r 大时,整形电路的输出接近高电平 $+V_{cc}$;U_{in} 比 V_r 小时,输出接近低电平 0 V。整形电路的输出经过反相器 SN74F04 的一级反相,信号被送到了绿色发光二极管 D_1;整形电路的输出经过两级反相,信号被送到了红色发光二极管 D_2。当整形电路输出为低电平时,绿色 D_1 发光;反之,当整形电路输出为高电平时,红色 D_2 发光,电位器 W_2 和 W_3 起到限流作用,可以调节发光二极管的亮度。电位器 W_1 用来调整比较电平 V_r 的大小,以达到利用绿色 D_1 或红色 D_2 来报警的效果。

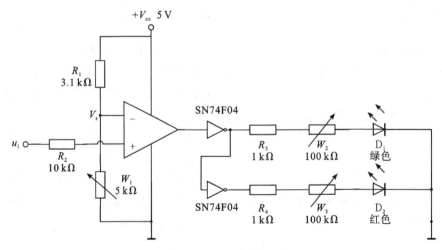

图 3-64　超限报警电路

5. 稳压管限幅电路

稳压管是一种直到临界反向击穿电压前都有很高电阻的二极管,具有一般二极管的正向导通,反向截止、击穿特性。只是,稳压管在反向击穿时,在一定电流范围内,端电压几乎不变,表现出稳压特性,因而广泛应用于稳压电源与限幅电路中。图3-65是一种稳压管限幅电路,输入信号电压高于稳压管反向击穿电压时,输出电压就被限幅。其理想波形如图3-66所示。

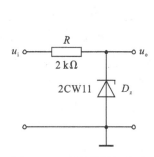

图3-65 稳压管限幅电路

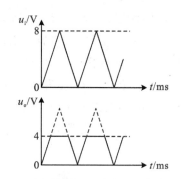

图3-66 稳压管限幅电路输入三角波时的波形

3.5.3 算术运算电路

算术运算电路主要包括加法器电路、减法器电路、乘法器电路和除法器电路。由于基本的算术运算加法、减法、乘法、除法最终都可以归结为加法或减法运算,因此,在算术运算电路中加法器与减法器电路是最基础的电路,一般是由集成运放加反馈网络构成的运算电路来实现。

1. 加法器

若干个电压信号的相加可以通过一个运算放大器来实现,多个信号可以从反相端输入,或者从同相端输入,反相加法器如图3-67所示,同相加法器如图3-68所示。

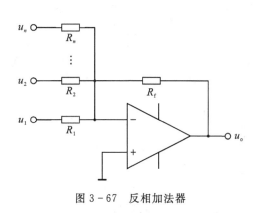

图3-67 反相加法器

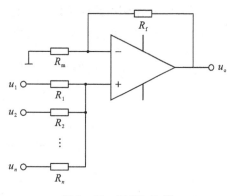

图3-68 同相加法器

请读者根据理想运算放大器的性质,推导这个电路的静态特性表达式。

2. 减法器

最基本的减法器电路就是差分放大电路,请读者参照3.5.1节的差分放大电路的内容学习。

3. 积分运算电路

积分电路是使输出信号与输入信号的时间积分值成比例的电路。它是一种应用广泛的模拟信号运算电路,不仅可以用作积分运算,还可以用于波形变换、放大电路失调电压的消除及反馈控制中的积分补偿等场合。同时,它是控制和测量系统中常用的重要单元,利用其充放电过程可以实现延时、定时以及产生各种模型。

最简单的积分电路由一个电阻 R 和一个电容 C 构成,简称为 RC 电路。如图 3-69(a)所示,向 RC 电路输入矩形波信号,以电容两端的电压作为输出。当输入信号 u_i 为高电平时,直流电压源 E 通过电阻 R 向电容 C 充电,当输入信号 u_i 为低电平时,电容 C 通过电阻 R 放电,波形如图 3-70 所示。记 $\tau=RC$,称为这个 RC 电路的时间常数,单位为秒。时间常数可表征这个 RC 电路充电放电的快慢。如果时间常数 τ,即 R、C 的取值,远大于方波的半周期,称为 RC 不完全积分电路,简称为 RC 积分电路。RC 积分电路的静态特性式如式(3-44)所示。

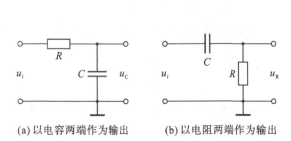

(a) 以电容两端作为输出　　(b) 以电阻两端作为输出

图 3-69　RC 电路

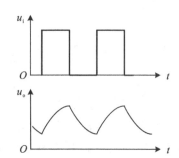

图 3-70　RC 电路输入矩形波时的波形

$$u_o(t) = u_c(t) = \frac{1}{C}\int_0^t i_R(t)dt = \frac{1}{RC}\int_0^t u_R(t)dt \qquad (3-44)$$

含有运算放大器的典型的积分电路如图 3-71 所示。可以看出,含有运算放大器的典型积分电路是在反相比例电路的基础上将反馈回路中的电阻改为电容,这种积分电路称为反相积分电路,由式(3-44)可直接得到输出电压。

$$u_o(t) = -u_c(t) = -\frac{1}{RC}\int_0^t u_R(t)dt \qquad (3-45)$$

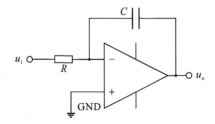

图 3-71　含有运算放大器的积分电路

4. 微分运算电路

由积分电路的定义,很容易知道,微分电路是使输出信号与输入信号的时间微分值成比例的电路。将图 3-69(b)中,RC 电路的输出取 R 两端的电压,就构成了最基本的微分电路。那么,同样将图 3-71 中的电阻和电容的位置交换,即构成了含有运算放大器的典型微分电路,如图 3-72 所示。

输出电压

$$u_o(t) = -RC \frac{du_i(t)}{dt} \tag{3-46}$$

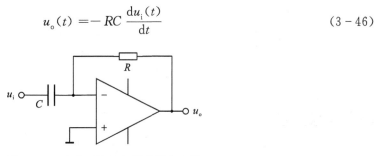

图 3-72 含有运算放大器的微分电路

5. 滤波电路

滤波电路种类繁多:按照电路中是否需要有源器件,可将其划分为无源滤波和有源滤波;根据电路选取信号的特点,滤波器可以划分为低通滤波器、高通滤波器、带通滤波器和带阻滤波器。但不管是哪种滤波,都主要用到对交流电有特殊阻抗特性的器件,如电容器、电感器。本章节简单介绍无源低通滤波器。

(1) RC 低通滤波器

如果向图 3-69(a) 所示的 RC 电路中输入正弦波信号,输入信号 u_i 频率越高,输出信号 u_o 滞后角越大,且幅值越小。因此,称它为滞后电路,也称为一阶低通滤波器。用示波器可以观察到如图 3-73 的波形,Δt 是滞后时间,单位为 s,滞后角 $\Delta \theta$ 由式 (3-47) 计算,单位为 rad。

$$\Delta \theta = 2\pi \frac{\Delta t}{T} \tag{3-47}$$

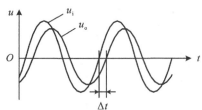

图 3-73 RC 电路输入正弦波时的波形

如果向图 3-69(b) 的 RC 电路输入正弦波信号,以电阻两端电压作为输出。该电路为超前滤波,也称为一阶高通滤波器。请读者推导出输出电压 U_R 与 R、C 的关系式,观察输入输出波形并计算相位差。

(2) RL 低通滤波器

利用电感对高频信号阻碍大,对低频信号阻碍小的特点,便可构成如图 3-74 所示的 RL 低通滤波器。请读者自行推导 RL 低通滤波器的静态特性。

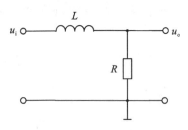

图 3-74 RL 低通滤波器

3.6 信号显示

3.6.1 LED 单灯显示

一个指示灯的亮/灭构成单灯显示,可以显示电动机启/停、开关通/断、阀门开/闭、物体的有/无、是/否超重、是/否过热、是/否超速。常用发可见光的 LED 作指示灯,常见的面板指示用小功率 LED 也称 LED 灯珠。LED 是由 Ⅲ-Ⅳ 族化合物半导体制成的,如 GaAs(砷化镓)、GaP(磷化镓)、GaAsP(磷砷化镓)等。LED 的核心是 PN 结,因此具有一般 PN 结的正向导通,反向截止、击穿等特性。LED 的发光颜色和发光效率与材料和工艺有关,目前广泛使用的有红、绿、蓝、白等。LED 耐冲击,抗振动,寿命长达 10 万小时,响应时间为 ns 级,可通过调节电压或电流调节亮度。

单个 LED 的文字符号、图形符号和基本电路如图 3-75 所示,用作指示灯时,输入电压是信号调理电路给出的,譬如电压比较器。面板指示用小功率 LED 正向导通工作电压为 1.1~2 V,正向额定电流约为 15 mA。R 称为限流电阻,作用是保证 LED 工作在正确的电流和电压范围内。电阻值计算公式为

$$R = \frac{u_i - V_{LED}}{I_{LED}} \quad (3-48)$$

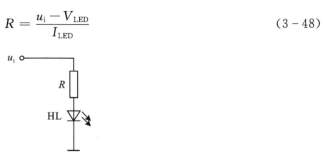

图 3-75 LED 基本电路

式(3-48)中,R 是限流电阻,单位为 Ω,u_i 是被显示信号电压,单位为 V,V_{LED} 是 LED 驱动电压,单位为 V,I_{LED} 是 LED 正向电流,单位为 A。

3.6.2 LED 集成显示

将多个 LED 集成在一个显示模块中可以构成集成显示,集成显示常见的方式是采用数码管进行显示。

1. 按段数分类

数码管按段数分为七段数码管和八段数码管。七段数码管,是在一定形状的绝缘材料上,利用单只 LED 组合排列成"8"字型的数码管,分别引出它们的电极,点亮相应的段可实现数字"0～9"及少量字符的显示。为了显示小数点,增加 1 个点状的发光二极管,就构成了八段数码管,我们分别把这些发光二极管命名为"a、b、c、d、e、f、g、h",如图 3-76 所示,3、8 脚为公共端(COM)。

2. 按 LED 单元连接方式分类

按 LED 单元连接方式分为共阳极数码管和共阴极数码管。

(1) 共阴极数码管

共阴数码管是指将所有发光二极管的阴极接到一起形成公共

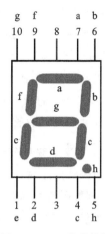

图 3-76 八段数码管

极(COM)的数码管。共阴数码管在应用时应将公共极 COM 接到地线 GND 上,当某一字段发光二极管的阳极为高电平时,相应字段就点亮;当某一字段的阳极为低电平时,相应字段就不亮。注意,LED 的电流通常较小,一般需在回路中连接限流电阻,限流电阻的大小按照 LED 数码管规格进行选择。共阴数码管内部连接如图 3-77 所示。

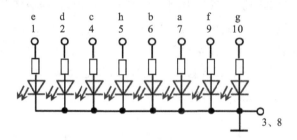

图 3-77 共阴极数码管内部连接方式

(2) 共阳极数码管

共阳数码管是指将所有发光二极管的阳极接到一起形成公共阳极(COM)的数码管。共阳数码管在应用时应将公共极 COM 接到 +5 V 电源,当某一字段发光二极管的阴极为低电平时,相应字段就点亮。当某一字段的阴极为高电平时,相应字段就不亮。注意,LED 的电流通常较小,一般需在回路中连接限流电阻,限流电阻的大小按照 LED 数码管规格进行选择。共阳数码管内部连接如图 3-78 所示。

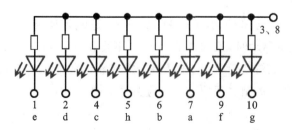

图 3-78 共阳极数码管内部连接方式

(3)数码管连接方式的判断

把数字万用表的测量开关旋转至测量二极管的档位,测量表笔的正极与数码管的公共端(COM)连接,测量表笔的负极与其他任一端依次连接,若 LED 被一一点亮,说明该数码管为共阳极数码管,若其中有一段没有被点亮,说明该段已损坏。若将测量表笔的负极与数码管的公共端(COM)连接,测量表笔的正极与其他任一端依次连接,若 LED 被一一点亮,说明该数码管为共阴极数码管,若其中有一段没有被点亮,则该段已损坏。

3. 数码管的静态和动态显示

数码管要正常显示,就要用驱动电路来驱动数码管的各个段码,从而显示出我们想要的数字,根据数码管显示驱动方式的不同,可以分为静态式和动态式两大类。其中,静态显示又可以分为静态直接显示和 BCD 码驱动显示。

(1)静态显示驱动

静态驱动也称直流驱动。静态驱动是指每个数码管的每一个段码都由一个控制器的 I/O 端口进行驱动,每个 I/O 口控制八段数码管的每一段,因此,八段数码管就需要八个 I/O 输出口来进行控制,需要显示哪个数字,就将相应的 I/O 口输出适当的电平,驱动对应的段进行显示,控制输出对应的字符。

以如图 3-77 所示的共阴极数码管为例。若把阴极接地,在相应段的阳极接上正电源,该段即会发光。假如所有段都悬空或接地,这时,数码管不显示,如图 3-79(a)所示;若给 a、c、d、f、g 段接上正电源,其他段悬空或接地,那么 a、c、d、f、g 段发光,此时,数码管显示将显示数字 5,如图 3-79(b)所示;若 a、d、e、f、g 段接上正电源,其他段悬空或接地,此时数码管将显示字母 E,如图 3-79(c)所示。其他字符的显示原理类同。

(a) 不显示　　　　　(b) 显示5　　　　　(c) 显示E

图 3-79　数码管的直接显示

(2)静态 BCD 码驱动

另外一种静态显示方法是使用如 BCD 码二—十进制译码器译码进行驱动,例如利用 CD4056BE 芯片进行显示驱动时,控制器的 I/O 口不直接和数码管相连,而是和驱动芯片相连,由驱动芯片在完成进制转换后输出至数码管,完成相应的显示。电路连接示意图如图 3-80 所示。8421BCD 码和十进制之间的输出对应关系如图 3-81 所示。

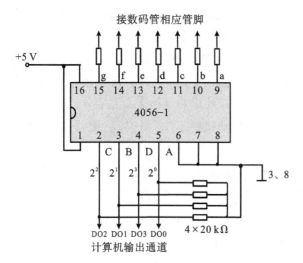

8421码	十进制数
0000	0
0001	1
0010	2
0011	3
0100	4
0101	5
0110	6
0111	7
1000	8
1001	9

图 3-80　BCD 码驱动芯片电路连接示意　　图 3-81　8421BCD 码和十进制对应关系图

图 3-80 中的 CD4056BE 为 BCD-7 段液晶显示译码/驱动芯片，芯片 9~15 脚(a~f)经限流电阻分别连接共阴极七段 LED 数码管 a—f 脚；2—5 脚经下拉电阻接地，计算机控制信号经这 4 个管脚输入，各脚信号权值见图。这 4 个管脚不加电时为低电平。

四位二进制数 $DCBA$ 与其对应的十进制数 Y 的关系如下：

$$Y = 2^3 D + 2^2 C + 2^1 B + 2^0 A$$
$$\downarrow \quad \downarrow \quad \downarrow \quad \downarrow$$
$$8 \quad 4 \quad 2 \quad 1$$
(3-49)

因此，在使用 BCD 驱动芯片进行数码管显示时，只需要利用 4 个 I/O 口对驱动芯片进行控制即可，然后按照进制对应关系输出相应的 BCD 码即可。

对两种静态显示方法进行比较：静态驱动的优点是编程简单，显示亮度高，缺点是占用 I/O 端口多，例如使用直接驱动方式驱动 5 个数码管静态显示则需要 5×8＝40 根 I/O 端口来驱动，而常用的控制器的 I/O 端口数量一般都是受限的，并没有足够多的 I/O 端口完全提供给数码管使用，因此实际应用时只有当使用的数码管数量少，控制器的 I/O 口数量足的情况下，才会使用静态显示方法。

(3) 动态显示驱动

数码管动态显示接口是显示控制中应用最为广泛的一种显示方式之一，动态驱动是将所有数码管的 8 个显示笔划"a、b、c、d、e、f、g、dp"的同名端连在一起，另外为每个数码管的公共极 COM 增加位选通控制电路，位选通由各自独立的 I/O 线控制。

当单片机输出字形码时，所有数码管都接收到相同的字形码，但究竟是哪个数码管会显示出字形，取决于控制器对位选通 COM 端电路的控制，所以我们只要将需要显示的数码管的选通控制打开，该位就显示出字形，没有选通的数码管就不会亮。通过分时轮流控制各个数码管的公共 COM 端，就能够使各个数码管轮流受控显示，这就是动态驱动。

在轮流显示过程中，每位数码管的点亮时间为 1~2 ms，由于人的视觉暂留现象及发光二极管的余辉效应，尽管实际上各位数码管并非同时点亮，但只要扫描的速度足够快，给人的印象就是一组稳定的显示数据,不会有闪烁感,因此,动态显示的效果和静态显示是一样的,但是能够节省大量的 I/O 端口,而且功耗更低,所以是一种更优的显示方法。

动态显示时,多个数码管公共端 COM 的位选通信号一般由译码器电路构成,这里我们以动态控制两位数码管为例,说明动态驱动显示如何进行电路连接和设计。两个数码管的公共位 COM 端选通信号由 3/8 译码器芯片(3/8 译码器的端口约束和真值表参见表 3-3 和 3-4)的输出控制,将两个数码管的八段信号端并联起来,由驱动锁存芯片 74HC573 驱动(锁存器的端口约束参见表 3-5),电路连接关系如图 3-81 所示。

表 3-3 74LS138 译码器管脚说明

引脚	功能	使用
C、B、A	输入,译码输入,C 为最高位,A 为最低位,3 个二进制位一共可以表示 8 种状态	与控制器相连
Y0～Y7	输出,3/8 译码器输出,低电平有效	八位输出和公共选通端 COM 引脚相连,用于选通每个数码管
E1	输入,使能端,高电平有效	该管脚接电源
E2、E3	输入,使能端,低电平有效	该管脚接地

表 3-4 74LS138 译码器真值表

输入						输出							
E1	E2	E3	C	B	A	Y0	Y1	Y2	Y3	Y4	Y5	Y6	Y7
1	×	×	×	×	×	1	1	1	1	1	1	1	1
×	1	×	×	×	×	1	1	1	1	1	1	1	1
×	×	0	×	×	×	1	1	1	1	1	1	1	1
0	0	1	0	0	0	0	1	1	1	1	1	1	1
0	0	1	0	0	1	1	0	1	1	1	1	1	1
0	0	1	0	1	0	1	1	0	1	1	1	1	1
0	0	1	0	1	1	1	1	1	0	1	1	1	1
0	0	1	1	0	0	1	1	1	1	0	1	1	1
0	0	1	1	0	1	1	1	1	1	1	0	1	1
0	0	1	1	1	0	1	1	1	1	1	1	0	1
0	0	1	1	1	1	1	1	1	1	1	1	1	0

表 3-5 74HC573 驱动管脚说明

引脚	功能	使用
D0~D7	输入,八位待锁存的数据	与控制器相连
Q0~Q7	输出,三态,内部八位锁存器的输出 提示:三态指高电平、低电平和高阻态;高阻态相当于与其他电路断开;通常总线(地址线、数据线都是三态的)	八位输出和数码管八段引脚相连
OE	输入,输出使能,低电平有效 输入高电平时,Q0~Q7 呈高阻态;输入低电平时,Q0~Q7 为内部八位锁存器输出	该管脚接地
LE	输入,锁存使能端,高电平有效 LE = 1 时,D0~D7 能够进入到内部的八位锁存器 LE = 0 时,内部的八位锁存器保持,即 D0~D7 无法进入到锁存器内部	该管脚接电源

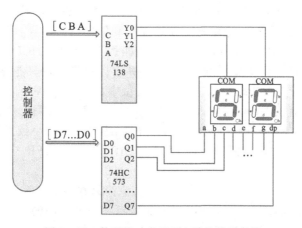

图 3-82 数码管动态显示电路连接示意图

利用这种方式,可以扩展出多个数码管的控制显示方式,3/8 译码器最多可选通 8 个数码管,可以拓展到 8 个数码管的同步显示控制,因此利用动态显示的方式,可以满足绝大多数利用数码管进行显示的场景了。

3.6.3 磁电式电压表显示

电压是最常用的信号形式,磁电式电压表也是常用的显示装置之一。磁电式偏转机构如图 3-83 所示。磁电式偏转机构需要足够的转矩,因而需要足够大的电流加以驱动。磁电式电压表的文字符号和图形符号如图 3-84 所示。实用中通常需要改绘刻度盘,以便直接读取被测量的名称、数值和单位,有时为扩大量程,还需要串联一定的降压电阻。91C4 型磁电式电压表是一种小型直流电压表,壳内装有降压电阻,量程为 10 V,内阻为 10.2 kΩ,精度等级为 5.0,可用在一般精度要求不高、无振动、无腐蚀性气体、能近距离读数的场合。

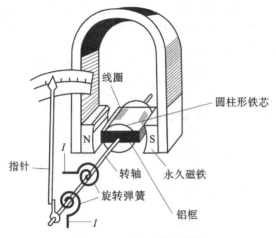

图 3-83 磁电式偏转机构

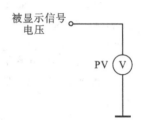

图 3-84 磁电式电压表图形符号

3.6.4 $3^{1/2}$ 位简易数字电压表显示

为了以数字形式显示被测量值,必须进行模/数转换和译码,已有将这些相关电路制造成集成电路的产品。ICL7106/7107 是一种单片 CMOS 大规模集成电路简易数字电压表芯片,集成了双积分型模/数转换器、七段译码器和其他配套电路,内部电路的介绍超出本书范围。因为内部有显示屏驱动电路,ICL7106 可直接驱动四位 LCD 显示,ICL7107 可直接驱动四个小尺寸共阳极七段 LED 数码管显示,但是四位十进制数的最高位只能显示"1""-1"或无显示,可显示的最多位数字是 1999 或 -1999,称为三位半显示,记为 $3^{1/2}$ 位。根据产品说明书,ICL7106/7107 输入电流仅 1 pA,可输入差动电压,可自动显示被测电压极性,能自动将零点偏离稳定在 10 μV 以内,温度变化导致的漂移小于 1 μV/℃,没有小数点驱动功能,功耗小于 15 mW(不包括 LED),工作环境温度 0~70 ℃,有 DIP-40 和 PQFP-44 两种封装,DIP-40 封装还有左式和右式两种。

配上外围电路,ICL7106/7107 就能构成一个直流简易数字电压表,量程为 0~200 mV 的简易数字电压表外围电路如图 3-84 和图 3-85 所示。通过不同的外围电路,不仅可以扩大 ICL7106/7107 的量程,还可以实现其他功能,详见产品说明书。

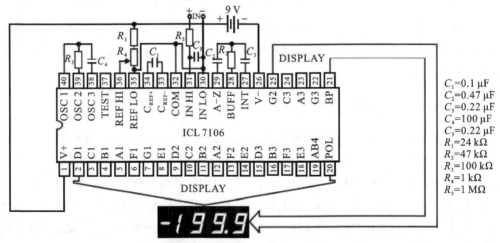

图 3-85 采用 ICL7106 的 200 mV 简易数字电压表外围电路

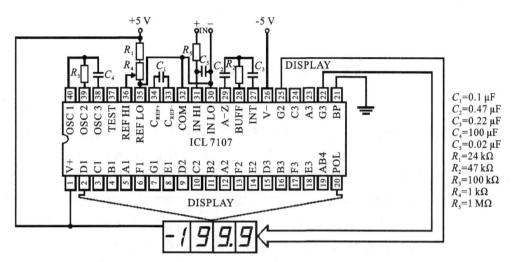

图 3-86 采用 ICL7107 的 200 mV 简易数字电压表外围电路

第4章 控制系统

在生产和生活中,我们希望被控对象按照预期的目标进行动作,这就需要设计控制系统。比如,在设计一个温度控制系统时,需要明确几个问题。温度是如何测量出来的?采用什么器件产生温度变化来达到或者维持设定的目标?产生温度变化需要一定的能量,这个能量由谁,以哪种形式提供?控制策略是由哪个部分来完成的?控制技术经过了怎样的发展历程?如何去评价控制系统的好坏?被控对象的温度状态信息的获取已经在第3章测量系统设计中进行了详细的介绍,本章将对控制系统的概念、执行器、驱动器、控制器,以及控制技术进行介绍。

4.1 控制系统的基本概念

系统是为实现规定功能以达到某一目标而构成的相互关联的一个集合体或装置,是两个或两个以上元素按一定结构组成的整体,所有元素或组分间相互依存、相互作用、相互制约,这个整体在一定的环境下具有一定的功能。

系统可分为自然系统和人工系统。自然系统:系统内的个体按自然法则存在或演变,产生或形成一种群体的自然现象与特征。自然系统包括生态平衡系统、生命机体系统、天体系统、社会系统,等等。人工系统:系统内的个体根据人为的、预先编排好的规则或计划好的方向运作,以实现或完成系统内各个体不能单独实现的功能、性能与结果。人工系统包括电力系统、计算机系统、飞行控制系统,等等。工业系统是人工系统,是由多个元件、器件、机构以及装置构成的一个整体,通过构成元素之间的相关作用,实现相应的功能。控制系统和人体系统很相近,如图4-1所示:人在完成一个物体的抓取动作时,物体的位置就是目标信号,在实现抓取的过程中,眼睛和触觉等感官不断检测手的位置以及抓取用力信息,并将信息传递反馈给大脑,大脑根据偏差发出指令控制手臂、手指。在这个过程中,大脑起到控制作用,手臂和手指起到运动执行作用,而眼睛和触觉起到状态信息测量作用。

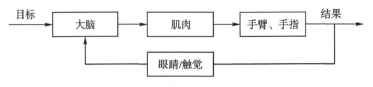

图 4-1 人体控制系统的构成

类似人体系统,典型的控制系统是由控制器、驱动器、执行器以及测量系统组成的,如图4-2所示。例如,在恒温控制系统中,需要温度传感器测量温度,需要电阻丝作为执行器进行温箱加热,需要控制器产生控制策略。

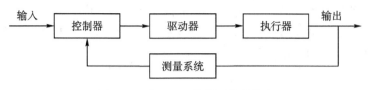

图 4-2 典型工业控制系统的构成

4.1.1 控制与反馈的概念

为了使系统能够按照我们的预期进行动作,需要施加一定的控制,不管是在自然系统还是人工系统中,"控制"这个词出现得都很频繁,那么什么是控制呢?控制是指由人或者控制装置使受控对象按照所期望的动作进行的操作。如果控制任务是由人参加完成的,称为人工控制。如人工恒温箱、人工调速系统,等等。而所谓自动控制,是指在没有人直接参加的情况下,利用控制装置使被控制的对象(如装备和生产过程)的某个工作状态或参数自动按照预订的规律运行。如计算机控温温箱、数控机床按照预先的工艺程序自动加工、自主导航小车(AGV),等等。

在很多自动控制系统中,都需要进行被控制对象状态信息的反馈。所谓反馈,就是把一个系统的输出状态不断直接或者经过变换后全部或者部分回到输入端,从而影响系统功能。如果反馈信号与系统的输入作用性质相反,称为负反馈;如果作用性质相同,称为正反馈。在图4-1中,物体的位置可以看成是系统的输入,手的位置可以看成系统的输出,输出的状态通过视觉反馈给大脑,作为手臂手指根据反馈信息不断调整,最终不断减小或者消除偏差。由此看出,这是一个负反馈的系统。反馈控制是自动控制系统基本控制方式,也是最常用的一种控制方式。

4.1.2 控制系统的构成基本方式

为了更好地分析和设计控制系统,必须对控制方式进行了解。控制系统主要有三种控制方式:开环控制、闭环控制和复合控制。

1. 开环控制系统

如果系统的输入和输出之间没有反馈回路,控制器和被控对象之间只有正向的控制作用,输出对控制系统的控制作用没影响的系统称为开环控制系统,如图4-3所示。

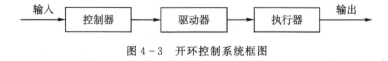

图 4-3 开环控制系统框图

开环控制系统很多,如按照特定的时间、顺序控制的交通灯,按照特定的流程洗衣服的家用洗衣机、音乐喷泉以及简易数控机床,等等。

图4-4所示为人工控制的开环温箱。温箱的温度是被控量,我们希望温箱温度保持在设定的温度值,而且偏差在允许的范围之内。温度的调节是通过调压器调整施加到加热电阻丝

上的电压大小,改变电阻丝加热温箱的功率,从而改变温箱的温度。由于系统的工作状态可能存在变化,如供电电压的波动、环境温度的变化以及待加热物体情况等都会使系统温度发生偏离,而开环系统无法自动纠正偏差。

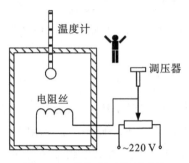

图 4-4 温箱开环控制系统

系统要保证控温的准确性,通常需要人的参与,这样就构成人工控制系统:观察温度计的温度,对比实际温度与目标温度的误差,然后手动调节减小误差。

有的系统虽然看起来很复杂,但是从构成方式来看还是开环系统。图 4-5 为简易数控机床结构框图。与温箱开环系统一样,该系统只是按照输入加工指令控制电动机运动,至于运动的结果,并没有位置检测和反馈环节,所以当系统有扰动时,必然会造成加工误差,而系统对于这个误差不能自动纠正,有时候需要人工进行补偿。

图 4-5 简易数控机床开环控制系统

2. 闭环控制系统

输出量对控制作用产生影响的系统称为闭环控制系统。系统的输出部分或者全部返回到输入,也称为系统反馈。闭环控制系统基本组成如图 4-6 所示。

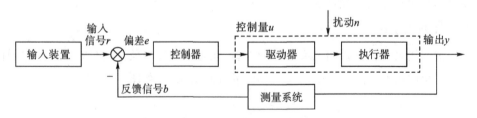

图 4-6 闭环控制系统组成

输入装置主要设定输入信号 r,确定被控对象的目标值或称给定值。

测量系统用于测量输出(被控量),如果输出不是电量,需将将其转换成电信号(反馈信号 b)。

比较元件通常用"⊗"表示,"+"表示正反馈,"−"表示负反馈。用于把测量系统获得的反馈信号与输入装置设定的输入信号进行比较,求出偏差 $e=r-b$。常用的比较元件有差动放大器、电桥以及机械差动装置等。

扰动信号 n：扰动信号也是系统的一种输入，通常是必然存在的，它的出现对系统会造成不利的影响。扰动可以来自于系统外部，也可以产生于内部。在实际系统中，电压电流的波动，环境温度、湿度的变化，以及负载的变化均可对系统造成扰动。

对于电源电压波动、环境温度变化等扰动的影响，开环系统无法自动纠正，往往需要借助于人进行测量、比较和操作。能够自动消除扰动的自动温箱控制系统如图 4-7 所示。系统工作时首先通过电位器设定与相应温度对应的 u_1，温箱实际温度通过热电偶转化成电压信号 u_2，于是得到偏差信号 $\Delta u = u_1 - u_2$，Δu 对应于设定温度与实际温度的偏差。信号再经过差动放大器放大和功率放大器放大后，用于控制电动机的转动。偏差信号的极性决定了电动机的转动方向，放大之后的电压决定了电动机的转动速度。电动机带动机械传动装置拖动调压器的调节触头，调节施加到加热电阻丝上的工作电压，调整电阻丝的加热功率，进而调控温箱温度。当实际温度低于设定温度时，可以通过上述系统提高电阻丝的加热功率，反之减小功率。当 $\Delta u = 0$ 时，即设定温度与实际温度相等时，电动机停转。由于系统有反馈环节，所以当系统扰动出现时，能够不断调整来消除偏差。

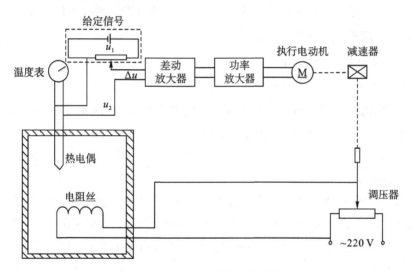

图 4-7 自动控制恒温箱闭环系统

可以按照图 4-6，把自动控制恒温箱画成方框图形式，如图 4-8 所示，这样系统的闭环结构原理更加简明。

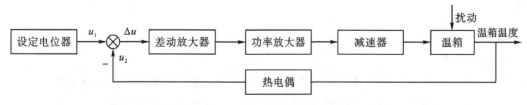

图 4-8 自动控制恒温箱系统方框图

3. 复合控制系统

对某些性能要求较高的复杂控制系统,可以将开环控制和闭环控制结合起来,构成复合控制系统。复合控制是在闭环控制的基础上,可以增加一个与原输入信号并行的,或者针对扰动信号进行补偿的装置,可以起到超前控制加强,或对扰动信号的补偿增强,从而实现高性能的控制效果。

4. 开环控制和闭环控制的比较

闭环系统增加了反馈,可以把被控量的状态及时传达给控制器,控制器根据实际状态进行控制调整,能够及时消除外部和内部扰动的影响,可以提高系统的性能。从系统结构上看,闭环系统从设计、元器件构成、搭建和调试都比开环系统复杂,所需成本也会提高。开环的优点是结构简单,安装和调试方便,系统的成本也低。当能够预见到系统扰动,并能够进行一定程度上消除的话,可以采用开环控制。

4.1.3 控制系统的其他分类方法

控制系统还可以根据系统的构成方式进行分类外,还可以按照输入信号的特征、系统传递信号的性质以及构成系统的元件特征进行分类。

1. 按输入信号的特征分类

(1) 恒值控制系统

恒值控制系统的输入量(目标)在某一特定时间段是恒值,要求系统在各种扰动存在的情况下,系统的输出(被控量)能够保持恒定,系统的主要任务是克服各种扰动需系统的影响。恒值控制系统在工业系统中很多,如前面自动温箱,以及恒速、恒压、恒定液位、恒定流量控制等。

(2) 随动控制系统

随动系统又称伺服系统,其输入是事先未知的和随机时间变化的,要求控制系统的输出量跟随输入量的变化。系统的主要任务是保证输出量在跟随输入量过程中保证一定的精度和跟随速度。武器系统中的空对空导弹、地对舰导弹、视觉跟踪系统以及函数记录仪等都是随动系统。

(3) 程序控制系统

程序控制系统的输入是已知的时间函数,系统按照预定的程序运行。程序控制系统在特定的生产过程中应用很多。例如自动控温热处理炉具有一定的升温时间、保温时间、降温时间,系统温度要求按照预先设定好的温度曲线变化。数控机床按照预先编制好的加工代码进行加工等。

2. 按系统传递信号的性质分类

(1) 连续系统

连续系统中各个元件中传递的信号都是时间的连续函数,即传递的信号为模拟信号。工业系统中有很多连续系统,如一些液压伺服系统、自动控制恒温箱闭环系统等。

(2) 离散系统

如果一个系统中只要有一处或者几处的信号是脉冲信号或者数字编码,那么这个系统就成为离散系统。通常离散系统中的信号成分比较复杂,这个系统中通常包含模拟信号、离散信号以及数字信号等。在实际的物理系统中,信息表现形式为离散信号的并不多,通常为了控制的需要,将连续信号离散化,这个过程称为采样。如果一个系统中采用单片机计算机等作为控制器,通常系统为离散控制系统。如单片机测控温系统、数控机床控制系统等。

3. 按照系统的元件特征分类

(1) 线性系统

系统的组成元件均具有线性特征,输入输出关系都可以用线性微分方程描述。如果微分方程的系数是不随时间而变化的常数,则称为线性定常系统;如果微分方程中的系数是时间的函数,则称为线性时变系统。线性系统理论比较成熟,特别是线性定常系统。所以当系统参数变化不大时,通常在分析和设计时,视为定常系统处理。

(2) 非线性系统

组成系统的元件中,有一个或者多个元件是非线性特征元件,通常用非线性微分方程描述,非线性系统不能应用叠加原理。工业系统中绝大部分系统严格来讲都是非线性系统,但是在一定条件下为了方便设计和分析,可以近似当作线性系统来处理。

4.1.4 对控制系统的基本要求

控制系统工作场合不同,对于性能的要求也不尽相同。控制的目标是一致的,即使被控量按照要求变化。通常,对控制系统的基本要求可以归纳为稳定性、快速性和稳定性。

1. 稳定性

稳定性是保证系统正常工作的必要条件。稳定性是指系统在平衡状态下,受到输入量或者扰动作用后,系统输出重新恢复平衡状态的能力。如果系统在偏离稳定状态后,随着时间的变化能够重新以一定精度收敛于期望值,则系统是稳定的。反之,如果系统输出呈持续振荡或者发散振荡状态,不能重新回到平衡状态,则系统是不稳定的。所以稳定性是系统完成控制任务的首要条件,不稳定的系统会系统失控,甚至造成严重事故。

2. 快速性

快速性是控制系统对输入响应的快慢,即从一个状态过渡到另外一个状态的时间。当系统的输出量与给定的输入量(期望值)之间存在偏差时,消除偏差的快慢程度。通常将过渡过程的快速性和稳定性作为控制系统动态性能的评价指标。

3. 准确性

准确性是指稳定的控制系统在过渡过程结束后的稳态下,系统实际输出与期望值之间的稳态差值。稳态误差是衡量控制系统品质的一个重要指标,稳态误差越小,系统输出精度越高。在恒值控制系统中,希望设计的控制系统能够在扰动的作用下,系统准确保持期望值,而对于随动控制系统,要求系统输出与输入保持同步。

系统的准确性体现出系统的稳态性能,而稳定性和快速性反映了系统的动态性能。控制系统的稳定性、快速性和准确性通常相互矛盾,比如提高系统的快速性,系统的稳定性可能就会变差；改善系统的准确性，系统有可能变得迟缓。通常在改善控制系统性能时，首先要保证系统的稳定性，然后提升系统的快速性和准确性。还要根据受控对象的不同，对"稳、快、准"进行兼顾。比如在恒值控制系统中，通常对系统的稳定性和准确性要求严格，随动控制系统对快速性要求较高。

4.2 控制系统的硬件构成

由本章前面的分析可以看出，一个典型闭环控制系统是由控制器、驱动器、执行器以及测量反馈系统构成。所以要设计一个控制系统，必须对这几个部分进行分析、选型与设计，测量系统的设计已经在本书第3章中进行了详细介绍，接下来将对常用的控制器、驱动器和执行器进行简要介绍。

4.2.1 控制器

控制系统无论按照哪种方式构成，其目的都是使被控量按照预期进行动作，这就需要施加一定的控制，而控制必须遵循一定的规则，通常称为控制规律或者控制策略。控制规律通常在控制器中实现。控制器的种类很多，可以是机械结构，如图4-9所示，家用抽水马桶控制系统就是采用机械结构作为水位的控制器。控制器也可以采用电气系统，如图4-7中系统测量部分和温度控制部分信息都是采用模拟电信号。在计算机产生之前，一般的控制系统中控制规律是由硬件电路实现的，控制规律越复杂所需要的模拟电路往往越多，如果要改变控制规律，一般就必须更改硬件电路，这就造成了很多不便。随着计算机技术的产生和发展，越来越多的控制器采用的是数字计算机，计算机控制系统中控制规律是由软件实现的，计算机执行预定的控制程序，就能实现对被控参数的控制，需要改变控制规律时，一般不对硬件电路做改动，只要改变控制程序就可以了，所以采用计算机作为控制器非常灵活，同时可以实现比较复杂的控制算法，如改进PID控制、模糊控制、最优控制、自适应控制，等等。在工业系统中，常用如图4-10所示原理对液位进行精确控制，这里用到的控制器是计算机。

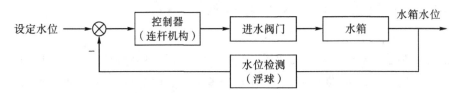

图4-9 机械抽水马桶控制系统

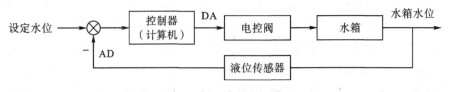

图4-10 计算机液位控制系统

利用计算机快速强大的数值计算、逻辑判断等信息加工能力,计算机控制系统可以实现比常规控制更复杂、更全面的控制。被控对象的多样性决定了不能采用单一类型的控制计算机来组成计算机控制系统。而是要根据被控对象的特性、控制的要求来选择合适的控制计算机。本节将简要介绍几种常用的控制计算机。

1. 微型计算机系统

微型计算机简称"微机",是由大规模集成电路组成的、体积较小的计算机。它是以微处理器为基础,配以内存储器及输入输出(I/O)接口电路和相应的辅助电路而构成。特点是体积小、灵活性大、价格便宜、使用方便。由微型计算机配以相应的专用电路、电源、面板、机架以及外围设备(如打印机、数据采集卡等),再配上软件就构成了微型计算机系统(Microcomputer System),这也是我们常说的PC(Personal Computer)机或者电脑,如图4-11所示。自1981年美国IBM公司推出第一代微型计算机IBM-PC以来,且技术不断更新、产品快速换代,从单纯的计算工具发展成为能够处理数字、符号、文字、语言、图形、图像、音频、视频等多种信息的强大多媒体工具。

由于微型计算机的许多优点,也广泛应用于工业控制系统中,并演化出来工业用微型计算机,简称工控机(IPC)。工控机与普通PC机构成相近,为了适应工业现场较恶劣的环境,在提高可靠性方面做了许多特殊设计,可以适应工业现场各种温度、湿度、震动、电压波动、灰尘、腐蚀等工作环境。

工控机机箱采用2 mm厚钢板全钢结构密封标准机箱,增强了抗电磁干扰能力和机械强度。推拉式箱盖便于维修和插拔采集卡,采集卡的压条可以防止板卡在机箱内抖动,增加了系统抗冲击性能,同时硬盘等构件都安装了减振橡胶垫,减小了震动对系统的损害,从而可以应用在一些有一定震动的工作环境中。

从底板结构可以看出,系统采用底板+CPU结构,底板上提提供了黑色的ISA总线和白色的PCI总线插槽,可以插入多个板卡。为了解决多板卡长时间工作的散热问题,在图4-12面板左前方安装了大功率吸风风扇,同时安装过滤网减少灰尘进入。

图4-11 普通PC机照片

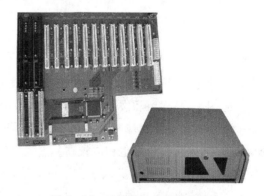

图4-12 工控机及内部底板照片

2. 嵌入式系统

根据电气和电子工程师协会(IEEE)的定义,嵌入式系统是"控制、监视或者辅助装置、机器和设备运行的装置",是一种以应用为中心、以微处理器为基础,软硬件可裁剪的,适应应用系统对功能、可靠性、成本、体积、功耗等综合性严格要求的专用计算机系统。

嵌入式系统总类多,应用广泛。我们可以在日常生活电器和工业系统中见到大量采用嵌入式系统作为控制器的系统,如手机、汽车、洗衣机、多媒体播放器、微波炉、数码相机、电冰箱、空调,以及数控机床、恒温箱等工业系统与医疗仪器等。

它一般由嵌入式微处理器、外围硬件设备、嵌入式操作系统以及用户的应用程序等四个部分组成。嵌入式系统的核心部件是嵌入式处理器,分成四类,即嵌入式微控制器(MCU,Micro Contrller Unit)、嵌入式微处理器(MPU,Micro Processor Unit)、嵌入式 DSP 处理器(DSP,Digital Signal Processor)和嵌入式片上系统(SOC,System on Chip)。

(1)嵌入式微控制器(MCU)

单片机一种典型的嵌入式微控制器,它性能可靠、体积小、功耗低、价格低,所以应用十分广泛。虽然单片机从诞生到现在已经有近 40 年,但仍是目前嵌入式工业控制系统的主流。单片机芯片内部集成 ROM/EPROM、RAM、I/O、定时/计数器以及看门狗、串行口、A/D 转化器、D/A 转化器等各种功能和外设,以便于适合不同应用场合。单片机 89c51 以及单片机构成的系统分别如图 4-13 和图 4-14 所示。

单片机产品很多,典型的如 Intel 公司的 MCS-51 系列、TI 公司的 MSP430 系列、Motorola 公司的 M68 系列以及 Atmel 公司 AVR 系列单片机。

图 4-13　单片机 89c51

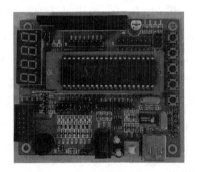

图 4-14　单片机构成的系统

(2)嵌入式微处理器(MPU)

嵌入式微处理器是由通用计算机中的 CPU 演变而来的。但与计算机处理器不同的是,在实际嵌入式应用中,只保留和嵌入式应用紧密相关的功能硬件,去除其他的冗余功能部分,这样就以最低的功耗和资源实现嵌入式应用的特殊要求。它的特征是具有 32 位以上的处理器,具有较高的性能,当然其价格也相应较高。嵌入式微处理器具有体积小、重量轻、成本低、可靠性高的优点。工业控制、消费类电子产品、通信系统、网络系统、无线系统等各类产品市场。MPU 使用和开发方便,可以使用 Linix、Windows CE 以及 Android 等操作系统。

常见的嵌入式微处理器有 Am186/88、386EX、SC-400 以及 ARM 系列等,其中基于 ARM 技术的微处理器约占据了 32 位微处理器大部分市场份额。ARM 芯片以及 ARM 芯片构成的开发系统分别如图 4-15 和图 4-16 所示。

图 4-15　ARM 芯片　　　　　　　　图 4-16　ARM 构成的系统

（3）数字信号处理器（DSP）

DSP 处理器是专门用于信号处理方面的处理器，具有强大数据处理能力和高运行速度。在数字滤波、超声设备、频谱分析等各种仪器上以及语音处理、图像处理、机器人视觉等领域得到了广泛的应用。目前最为广泛应用的是 TI 的 TMS320 系列以及 Intel 的 MCS-296 等。

（4）嵌入式片上系统（SOC）

根据不同的客户的要求定制的芯片，是将系统的关键的部件集成到一个芯片上。SOC 是一个微小型系统，最大的特点是成功实现了软硬件无缝结合，直接在处理器片内嵌入操作系统的代码模块。

3. 可编程控制器（PLC）

可编程序控制器是针对传统的继电器控制设备所存在的缺点而研制的新一代控制器。进入 20 世纪 80 年代后，又出现了采用 16 位和少数 32 位微处理器构成的 PLC，使得可编程序控制器在功能上有了很大的提高，不再局限于逻辑运算，增加了数值运算和模拟输入与输出，能够实现 PID、前馈补偿控制等闭环控制功能，并且能与上位机构成复杂控制系统。

PLC 包含 CPU、存储器、输入/输出通道、定时器、计数器、辅助继电器和电源等部分。基本单元的工作由 CPU 控制，现场输入信号通过输入通道进入 PLC，输出信号由输出通道送至执行机构。系统扩展容易，系统可以扩展几十个输入和输出。并且输入有输入隔离功能，输出有继电器输出、晶体管输出和晶闸管输出三种，具有一定的驱动负载能力。两款不同的 PLC 如图 4-17 所示。

PLC 使用方便，编程简单，采用简明的梯形图、逻辑图或语句表等编程语言，且无需计算机知识，因此系统开发周期短，现场调试容易，能适应各种恶劣的运行环境，抗干扰能力，可靠性高于其他控制器。

鉴于 PLC 的众多优点，在工业系统中应用十分广泛。在红绿灯系统、包装生产线、装配流水线等逻辑和开关量顺序控制中非常常见；在流量、温度、速度、压力等模拟量采集和过程控制中以及电梯、机床、机器人等运动控制中都有广泛应用。

图 4-17 两款 PLC 照片

4.2.2 控制系统的驱动器与执行器

执行器是自动化技术工具中接收控制信息并对受控对象施加控制作用的装置,执行器的作用是使系统完成预期的动作,达到或维持设定的状态。执行器或者执行元件在工作时,往往需要驱动器或者驱动元件提供动力,驱动器有时也称为原动机、动力装置。驱动器的作用是以适当的形式和足够的功率为执行器提供能量。驱动器与执行器没有严格的划分界限,比如在在转速控制系统中,通常将电动机的驱动电源模块叫做驱动器,将电动机作为执行器;而在机床刀座位置控制中,可能会将电动机与其驱动电源模块部分都作为驱动器,而将转动转换为直线运动的螺旋机构作为执行器。执行器按所用驱动能源分为气动、电动和液压三种。

在控制系统中,有时候需要改变原动机的运动形式,比如,将转动转换成水平运动,或者改变运动方向、速度、力、力矩等;或者将运动和力在一定空间范围内进行传输,而有时候需要将力进行放大。这都可能用到机构,机构是两个或两个以上构件通过活动联接形成的构件系统,能够实现运动和力的传递与转换。

1. 电气驱动与执行元件

电动机是一种旋转式电动机器,也是最常用的电气驱动与执行元件。它利用电磁感应原理,将电能转变为机械能。电动机按照供电形式,可以分为直流电动机和交流电动机。按照运动形式可以分为旋转电动机和直线电动机。

电动机的使用和控制非常方便,可以方便控制气动、加速、正反转、制动等能力,能满足各种运行要求;电动机的工作效率较高,具有无气味、无污染环境、噪声小等一系列优点。所以在国防、商业及家用电器、医疗电器设备等各领域都有广泛应用。

(1)直流电动机

直流电动机是由两个主要部分构成:静止不动的部分称为定子,转动部分称为转子。定子包含主磁极、换向磁极、电刷装置、机座和接线盒构成。转子包含转子铁芯、转子绕组以及换向器构成。

如图 4-18 所示,直流电动机采用直流供电,工作时,电刷接上直流电源,通过换向器将直流电流引入转子。线圈电流方向为 $a \rightarrow b \rightarrow c \rightarrow d$,由左手定则可知此线圈将受到逆时针方向的转矩作用,当转矩大于轴上的负载转矩时,转子就会向逆时针方向旋转。当旋转到一定角度后,ab 边到了 S 极,而 cd 边到了 N 级,换向电刷与换向片相对接触位置发生了变化,这时候电流方向为 $d→c→b→a$,根据左手定则知,线圈仍受到逆时针方向转矩作用。

直流电动机广泛应用于各种便携式的电子设备或器具中,如录音机、CD 机以及各种电动玩具。如图 4-19 为直流电动机带动的升降台模型。虽然直流电动机成本较高,稳定性较差,但在一些受工作环境和使用条件的限制,采用电池供电的直流电动机在特定领域依然前景广阔。

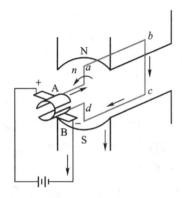

图 4-18 直流电动机工作原理图

图 4-19 直流电动机控制的升降台

(2)交流异步电动机

交流异步电动机电源直接来自于电网,三相交流异步电动机也是由转子和定子两部分构成,如图 4-20 所示。定子里面在圆周均匀安放三相绕组,当绕组接通三相交流电时,将产生旋转磁场,转子在磁场作用下,产生与转动磁场方向一致的转动。

交流异步电动机使用方便、经济性好。由于价格低、结构简单、运行可靠、使用维护方便而得到广泛应用。交流异步电动机广泛应用于电吹风、洗衣机、空调、电风扇、冲击钻等家用电器与工具中,并且随着交流调速技术的发展,交流异步电动机将有更广泛的应用。如图 4-21 所示为采用单向交流异步电动机驱动的小型钻床。

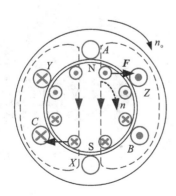

图 4-20 三相交流异步电动机原理

图 4-21 交流异步电动机驱动的钻床

(3)特殊电动机

特殊电动机是在普通旋转电动机基础上发展出来的应用于特定场合的小功率旋转电动机,它可以用作执行元件也可以作为检测元件,特殊电动机与一般旋转电动机无原理上的差别,特性也大致相同,但应用背景和侧重点不同,一般旋转电动机侧重于启动、运行状态时输出机械转矩等性能,而特殊电动机除了功率小、尺寸小之外,侧重于精度与响应速度。信号检测电动机主要有测速发电动机、感应同步器、旋转变压器等。执行电动机主要有步进电动机、交流伺服电动机、直流伺服电动机、力矩电动机等。

步进电动机采用脉冲控制方式,当步进电动机驱动器接收到一个脉冲信号,它就驱动步进电动机按设定的方向转动一个固定的角度,称为"步距角",而电动机的旋转就是有一系列固定角度的转动构成。当负载在一定范围内时,电动机的运行不受温度变化、震动、电压波动等的影响。

步进电动机采用脉冲直接控制,没有反馈,系统成本低。系统能够保证一定的位置和速度控制精度,稳定可靠。电动机的启动、制动、高低速、正反转控制方便,停止时有自锁功能。但是也有一些缺点,比如系统带负载能力较差,高速性能不理想,在负载较大时,容易产生失步现象,而且系统没有反馈环节,对失步没有补偿功能。步进电动机在复印机、监控设备、医疗机械、机床中应用十分广泛。图 4-22 所示即为常见的步进电动机,而驱动电动机往往需要将控制信号进行放大和转化,从而产生驱动电动机转动能量的驱动器,驱动器如图 4-23 所示。

图 4-22 步进电动机

图 4-23 步进电动机驱动器

相对于步进电动机的开环工作方式,伺服电动机有编码器,能够将转动的角度传递给驱动器,驱动机根据实际角度与目标角度的偏差进行调整,是典型的闭环系统。所以伺服电动机能够精确控制速度、位置以及转矩,电动机高速性能好、过载能力强,运行稳定可靠,但价格相对较高,广泛应用于数控机床、机器人、机械手、印刷包装设备、激光加工生产线等对精度、可靠性以及效率要求较高的场合。伺服电动机品牌很多,如国外的松下、西门子、Parker、三菱,国内的和利时、华中、台达等。常见伺服电动机以及驱动器如图 4-24

图 4-24 伺服电动机与驱动器

所示。

2. 气动驱动与执行元件

气动传动是采用压缩空气作为驱动力,系统的工作原理是:先采用原动机进行空气压缩,再利用管路,控制元件将压缩空气送至气动执行元件,从而获得机械能。气动传动有许多优点:利用空气作为动力,空气获取方便,而且空气在管路中传输容易,对环境没有污染;压缩空气可以在气罐中存储,使用方便,没有爆炸和着火危险;元件结构简单,维护方便,使用安全。缺点是:空气可以压缩,所以系统是非线性的,精确控制难度较大;输出力较小,负载能力较差。

随着技术的发展,气动的优点得以发挥,缺点得到了克服,气动技术越来越多地应用于工业系统中。在自动化生产线中,可以采用气动装置进行物料传送,零件分拣、反转、安装、定位、加紧。气动扳手、气动冲击钻、气动门等都有广泛应用。除此之外,气动技术还在磨削、车削、钻削加工中有一定的应用。气动生产线模型如图4-25所示。

图4-25 气动生产线模型

气动系统一般由气源、辅助元件、控制元件与执行元件构成。气源一般由空气压缩机、冷却器、油水分类器以及贮存压缩空气的储气罐构成。辅助元件主要由过滤器(过滤油污、水分与灰尘作用)、油雾器(润滑部件作用)、消声器以及管路构成。控制元件主要用来控制系统的运动,如压力阀可以控制管路的压力,流量阀控制速度,方向阀用来控制运动方向。而执行元件是将压缩空气的压力转换为机械能,驱动机构完成直线、摆动、旋转等运动,主要有气缸和气动马达。

(1)空气压缩机

空气压缩机可分为容积式空压机和速度式空压机,容积式空压机的工作原理是使单位体积内空气分子的密度增加以提高压缩空气的压力,速度式空压机的工作原理是提高气体分子的运动速度以此增加气体的动能,然后将气体分子的动能转化为压力能以提高压缩空气的压力。容积式空压机主要有往复运动的活塞式和膜片式,以及回转运动的滑片式等。图 4-26 所示为活塞式空气压缩机工作原理图,当曲柄滑块机构带动活塞向右移动时,气缸压力降低,吸气阀打开吸气;当活塞向左移动时,气缸内气体压缩,气压增大,吸气阀关闭,而排气阀打开,这样高压空气将从压气口进入储气罐。

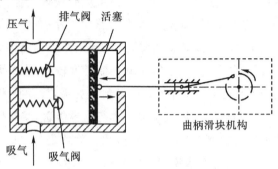

图 4-26 活塞式空气压缩机工作原理图

(2)执行元件

气动执行元件主要有气动马达跟气缸。气动马达是将压缩空气的能量转换成回转运动的执行元件,气动马达按照原理分为叶片式、齿轮式和活塞式。跟电动机相比,气动马达可以适应恶劣的工作环境,在高温、震动、潮湿和易燃的条件下均能正常工作,并有过载保护功能。

气缸是气动控制中使用最多的一种执行元件,它将压缩空气的能量转换为直线往复运动,在不同工作场合下,其结构、形状和功能不尽相同。

如图 4-27 所示活塞杆单作用气缸结构图,在处置状态下,气缸左侧的弹簧将活塞杆推至右端,当进气口有压缩空气进入后,将克服弹簧的弹力,将活塞向左推动,左缸体内的空气通过排气孔流出,从而带动活塞杆向左运动。活塞杆单作用气缸实物如图 4-28 所示。

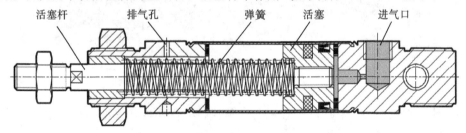

图 4-27 活塞杆单作用气缸结构图

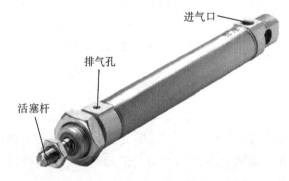

图 4-28 活塞杆单作用气缸实物图

活塞杆双作用气缸结构如图 4-29 所示,与单作用气缸构成形式相近,都是由缸筒、前后端盖、活塞、活塞杆、密封件和紧固件构成,但没有复位弹簧。当左气口的气体压力大于右气口时,活塞带动活塞杆向右移动,否则向左移动。活塞杆双作用气缸实物如图 4-30 所示。

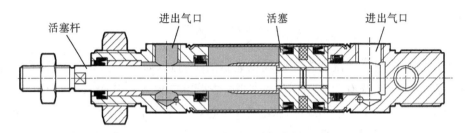

图 4-29 活塞杆双作用气缸结构图

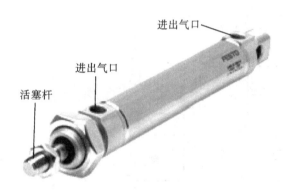

图 4-30 活塞杆双作用气缸实物照片

(3)控制元件

气动控制元件主要作用是控制气流的压力、流量和流动方向,从而使气动执行元件能够按照规定进行动作。

方向控制阀包括单向阀和换向阀。单向阀也叫止回阀,作用是使气体只能按照一个方向流动,如图 4-31 所示,当压缩空气从进气口进入时,压缩弹簧使得阀芯右移,气体从出气口流出;反之,如果气体从出气口进入时,阀芯产生密封作用,气体不能流动。单向阀实物如图 4-32 所示。

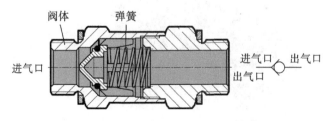

图 4-31 单向阀结构图与图形符号

图 4-32　单向阀实物照片

换向阀是用来控制气体流动方向与气流通断的控制阀，如图 4-33 所示，两位三通阀工作原理图。两位是指系统有两个工作位置，三通是指通口数量是三个，即一个进气口 P，一个出气口 A 和一个排气口 O。在初始状态下，阀芯在弹簧的作用下处于上端，压缩空气 P 无法进入与 A 口相连的腔体，而 A 口与 O 口相通，如图 4-33(a)所示。当活塞杆在受到向下作用力后，压缩弹簧，阀芯下移，此时阀口 A 与 O 断开，P 与 A 连通，压缩空气从 A 口流出，如图 4-33(b)所示。

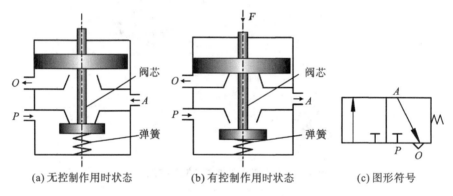

图 4-33　单电控两位三通阀

换向阀种类繁多，按照控制作用 F 的产生形式，可以分成气压控制阀、电磁控制阀、机械控制阀（如图 4-34 所示）和人力控制阀等，另外按照系统的通路数等，可以分成两位两通阀、两位三通阀、两位五通阀（如图 4-35 所示）等。

图 4-34　机械控制两位三通阀

图 4-35 电控两位五通阀

压力控制阀(如图 4-36 所示)是用来控制气动系统中压缩空气的压力,从而实现对执行元件的控制。压力控制阀主要有顺序阀、安全阀(溢流阀)和减压阀。

在气动控制系统中经常要控制气动执行元件的运动速度,通常是靠调节压缩空气的流量来实现的,用来控制气体流量的阀称为流量控制阀(如图 4-37 所示)。主要原理是通过改变阀的通流截面积来实现流量控制。

图 4-36 带压力表的压力控制阀　　图 4-37 流量控制阀

3. 液压驱动与执行元件

液压传动是以液体作为工作介质对能量进行传递的传动形式。相对于电力拖动和机械传动而言,液压传动输出力大,重量轻,功率重量比大,比如液压马达的体积约为同功率电动机的 10% 左右,质量只有电动机的 15% 左右。同时系统工作平稳,具有过载保护功能,易于控制等优点;该系统的缺点是传递效率低、对温度敏感以及容易泄漏等。液压传动广泛应用于工程机械、建筑机械和机床甚至是机器人系统中。液压系统的工作原理、系统结构与气动系统十分相似,这里就不再赘述了。图 4-38 所示挖掘机采用的液压传动,图 4-39 所示美国战地机器人 BigDog 腿部,采用的均为液压系统关节。

图 4-38 挖掘机

图 4-39 美国战地机器人

4. 执行机构

执行机构能够实现运动与力的转换与传递,执行机构种类很多。按组成构件间相对运动的不同,机构可分为平面机构(如链轮传动、平面连杆机构、圆柱齿轮机构等)和空间机构(如空间连杆机构、蜗轮蜗杆机构等);按结构特征可分为连杆机构、齿轮机构、带轮机构、棘轮机构等;按运动副类别可分为低副机构(如连杆机构等)和高副机构(如凸轮机构等);按所转换的运动或力的特征可分为匀速和非匀速转动机构、直线运动机构、换向机构、间歇运动机构等。

(1)连杆机构

所有运动副都是转动副的平面四杆机构称为铰链四杆机构,它是平面连杆机构中最基本的形式,图 4-40 为平面四杆机构原理图。曲柄是平面四杆机构中能够做圆周运动的构件,根据连架杆是曲柄还是摇杆,将其分为三种基本类型,即曲柄摇杆机构、双曲柄机构和双摇杆机构。曲柄摇杆机构应用十分广泛,如汽车车窗的刮雨器、缝纫机传动机构、雷达天线摆动机构等。双曲柄机构也有很多应用,如惯性筛、火车轮驱动机构、公交车门机构等等。如图 4-41 所示火车车轮的驱动机构为平行双曲柄机构,系统中的连杆 A 为虚约束构件,否则系统的两轮运动关系不确定。

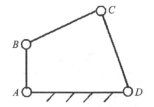
图 4-40 平面四杆机构原理图

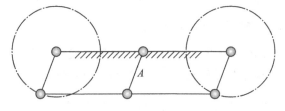
图 4-41 双曲柄机构

平面四杆机构还可以演化出曲柄滑块机构、导杆机构、摇块机构、定块机构等,如图 4-42 所示。曲柄滑块机构是曲柄摇杆机构演化出来的,具有移动副的四杆机构。曲柄滑块机构在空气压缩机、水泵、冲床等机械中有着广泛的应用。导杆机构可以应用在刨床、液压泵上。

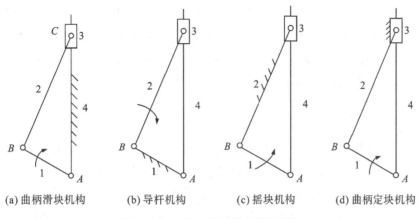

(a) 曲柄滑块机构　　(b) 导杆机构　　(c) 摇块机构　　(d) 曲柄定块机构

图 4-42　平面四杆机构的演化机构

(2) 齿轮机构

齿轮是应用最广泛的一种传动机构,用于传递空间两轴之间的运动和动力,齿轮机构结构紧凑,传动平稳,寿命长,效率高,传动比恒定,并且传递的功率和使用的速度。但对制造精度要求较高,成本较高。

齿轮机构总体可分为平面齿轮和空间齿轮机构。平面齿轮机构有直齿圆柱齿轮传动、斜齿圆柱齿轮机构和人字齿轮传动;而空间齿轮机构有圆锥齿轮、交错轴斜齿轮。直齿轮是结构最简单,应用最广泛的一种齿轮传动。几种常见的齿轮机构如图 4-43 所示。

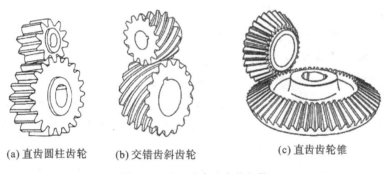

(a) 直齿圆柱齿轮　　(b) 交错齿斜齿轮　　(c) 直齿齿轮锥

图 4-43　几种常见齿轮机构

(3) 带传动

带传动是由主动轮 1、从动轮 2 和传动带 3 构成,如图 4-44 所示。带传动种类很多,按照传动原理,可以分为摩擦带传动和啮合带传动;按照用途可以分为传动带和输送带;按照传动带的截面形状可以分为平带、V 带、多楔带和圆形带。平带结构简单,成本较低。

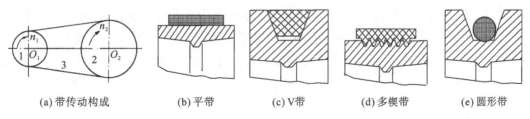

(a) 带传动构成　　(b) 平带　　(c) V带　　(d) 多楔带　　(e) 圆形带

图 4-44　带传动构成与截面形状

带传动属于挠性传动,传动平稳、噪声小、可缓冲吸振。过载时,带和带轮之间会打滑,从而可以保护其他传动件免受损坏。带传动可以实现在较大轴距上传输扭矩,结构简单,制造、安装和维护较方便,且成本低廉。但由于带与带轮之间存在滑动,传动比无法严格保持不变。带传动的传动效率较低,且带的寿命一般较短,不宜频繁换向的工作场合。如汽车发动机、缝纫机、农用机械、打印机等。

(4)链传动

链传动是由主动轮1、从动轮2、链条3以及机架构成,如图4-45所示。链传动按照用途可以分为传动链、输送链和曳引链,传动链是最主要的功能是传递运动和力。链传动运行平稳、噪音小,和带传动相比,不存在打滑,传动准确,张紧力小,对轴的压力小。可以在高温,潮湿等各种环境中工作,但只能应用于平行轴传动。链传动在农业机械、石油机械、建筑机械以及自行车中都有应用。

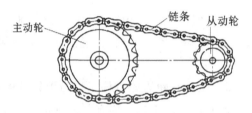

图4-45 链传动构成

(5)螺旋机构

螺旋机构由丝杠、螺母和支架组成,主要用于将旋转运动变为直线运动,也可把直线运动变为旋转运动,同时传递动力。

螺旋机构可以分为传力螺旋、传导螺旋和调整螺旋。

①传力螺旋主要作用是传递力,如螺旋千斤顶、工装夹具等。特点:低速、间歇工作,传递轴向力大、可自锁;调整螺旋在机床、仪器及测试装置中的微调螺旋中应用。其特点是受力较小,且不经常转动。

②传导螺旋传递运动和动力,如机床切削进给装置,特点:速度高、连续工作、精度高;螺旋传动中最常见的是滑动螺旋传动,如图4-46所示。滑动螺旋构造简单、传动比大,承载能力高、加工方便、传动平稳、工作可靠、易于自锁。但是,由于滑动螺旋传动的接触面间存在着较大的滑动摩擦阻力,故其传动效率低,磨损快、精度不高,使用寿命短,不能适应机电一体化设备在高速度、高效率、高精度等方面的要求。

③滚珠螺旋传动是传统滑动丝杠的进一步发展,由丝杠、螺母、滚珠等零件组成的机械元件,其作用是将旋转运动转变为直线运动或将直线运动转变为旋转运动,机构简图如图4-47所示,实物图如图4-48所示。滚珠丝杠副因优良的摩擦特性而广泛地运用于各种工业设备、精密仪器、精密数控机床中。滚珠螺旋机构传动效率高、定位精度高、传动可逆性、使用寿命长、同步性能好。

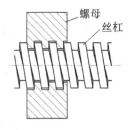
图 4-46 滑动螺旋机构

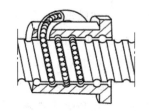
图 4-47 滚珠螺旋机构简图

图 4-48 滚珠螺旋机构照片

(6) 凸轮机构

凸轮机构是由凸轮、从动件和机架三个基本构件组成的高副机构，凸轮一般是主动件，具有曲线轮廓或凹槽，做等速回转运动或往复直线运动。

凸轮机构结构简单、紧凑，只要设计出适当的凸轮轮廓，就可使从动件实现任何预期的运动规律。因为主动件和从动件之间为点接触或线接触，所以容易磨损。由于这一特点，凸轮机构主要用于传递动力不大的场合。凸轮机构广泛应用在纺织机械、矿山机械、机床进给装置以及内燃机配气机构中。

凸轮机构按照凸轮形状可以分为盘形凸轮、移动凸轮和圆柱凸轮三种；按照从动件形状分为尖顶从动件、滚子从动件和平底从动件三种。尖顶从动件如图 4-49(a)所示，以尖顶与凸轮接触，可以实现从动件任意规律运动，但是摩擦力大，容易磨损，一般应用于较小力的传递。滚子从动件如图 4-49(b)所示，以滚子与凸轮轮廓接触，摩擦为滚动摩擦，摩擦力小，故结构磨损小，应用非常广泛。平底从动件如图 4-49(c)所示，采用平底与凸轮接触，受力始终与平底垂直，故传力效率高，而且在有润滑油的情况下，能够形成楔形油膜，摩擦较小，这种结构通常在高速系统中采用。

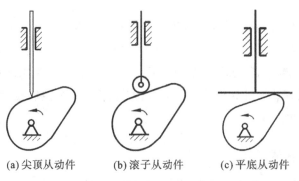
图 4-49 凸轮机构三种类型从动件

(7) 棘轮机构

棘轮机构是由棘轮和棘爪组成的一种单向间歇运动机构,可以分为外啮合棘轮(如图 4-50 所示)和内啮合棘轮(如图 4-51 所示)。外棘轮机构能够将转动转换为棘轮的单向间歇运动,可以用于在各种机床间歇进给或回转工作台的转位上。自行车上的飞轮(如图 4-52 所示)采用的是内啮合棘轮机构,能够实现单向运动。棘轮机构除了采用按照啮合方式分类外,还可以分为齿式棘轮机构和摩擦式棘轮机构,如图 4-50 和图 4-51 所示均为齿式棘轮机构,它的特点是:有噪音,磨损较大。摩擦式棘轮机构采用偏心扇形楔块代替棘爪,棘轮上没有齿,采用摩擦力传递运动,传动平稳,噪音小,但是容易打滑。

 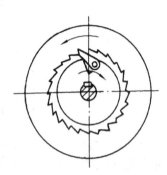

图 4-50 外啮合棘轮　　　　图 4-51 内啮合棘轮

图 4-52 采用内啮合棘轮的自行车飞轮

4.3 控制理论及技术

控制科学与工程是一门研究控制的理论、方法、技术及其工程应用的学科,它是 20 世纪最重要的科学理论和成就之一。自动控制经过数十年的发展,提高了生产率和产品质量,减轻了人的劳动强度和工作危险性,推动了工业的发展。自动控制理论在各领域都有着极广泛的应用,特别是将自动控制理论同计算机技术相结合,产生了计算机控制技术,使得自动控制技术在各行业获得了广泛的应用。

4.3.1 控制技术的发展过程

自奈奎斯特发表关于反馈放大器稳定性论文以来,控制理论经过了 90 多年的发展历程。

控制理论大体分为经典控制、现代控制和智能控制三个不同的阶段,这种阶段性的发展过程体现了控制理论和所解决问题从简单到复杂的发展过程,如图 4-53 所示。

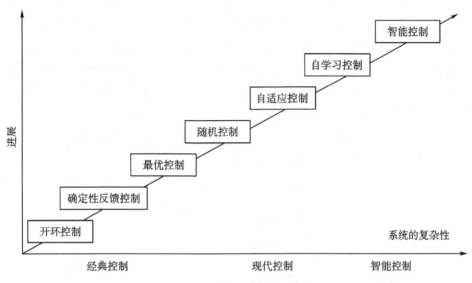

图 4-53 控制技术的发展过程

经典控制理论是以传递函数作为系统来分析的数学模型,主要适用于单输入、单输出的控制系统,研究的对象是单变量定常数线性系统。采用频率法和根轨迹法,解决稳定性问题。经典控制理论包括线性控制理论、采样控制理论、非线性控制理论三个部分。到 20 世纪 50 年代,经典控制理论发展到相当成熟的地步,形成了相对完整的理论体系。经典控制理论中,PID(比例、积分、微分控制)控制在工程实际应用最为广泛,它以结构简单、稳定性好、工作可靠、调整方便而成为工业控制的主要技术之一。

60 年代到 70 年代是现代控制论形成和发展阶段,基于时域内的状态空间分析法,通过系统状态变量的描述来进行,基本方法是时间域方法。以卡尔曼线性滤波和估计理论、贝尔曼动态规划等理论为基础,形成了自适应控制、鲁棒控制、最优控制、模糊控制等一系列控制方法。系统的控制对象可以是多输入多输出系统,系统可以是线性或者非线性、定常或者时变的。特别是数字计算机技术的发展,使得复杂系统的控制得到了有力的支撑。

随着控制系统的复杂化,传统的控制理论和方法已经不能解决复杂大系统的控制问题。这些系统很多为不确定系统,而传统的控制理论大多基于数学模型,对于不确定系统和高度非线性系统,传统控制方法的解决范围有限。在大型的复杂系统中,除了要处理传统控制中常规的信息外,还要处理复杂的视觉、声音等环境信息,控制需要针对不确定性和复杂性的对象和任务,这就需要把控制理论与人的经验结合起来,于是产生了智能控制。智能控制系统是具有仿人智能的工程控制与信息处理系统,其中最典型的是智能机器人。

自动控制理论,特别是针对复杂对象控制的智能控制理论和计算机技术的迅速发展,必将有力地推动社会生产力的发展,促进人类社会进步。

4.3.2 PID 控制

在工业控制系统中,将比例(proportional)、积分(integral)、微分(differential)进行组合,称之为 PID 控制。PID 控制是经典控制理论中最重要的控制方法,当今大多数工业控制的场合都在采用。PID 控制结构简单、可靠性高、使用方便,成为工业控制的主要技术之一。PID 控制采用比例、积分、微分项的运算结果作为系统的控制量对系统进行控制,每项的作用明确,而且不依赖于被控对象的数学模型。特别是与计算机相结合,PID 控制算法的参数设定和算法改进更加灵活多样,能够适应很多控制场合的要求。

PID 控制器是一种线性调节器,如图 4-54 所示。$r(t)$ 为系统的设定值,$y(t)$ 为实际输出值,$u(t)$ 为控制量,偏差信号 $e(t)$ 如式(4-1)所示:

$$e(t) = r(t) - y(t) \tag{4-1}$$

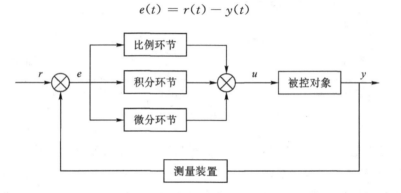

图 4-54 PID 控制系统框图

PID 控制器的数学表达式为

$$u(t) = K_p \left[e(t) + \frac{1}{T_i} \int_0^t e(t) \mathrm{d}t + T_d \frac{\mathrm{d}e(t)}{\mathrm{d}t} \right] \tag{4-2}$$

式中,K_p 为比例系数;T_i 为积分时间常数;T_d 为微分时间常数。

由公式(4-2)可以看出,PID 控制是通过比例环节、积分环节和微分环节的线性组合构成当前时刻的控制量。在工程实际中,可以根据被控对象的特点,进行灵活选择,构成比例控制器(P)、比例积分控制器(PI)、比例微分控制器(PD),以及公式(4-2)的比例积分微分控制器(PID)等。

1. 比例控制器

比例控制器是最简单的一种控制方式,控制表达式如式(4-3)所示:

$$u(t) = K_p e(t) \tag{4-3}$$

从表达式可以看出,比例控制是对当前时刻的偏差信号 $e(t)$ 进行放大或衰减后作为控制信号输出。比例控制器能够对偏差进行响应,一旦偏差产生,控制器的控制量就会发生改变,产生与它成正比的控制作用,控制的效果是减小偏差。增加比例系数 K_p,控制作用增强,系统的动态特性越好,消除偏差速度越快,可以减小稳态误差。但增大 K_p 会引起系统振荡,造成稳定性降低。同时,单单靠比例环节,只能减小系统偏差,不能够完全消除静态偏差。

2. 比例积分控制器

当系统进入稳态后,由于稳态误差比较小,单靠比例环节,不能够消除静态偏差。所以引入积分环节,比例积分控制器(PI)的控制表达式如式(4-4)所示:

$$u(t) = K_p \left[e(t) + \frac{1}{T_i} \int_0^t e(t) \mathrm{d}t \right] \tag{4-4}$$

式中,除了比例环节外,增加了积分环节,积分环节可以累计偏差,只要有偏差存在,积分将产生作用,影响控制量,从而减小偏差或消除偏差。只要有足够的时间,积分控制就能够消除静态偏差。但由于积分环节需要一定的时间才能发挥作用,当偏差刚出现时,积分环节的调节力度较弱,不能及时克服扰动的影响。

3. 比例微分控制器

比例积分控制器虽然能够消除系统的静态偏差,但是对于扰动不能够及时响应。特别是对于一些惯性系统,控制的动态品质较差。如果能够预测系统的走势,对系统走势进行提前控制,这样就能够提高系统的稳定性,减小超调量。于是将微分环节引入系统控制中,比例微分控制表达式如式(4-5)所示:

$$u(t) = K_p \left[e(t) + T_d \frac{\mathrm{d}e(t)}{\mathrm{d}t} \right] \tag{4-5}$$

微分环节的作用是由偏差信号变化率预见偏差的走势,对于偏差的变化能够及时进行控制,阻止偏差发生较大变化,从而达到减小超调量,减小振荡的目的。但微分环节只对变化的偏差进行响应,而对于静态偏差,微分环节无法起到调节的作用。

4. 比例积分微分控制器

将比例、积分与微分环节线性结合,就构成了比例积分微分控制(PID),PID控制器充分利用了三个环节的特点,体现了利用了系统过去状态的历史、现在的状态和对将来状态的预测进行控制的方式。它已成为工业控制中最为成熟,应用最为广泛的一种控制方法。

4.3.3 数字PID控制

在数字计算机技术没有广泛使用之前,通常采用模拟电路实现PID控制,这种控制方式参数调节不太灵活。随着计算机技术的发展,在当今的工业控制系统中,通常采用数字PID控制,采用数字PID控制后,系统参数调节方便,而且便于对PID控制技术进行改进。

数字PID控制需要将式(4-2)的模拟PID控制器进行离散化。设采样周期为T,k是采样周期序号($k=0,1,2,3,\cdots$),连续的时间t用离散时间kT表示。

偏差的积分项用偏差的求和近似表示(式(4-6)):

$$\int_0^t e(t)\mathrm{d}t \approx T \sum_{n=0}^k e(n) \tag{4-6}$$

偏差的微分项用差分表示(式(4-7)):

$$\frac{\mathrm{d}e(t)}{\mathrm{d}t} \approx \frac{e(k) - e(k-1)}{T} \tag{4-7}$$

于是可以将式(4-2)的连续PID控制表示为离散PID表达式:

$$u(k) = K_p \left\{ e(k) + \frac{T}{T_i} \sum_{n=0}^k e(n) + \frac{K_d}{T}[e(k) - e(k-1)] \right\} \tag{4-8}$$

式(4-8)为位置型PID控制表达式,控制量$u(k)$需要对前面所有偏差进行累加,计算和存储工作量较大。

位置型PID控制算法流程如图4-55所示。

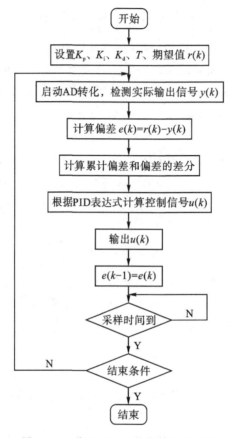

图4-55 位置型PID控制算法流程图

根据式(4-8),计算$k-1$时刻的控制量$u(k-1)$得到式(4-9):

$$u(k-1) = K_p\left\{e(k-1) + \frac{T}{T_i}\sum_{n=0}^{k-1}e(n) + \frac{K_d}{T}[e(k-1)-e(k-2)]\right\} \quad (4-9)$$

控制量的的增量Δu

$$\Delta u(k) = K_p\left\{[e(k)-e(k-1)] + \frac{T}{T_i}e(k) + \frac{K_d}{T}[e(k)-2e(k-1)+e(k-2)]\right\}$$

$$(4-10)$$

式(4-10)为PID增量型表达式,与位置型PID控制表达式相比,式中没有了偏差的累加项,只需要用到$e(k)$、$e(k-1)$、$e(k-2)$三个偏差的历史数据。增量型PID控制算法更加稳定可靠,计算误差和精度对控制量的影响小,在控制模式切换时,对系统的影响较小。

4.3.4 PID控制参数的整定

PID控制参数的设定对于控制品质影响很大,所以参数的整定一直是PID控制研究的一项重要内容。所谓参数整定,是确定控制系统中的比例系数、积分时间常数和微分时间常数。

在数字 PID 控制中,还需要确定采用周期的大小。采样周期的大小应当适中,要考虑到被控对象的特点。采样周期首先要满足香农采样定理的要求,即采样频率要大于被采样信号最高频率的两倍以上,才能够保证可以通过采样数据真实地恢复被采样的连续信号。除此之外,被控对象的信号扰动情况,被控对象的动态特征的好坏以及控制系统的成本,对采样周期都会产生影响。

PID 参数的整定的方法很多,简易工程法不依赖于被控对象的数学模型,对于数学模型难以获得的复杂系统同样适用。这种方法主要根据经验,通过被控对象的特点设定 PID 相关参数,主要方法有扩充临界比例法、扩充响应曲线法以及试凑法等。

1. 扩充临界比例法

扩充临界比例法不依赖于系统的数学模型,在工业系统控制中应用较为广泛,其主要步骤如下:

①选择一个足够短的采样周期 T,当被控过程有滞后时,采样周期取滞后时间的 1/10 以下。

②去掉积分和微分,只留比例控制。给定值 r 进行阶跃输入,逐渐加大比例系数 K_p,使系统出现临界振荡,记下此时的比例系数值为临界比例系数,此时的振荡周期为临界振荡周期。

③选择控制度。所谓控制度是指数字控制器和模拟控制器所对应的过渡过程的误差平方和的比值。

④根据扩充临界比例法整定参数表选择控制参数。

⑤将选定的控制参数应用于系统控制,观察控制效果,进行适当的参数调整。

2. 扩充响应曲线法

扩充响应曲线法是对整定模拟 PID 控制器的响应曲线法进行改进,用于整定数字控制器,这种方法的主要步骤如下:

①断开数字控制器,在开环状态下给系统一个阶跃信号,记录系统的阶跃响应曲线。

②在阶跃响应的最大斜率处做切线,记录等效的滞后时间和等效的时间常数,以及这两个参数的比值。

③根据扩充响应曲线法整定参数表,求出控制器的相关控制参数。

④将选定的控制参数应用于系统控制,观察控制效果,进行适当的参数调整。

3. 试凑法

试凑法是根据 PID 控制的三个环节的意义和对控制品质的影响,通过观察系统的响应过程,反复调节参数,直到获得满意的控制效果。

在用试凑法整定参数时,首先要了解比例系数、积分时间常数和微分时间常数对控制系统的影响。

比例环节是将偏差与比例系数相乘得到控制量,比例系数越大,比例控制的作用越强,系统响应越快,减小偏差的速度也越快。但增大比例系数,会引起系统振荡,超调量增大,造成系统不稳定。

积分环节是累计系统偏差的历史过程,主要用来消除系统静态偏差。减小积分时间常数,可以减少系统静态误差的存在时间,调节时间变短。但可能会因积分时间常数过大造成系统超调量变大,稳定性变差。

微分环节可以对偏差的走势进行预测,从而避免偏差过快变化造成系统振荡。增大微分时间常数会增加微分项的作用,有利于减小系统超调量,提高系统的稳定性。但对于存在高频干扰的系统,会造成稳定性下降。

采用试凑法整定参数时,遵循先比例,后积分,再微分的步骤:

①只留比例环节,比例系数 K_p 由小变大,注意观察系统的响应曲线,如果系统的响应已经达到要求,就不需要加入积分和微分环节。

②如果单靠比例控制,系统存在静态偏差,就需要加入积分环节。在积分时间常数 T_i 整定时,首先给定一个较大的积分时间常数,如果不满足要求,减小比例系数 K_p,通常减小到初始值的 80%,然后逐渐减小 T_i,直到消除了系统的静态偏差,同时能够保证系统的动态性能。

③在加入积分环节消除了系统的静态偏差后,如果动态性能不能够满足要求,可以加入微分环节,构成比例积分微分控制器。通常先将微分时间常数 T_d 初始值设成零,然后逐步增大,同时相应地调整 K_p 与 T_i,直到获得满意的控制效果。

采用试凑法整定参数,需要对 PID 控制算法的三个环节的作用有深入的了解,结合工程实践的经验,工程师们总结出下面的整定口诀:

参数整定找最佳,从小到大顺序查。
先是比例后积分,最后再把微分加。
曲线振荡很频繁,比例度盘要放大。
曲线漂浮绕大弯,比例度盘往小扳。
曲线偏离回复慢,积分时间往下降。
曲线波动周期长,积分时间再加长。
曲线振荡频率快,先把微分降下来。
动差大来波动慢,微分时间应加长。
理想曲线两个波,前高后低 4 比 1。
一看二调多分析,调节质量不会低。

在工程实际中,由于环境、被控对象以及控制要求等各方面因素,标准的 PID 控制算法有时无法满足要求,这就需要对控制算法进行改进。于是产生了不完全微分 PID 控制、微分先行 PID 控制算法、积分分离算法等。

4.3.5 智能控制

随着控制系统的复杂化,传统控制方法往往遇到许多瓶颈,如难以获取对象精确的数学模型、控制过程无法建模、线性化假设不符合实际情况、不能满足复杂控制任务的要求,等等,因此智能控制应运而生。智能控制作为高新技术学科,至今尚无公认定义。IEEE 控制系统协会将其总结为:智能控制必须具有模拟人类学习和自适应的能力。傅京孙教授于 1971 年首先提出了智能控制的二元交集理论即人工智能和自动控制的交叉;美国的萨里迪斯(G. N. Saridis)于1977年把傅京孙教授的二元结构扩展为三元结构,即人工智能、自动控制和运筹学的交叉;后来中南大学的蔡自兴教授又将三元结构扩展为四元结构即人工智能、自动控制、运筹学和信息论的交叉,从而进一步完善了智能控制的结构理论,形成智能控制的理论体系。

智能控制是采用智能化理论和技术驱动智能机器实现其目标的过程。或者说,智能控制是一类无需人的干预就能够独立地驱动智能机器实现其目标的自动控制。智能控制代表了自动控制的最新发展阶段,也是应用计算机模拟人类智能,实现人类脑力劳动和体力劳动自动化的一个重要领域,在这里我们重点介绍应用较多的专家控制、模糊控制和神经网络控制。

1. 专家控制

专家控制是第一个获得广泛应用的智能控制系统。自1965年第一个专家系统DENDRAL在美国斯坦福大学问世以来,经过约20年的研究开发,到20世纪80年代中期,各种专家控制系统已遍布各类专业领域,取得了很大的成功。

专家控制是用一段计算机程序描述某个领域内专家的知识经验,通过效仿该经验,实现对系统的控制任务。比如在生产线上,工人师傅可以通过目测或者检测到的数据情况对现场对象进行有效的控制。专家控制就是要开发这样一套系统,把专家的经验整理为知识库,通过推理和解析的方式查询该知识库,给出合乎控制工程师经验的输出结果,从而实现模拟某个领域专家控制的效果。专家控制系统一般由知识库、推理机、控制规则集和控制算法等组成。

专家控制系统作为比较重要的一种智能控制系统,它是把专家系统技术和方法与控制机制,尤其是工程控制论的反馈机制有机结合而建立的。专家控制系统已广泛应用于故障诊断、工业设计和过程控制,为解决工业控制难题提供了新的方法,是实现工业过程的重要技术。

2. 模糊控制

模糊控制的本质是模拟人类语言系统中对事物描述的模糊性,例如天气的冷热、年龄的大小以及分数的高低,等等,这些词语具有模糊性,是一种非定量的描述方式。但模糊控制的最终控制效果却是确定的,其有效性可从两个方面考虑:一方面,模糊控制提供了一种实现基于知识(基于规则)的甚至语言描述的控制规律的新机理;另一方面,模糊控制提供了一种改进非线性控制器的替代方法,这些非线性控制器一般用于控制含有不确定性和难以用传统非线性控制理论处理的装置。

模糊控制是以模糊集理论、模糊语言变量和模糊逻辑推理为基础的一种智能控制方法。

以单闭环回路控制水箱水位为例,假设水箱进水阀门开度恒定,出水阀门开度大小由控制器决定。为使水箱液位稳定在设定的目标值附近,首先需要液位传感器来实时监测当前液位的高低 H,再与设定值 H_0 作比较后送入控制器,控制器会根据不同的控制策略得到输出值。根据输出值影响出水阀门的开度,进而使水位稳定在设定值附近。如何利用模糊数学的知识设计一个模仿人类经验的水位模糊控制器呢?

首先,要把来自传感器的定量信号模糊化。这是因为模糊控制的本质是模拟人类语言系统中对事物描述的模糊性,而来自传感器的定值定量信号是不能直接用于模糊控制的。因此,将定值信号模糊化是第一步,以模糊集合的形式表现出来。其次,将操作人员或者专家经验编成模糊规则并进行模糊推理。按照日常的操作经验,可以得到基本的控制规则:"若水位 H 高于 H_0,则向外排水,H 和 H_0 差值越大,排水越快",等等。最后,把模糊推理的结果输出到执行机构上。推理的结果仍然是一个模糊集合,并不是一个定值信号,不能直接作用于执行机构,因此我们需要去模糊处理,即解模糊,就是把推理的结论转换为一个可以直接驱动执行机构的定值定量信号。以上就是模糊控制的基本原理。

3. 神经网络控制

神经网络控制是指在控制系统中,应用神经网络技术,对难以精确建模的复杂非线性对象进行神经网络模型辨识,或作为控制器,或进行优化计算,或进行推理,或进行故障诊断,或同时兼有上述多种功能。

神经网络采用仿生学的观点和方法来研究人脑和智能系统中的高级信息处理。人脑内含有极其庞大的神经元,它们互连组成神经网络,执行高级的问题求解智能活动。通过研究和分析实际生物神经元的原理和特点,可以构建神经元模型,并根据应用的不同将神经元模型组合为不同的连接方式,每种连接方式对应一个连接权系数,构成人工神经网络。人工神经网络具有函数逼近、参数优化、模型辨识等能力,之所以具有这些能力,是因为神经网络可以通过算法进行训练,从而获取学习能力,这里的"学习"也就是对网络的连接权系数进行调整。

神经网络控制是智能控制一个较新的研究方向。20世纪80年代后期以来,随着人工神经网络研究的复苏和发展,对神经网络控制的研究也十分活跃。这方面的研究进展主要在神经网络自适应控制、模糊神经网络控制及机器人控制的应用等方面。由于神经网络具有一些适合于控制的特性和能力,如并行处理能力、非线性处理能力、通过训练获取学习能力、自适应能力等。因此,神经网络控制特别适用于复杂系统、大系统和多变量系统的控制。

4.4　本章小结

本章主要介绍了控制系统的基本概念,控制系统可以有很多分类方式,按照系统是否有反馈可以分为开环控制系统和闭环控制系统,要熟悉开环和闭环的分类原则。控制系统还可以按照控制目标分为恒值控制系统、程序控制系统和随动控制系统;按照系统传递信号的特点可以分为连续系统和离散系统。

一个典型的控制系统是由控制器、驱动器、执行器以及测量系统构成,在设计控制系统时,首先要根据系统的应用背景、性能要求、成本要求等选择合适的方案。系统构成的硬件方面,本章重点介绍了微型计算机、可编程控制器、嵌入式系统等控制器的特点,简要介绍了几种常用的电气、气动、液压驱动与执行元件,比较不同形式的驱动形式的优缺点,并进行了应用举例,对选取合适的驱动和执行方式有一定的帮助。执行机构能够实现运动与力的转换与传递,执行机构种类很多,本章重点介绍连杆机构、齿轮机构、链传动、带传动、螺旋机构、凸轮机构以及棘轮机构等常用机构,使读者了解传动设计与传动特点。

控制器是控制系统的大脑,而控制理论和控制方法决定了控制效果。本章简要介绍了控制理论的发展历程和特点,重点介绍了比例积分微分控制算法,以及在实际控制中的具体实施方法,并简要介绍了部分智能控制方法。

由于篇幅有限,控制系统只能作简要介绍,如果想获得更多系统设计以及详细应用,可以参考自动控制以及机械原理与设计方面的相关书籍。

第 5 章　计算机控制系统

工业现场有两大类量——开关量和模拟量,在对这些量的控制过程中,计算机和工业现场信号无法进行直接传递,那么,工业现场的开关量是如何传送到计算机里呢?计算机所发出的开关量控制信号又是如何送达到工业现场呢?工业现场的模拟量是如何转换为计算机所能接受的数字量传送到计算机里呢?计算机计算的结果为数字量,它又是如何控制现场模拟量执行器去动作呢?这些都是本章要解决的主要问题。

5.1　概述

现代控制理论的发展给自动控制系统增添了理论工具,而计算机技术的发展为新型控制规律的实现、构造高性能的控制系统提供了物质基础,两者的结合极大地推动了自动控制技术的发展。

计算机控制系统是在自动控制技术和计算机技术飞速发展的基础上产生的。计算机控制系统利用计算机的硬件和软件代替自动控制系统的控制器,综合了自动控制理论、计算机技术、检测技术、通信与网络技术等,并将这些技术集成起来用于工业生产过程,对生产过程实现检测、控制、优化、调度、管理和决策,以达到提高质量与产量,以及确保安全生产等目的。

计算机控制系统具有丰富的指令系统和很强的逻辑判断功能。用计算机代替控制器,只要选择合适的控制算法,依据偏差计算出相应的控制量,就可以由软件编程来实现控制功能,能够实现模拟电路不能实现的复杂控制规律,因此它的适应性和灵活性都很高。

工业生产过程的自动控制方法常分为以流水作业为主的顺序逻辑控制和以生产过程控制为主的物理量的控制,前者常常属于开关量开环控制系统,后者则常常属于模拟量闭环反馈控制系统。在计算机控制系统中,大多数是开关量和模拟量同时存在的混合系统。

要对工业生产的过程及装置进行控制,就要检测被控对象当前的状态信息,并将此信息传递给计算机;计算机经过计算、处理后,将控制量以数字量的形式输出,并转换为适合于对生产过程进行控制的量。而计算机和工业现场信号无法进行直接传递,这就需要在二者之间设置进行信息传递和交换的装置,这就是过程通道。

在自动控制系统的框图中,若用计算机做比较器与控制器,再加上过程通道,就构成了计算机控制系统,其基本框图如图 5-1 所示。其中,DO 表示开关量输出通道;DI 表示开关量输入通道;D/A 表示模拟量输出通道;A/D 表示模拟量输入通道。

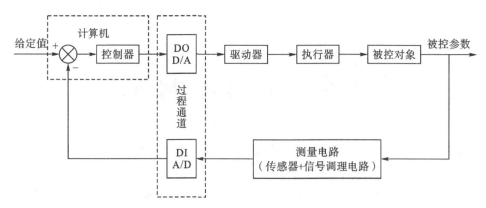

图 5-1 计算机控制系统的基本框图

从本质上来看,计算机控制系统的控制过程可以归结为以下三个步骤:

① 实时数据采集。对被控参数的状态信息进行检测并输入。

② 实时决策。对采集到的被控参数的状态信息进行分析,并按照已经设定好的控制规律计算出下一步的控制量。

③ 实时控制。根据决策,计算机输出控制量,实时控制执行机构动作。

计算机控制系统按照上述步骤不断重复来控制整个系统按照一定的动态品质指标进行工作,并且对被控参数本身出现的异常状态进行实时监控和及时处理。

5.2 计算机控制系统的组成

计算机控制系统包括硬件和软件两大部分,硬件是由计算机主机、接口电路、外部设备组成,是计算机控制系统的基础;软件是安装在计算机主机中的程序,它能够完成对其接口和外部设备的控制,完成对信息的处理,它包含有维持计算机主机工作的系统软件和为完成控制而进行信息处理的应用软件这两大部分,软件是计算机控制系统的关键。

5.2.1 计算机控制系统的硬件

计算机控制系统的硬件一般由人机交互设备、计算机、过程通道、检测装置、执行机构、被控对象(生产装置或生产过程)等组成。计算机控制系统的硬件组成框图如图 5-2 所示。

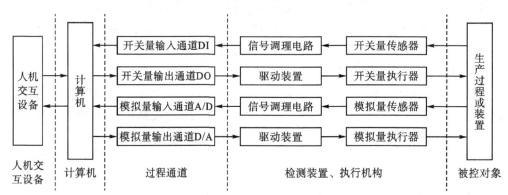

图 5-2 计算机控制系统的硬件组成框图

1. 计算机

计算机是整个控制系统的核心,它接收输入通道发送的数据,实现被测参数的巡回检测,通过控制程序对数据进行处理、比较、判断、计算后,得出控制量,通过输出通道发出控制指令,实现对被控对象的控制。

2. 过程通道

在计算机控制系统中,为了实现对生产过程或装置的控制,要将生产现场的各种被测参数转换成计算机能够接受的形式,计算机经过计算、处理后的结果还需变换成适合于对生产进行控制的信号形式,这个在计算机和生产过程或装置之间传递和变换信息的装置称为过程通道。

过程通道配合相应的输入、输出控制程序,使计算机和被控对象间能进行信息交换,从而实现对被控对象的控制。根据信号的方向和形式,过程通道又可分为下列几种:

① 开关量输入通道是把过程和被控对象的开关量传感器状态输入计算机的通道。

② 开关量输出通道是将计算机运算、决策之后的数字信号输出给被控对象或外部设备的通道。

③ 模拟量输入通道是将经由模拟量传感器得到的工业对象的生产过程参数变换成数字量传送给计算机通道。

④ 模拟量输出通道是将计算机输出的数字信号变换为控制执行机构的模拟信号通道,以实现对生产过程的控制。

在本章的训练中,过程通道由 PCI-1710 采集卡和 ADAM-3968 端子板组成。PCI-1710 采集卡和 ADAM-3968 端子板将在 5.3 节中介绍。

3. 检测装置

工业过程的参数一般是非电量,必须经过传感器变换为等效的电信号,再经过适当的信号调理才能进行信号采集。例如用 AD590 温度传感器将温度信号转变为电流信号,然后经过电流/电压转换电路转变为电压信号,再经模拟量输入通道送入计算机。

4. 执行机构

执行机构的作用是接收计算机发出的控制信号,并把它转换成执行机构的动作,使被控对象按预先规定的要求进行调整。执行机构往往与被控对象连为一体,控制被控参数的变化过程。例如,在液位控制系统中,计算机输出控制量,通过控制电动调节阀的开度控制进入容器的液体流量,进而控制液位的变化。常用的执行机构有电动、气动、液压等方式。

有些执行机构需要较大的驱动功率,即需向执行机构提供大电流或高电压驱动信号,以驱动其动作;另一方面,由于各种执行机构的动作原理不尽相同,有的用电动,有的用气动或液动,如何使计算机输出的信号与之匹配,也是执行机构必须解决的重要问题。为了实现与执行机构的功率配合,一般都要在计算机输出板卡与执行机构之间配置驱动装置。

5. 人机交互设备

人机交互设备是实现计算机与人进行信息交互的设备。按其功能可分为输入设备和输出设备。输入设备用来输入程序、数据或操作命令,如键盘、鼠标等;输出设备用来向操作人员提供各种反映生产过程工况的信息和数据,以便操作人员及时了解控制过程,如打印机、记录仪、图形显示器(CRT)等。软盘、硬盘及外存储器等主要用来存储程序和数据,兼有输入与输出功能。

5.2.2 计算机控制系统的软件

计算机控制系统的硬件是完成控制任务的设备基础,软件是实现控制任务的关键,它关系到计算机运行和控制效果的好坏以及硬件功能的发挥。软件是指计算机控制系统中具有各种功能的计算机程序的总和,如完成操作、监控、管理、控制、计算和自诊断等功能的程序,整个系统在软件指挥下协调工作。软件由系统软件和应用软件组成。

1. 系统软件

系统软件一般随硬件一起由计算机的制造厂商提供,是用来管理计算机本身的资源、方便用户使用计算机的软件。作为开发应用软件的工具,系统软件提供了计算机运行和管理的基本环境。常用的系统软件有操作系统、开发系统等,它们一般不需用户自行设计编程,只需掌握使用方法或根据实际需要加以适当改造即可。

2. 应用软件

应用软件是用户根据要解决的实际问题而编写的各种程序,例如各种数据采集、数据处理、控制算法等。应用软件应该采用模块化结构进行设计,一个模块就是一个子函数,通过子函数的调用实现控制功能。应用软件的优劣,将给控制系统的功能、精度和效率带来很大的影响,它的设计是本章主要介绍的内容之一。

5.3 采集卡 PCI-1710 简介

5.3.1 简介

PCI-1710 是一款功能强大的低成本多功能 PCI 总线数据采集卡,如图 5-3 所示,其中包含五种最常用的测量和控制功能,即 12 位 A/D 转换、D/A 转换、数字量输入、数字量输出,以及计数器/定时器功能,详细内容可以参见附录 3。

PCI-1710 支持即插即用。在安装插卡时,用户不需要设置任何跳线和 DIP 拨码开关。实际上,所有与总线相关的配置,例如基地址、中断,均由即插即用功能完成。

PCI-1710 的特性功能包括:

①16 路单端或 8 路差分模拟量输入或组合方式输入。

②12 位 A/D 转换器,采样速率可达 100 kHz。

③可编程设置每个通道的增益。

④板载 4 kHz 采样 FIFO 缓存器。

⑤2 路 12 位模拟量输出。

⑥16 路开关量输入及 16 路开关量输出。

⑦可编程计数器/定时器。

图 5-3　PCI-1710 数据采集卡

5.3.2　基于采集卡的控制系统的组成

在基于采集卡的控制系统中,采集卡和端子板构成过程通道如图 5-4 所示。

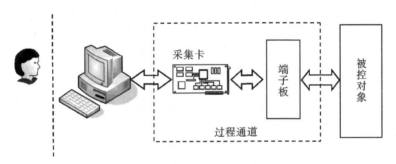

图 5-4　由采集卡和端子板构成过程通道

用数据采集卡构成完整的控制系统还需要接线端子板、通信电缆。接线端子板采用如图 5-5 所示的 ADAM-3968 型,DIN 导轨安装 68 芯 SCSI-Ⅱ接线端子板;屏蔽电缆采用专门为 PCI-1710/1710HG 所设计的 PCL-10168 电缆,如图 5-6 所示,它是两端针型接口的 68 芯 SCSI-Ⅱ电缆,用于连接采集卡与接线端子板。该电缆采用双绞线,可以降低模拟信号的输入噪声,并且模拟信号线和数字信号线分开屏蔽,从而使信号间的交叉干扰降到最小,并使电磁干扰/电磁兼容(EMI/EMC)问题得到了最终的解决。

用 PCL-10168 电缆将 PCI-1710 采集卡与 ADAM-3968 端子板连接,这样 PCL-1710 的 68 个针脚和 ADAM-3968 的 68 个接线端子一一对应,对应关系如图 5-7 所示,使用时将输入信号连接到端子板相应接线柱上即可。

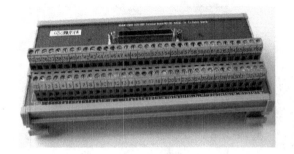

图 5-5 ADAM-3968 接线端子板

图 5-6 PCL-10168 电缆

AI0	68	34	AI1
AI2	67	33	AI3
AI4	66	32	AI5
AI6	65	31	AI7
AI8	64	30	AI9
AI10	63	29	AI11
AI12	62	28	AI13
AI14	61	27	AI15
AIGND	60	26	AIGND
AO0_REF*	59	25	AO1_REF*
AO0_OUT*	58	24	AO1_OUT*
AOGND*	57	23	AOGND*
DI0	56	22	DI1
DI2	55	21	DI3
DI4	54	20	DI5
DI6	53	19	DI7
DI8	52	18	DI9
DI10	51	17	DI11
DI12	50	16	DI13
DI14	49	15	DI15
DGND	48	14	DGND
DO0	47	13	DO1
DO2	46	12	DO3
DO4	45	11	DO5
DO6	44	10	DO7
DO8	43	9	DO9
DO10	42	8	DO11
DO12	41	7	DO13
DO14	40	6	DO15
DGND	39	5	DGND
CNT0_CLK	38	4	PACER_OUT
CNT0_OUT	37	3	TRG_GATE
CNT0_GATE	36	2	EXT_TRG
+12 V	35	1	+5 V

图 5-7 PCI-1710 卡 68 针 I/O 接口的针脚定义

用 PCI-1710 采集卡构成的控制系统如图 5-8 所示。

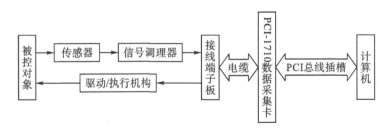

图 5-8 基于 PCI-1710 板卡的控制系统的组成

5.3.3 采集卡 PCI-1710 测试程序应用介绍

利用采集卡附带的测试程序对采集卡的各项功能进行测试。

运行设备测试程序:在设备管理程序 Advantech Device Manager 对话框中点击"Test"按钮,出现"Advantech Device Test"对话框,通过不同选项可以对采集卡的"Analog Input""Analog Output""Digital Input""Digital Output""Counter"等功能进行测试。

1. 设置

①从开始菜单/程序/Advantech Automation/ Device Manager,打开 Advantech Device Manager,如图 5-9 所示。

当计算机上已经安装好某个产品的驱动程序后,它前面的红色叉号就消失了,说明驱动程序已经安装成功。PCI 总线的板卡插好后计算机操作系统会自动识别,并显示分配给采集卡的板卡基地址,图 5-9 中板卡的基地址为 E880H。Device Manager 在 Installed Devices 栏中 My Computer 下会自动显示出所插入的设备,这一点和 ISA 总线的板卡不同。

图 5-9 Demo 程序界面

②在图 5-9 所示界面中点击"Setup"弹出设置界面,如图 5-10 所示。用户可设置模拟量输入通道(A/D)是单端输入或是差分输入;还可设置模拟量输出通道(D/A)的参考电压是使用内部(Internal)或者外部的(External),如果使用内部参考电压,可选择 0~5 V 或者 0~10 V。设置完成后点击"OK"即可。

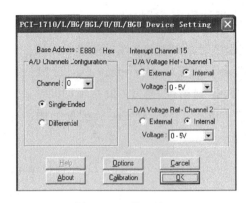

图 5-10 设置界面

2.测试

测试时用 PCL-10168 电缆将 PCI-1710 采集卡与 ADAM-3968 端子板连接,如图 5-11 所示。采集卡已安装在计算机的 PCI 插槽里。这样采集卡的 68 个针脚和端子板的 68 个接线端子一一对应,可通过将输入信号连接到接线端子来测试 PCI-171 采集卡的功能。

①开关量输入功能的测试。在图 5-9 的界面中点击"Test",弹出界面后选择"Digital input",进入开关量输入测试界面,如图 5-12 所示。

用户可以通过数字量输入通道指示灯的颜色,知道相应数字量输入通道输入的是低电平还是高电平(红色为高,绿色为低)。例如,将通道 0 对应管脚 DI0 与数字地 DGND 短接,则通道 0 对应的状态指示灯(Bit0)变绿,在 DI0 与数字地之间接入+5 V 电压,则指示灯变红。

图 5-11 采集卡与端子板的连接

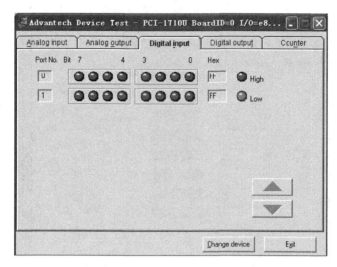

图 5-12　开关量输入测试界面

②开关量输出功能的测试。选择"Digital output",进入开关量输出测试界面,如图 5-13 所示。用户可以通过按动界面中的方框,方便地将相对应的输出通道设为高电平输出或低电平输出。用电压表测试相应管脚,可以测到高电平输出时为 5 V,低电平输出时为 0.15 V。例如图 5-13 中,低八位输出 2,高八位输出 1(十六进制),即 DO1 输出高电平,DO8 输出高电平,其余输出通道输出均为低电平。

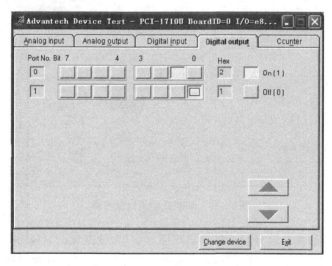

图 5-13　开关量输出测试界面

③模拟量输入功能的测试。选择"Analog input",进入模拟量输入测试界面,如图 5-14 所示。其中:Channel No 显示模拟量输入通道号(0~15);Input range 显示输入范围选择;Analog input reading 显示模拟量输入通道读取的数值;Channel mode 显示通道设定模式;Sampling period 显示采样时间间隔。

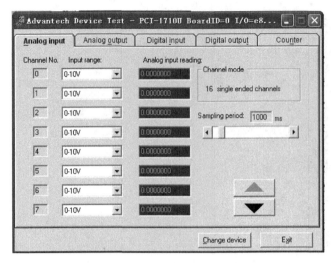

图 5-14　模拟量输入测试界面

④模拟量输出功能的测试。选择"Analog output",进入模拟量输入测试界面,如图 5-15 所示。

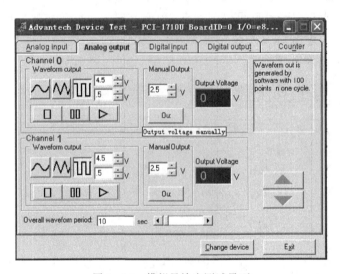

图 5-15　模拟量输出测试界面

两个模拟量输出通道可以分别选择输出正弦波、三角波或方波,各波形的最低电平和最高电平也可以设置,然后按"▷"按键,即可在相应通道输出。也可以直接设置输出电压幅值,点击"Out"按键,即可在相应通道输出。例如,要使通道 0 输出 4.5 V 电压,在"Manual Output"中设置输出值为 4.5 V,点击"Out"按键,即可在管脚 AO0_OUT 与 AO_GND 之间输出 4.5 V 电压,这个值可用万用表测得,在图 5-15 的界面"Output Voltage"项也可以观察到相应的输出。

⑤计数器功能测试。选择"Counter",进入计数器测试界面,如图 5-16 所示。

第 5 章　计算机控制系统

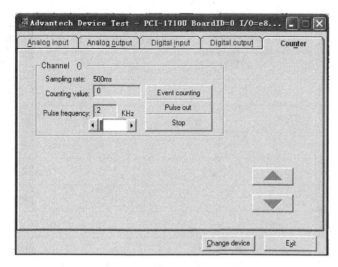

图 5-16　计数器测试界面

用户可以选择 Event counting（事件计数）或者 Pulse out（脉冲输出）两种功能。选择事件计数时，将信号发生器接到管脚 CNT0-CLK，当 CNT0-GATE 悬空或接+5 V 时，事件计数器将开始计数。例如：在管脚 CNT0-CLK 接 100 Hz 的方波信号，计数器将累加方波信号的频率。如果选择脉冲输出，管脚 CNT0-OUT 将输出频率信号，输出信号的频率可以设置。例如图上显示，设置输出信号的频率为 0.2 kHz。

5.3.4　采集卡 PCI-1710 端口地址分配

计算机与外设进行信息交换时，各类信息在接口中存入不同的寄存器，这些寄存器对应了相应的 I/O 端口，每个端口有一个地址与之相对应，该地址称为端口地址。有了端口地址，CPU 对外设的输入/输出操作实际上就是对 I/O 接口中各端口的读/写操作。数据端口一般是双向的，数据是输入还是输出，取决于对该端口地址进行操作时 CPU 发往接口电路的读/写控制信号。由于状态端口只进行输入操作，控制端口只进行输出操作，因此，有时为了节省系统地址空间，在设计接口时往往将这两个端口共用一个端口地址，再用读/写信号来分别选择访问。PCI-1710 采集卡常用端口地址分配情况如表 5-1 所示。

表 5-1　PCI-1710 采集卡常用端口地址分配

地址	读	写
Base+0	A/D 低字节	软件触发
+1	A/D 高字节及通道信息	—
+2	—	增益、极性、单端与差动控制
+4	—	多路开关起始通道控制
+5	—	多路开关结束通道控制
+6	—	A/D 工作模式控制

续表

地址	读	写
+7	A/D 状态信息	—
+9		FIFO 清空
+10	—	D/A 通道 0 低字节
+11	—	D/A 通道 0 高字节
+12	—	D/A 通道 1 低字节
+13	—	D/A 通道 1 高字节
+14	—	D/A 参考控制
+16	DI 低字节	DO 低字节
+17	DI 高字节	DO 高字节

注意事项：

①一个端口在某一时刻只能读或只能写。

②一个端口对应一个寄存器，一个寄存器可以存放一个字节的数据。

③每一个端口对应的寄存器都有规定的数据格式，定义了每一位的意义，见附录 3。

④每一个采集卡有一个起始地址，称为基地址（Base）。PCI 总线的板卡插好后计算机操作系统会自动识别，并显示分配给板卡的基地址。在本章的训练中，PCI-1710 采集卡的基地址为 0xE880。

⑤访问端口时的完整地址为：采集卡各端口的地址＝基地址＋偏移量。

⑥为了系统更为安全，Windows 2000 以上操作系统对系统底层操作采取了屏蔽的策略，由于 Windows 对系统的保护，绝对不允许任何的直接 I/O 动作发生。WinIO 库通过使用内核模式下设备驱动程序和其他一些底层编程技巧绕过 Windows 安全保护机制，允许 32 位 Windows 程序直接对 I/O 口进行操作。所以，在对端口进行读写操作时，需调用 WinIO 库，具体参见附录 2 中 F2.7 节。

⑦在 Visual C++环境下对端口的读写函数：

对端口进行读操作：_inp(端口地址)

对端口进行写操作：_outp(端口地址,变量名)

5.4 开关量的输入、输出通道

5.4.1 开关量的概念

开关量顾名思义就是只有开和关两种状态的工程量，如开关的闭合与断开，指示灯的亮与灭，继电器或接触器的吸合与释放，马达的启动与停止，阀门的打开与关闭等。这些信号的共同特征是以二进制的逻辑"1"和"0"出现的，代表生产过程的一个状态。开关量只要用一位二进制数即可表示，也就是说这种变量的值要么是 0，要么是 1。

5.4.2 开关量输入通道的功能

开关量输入通道的基本功能是将生产装置或生产过程产生的开关量信号转换成计算机需要的电平信号,以二进制数的形式输入计算机。这些开关量信号的形式一般是电压、电流和开关的触点,容易引起瞬时高压、过电流或接触抖动等现象,因此为使信号安全可靠,在开关量输入电路中,需加入信号调理环节,如电平转换、RC 滤波、过电压保护、反电压保护、光电隔离等。

①电平转换是用电阻分压法把现场的电流信号转换为电压信号。

②RC 滤波是用 RC 滤波器滤除高频干扰。

③过电压保护是用稳压管和限流电阻作过电压保护;用稳压管或压敏电阻把瞬态尖峰电压箝位在安全电平上。

④反电压保护是串联一个二极管防止反极性电压输入。

⑤光电隔离是用光耦隔离器实现计算机与外部的完全电隔离。

5.4.3 开关量输出通道的功能

开关量输出通道的功能是把计算机输出的数字信号传送给开关器件(如继电器或指示灯),控制它们的通、断或亮、灭,简称 DO 通道。

在输出通道中,为防止现场强电磁干扰或工频电压通过输出通道反串到 CPU 系统中,一般需要采用通道隔离技术。目前,光电耦合器件和继电器常用作开关量输出隔离器件。

计算机输出的是微弱数字信号,为了能对生产过程中的开关量执行器进行控制,需根据现场负荷的不同,如指示灯、继电器、接触器、电动机、阀门等,选用不同的功率放大器件构成不同的开关量驱动电路。常用的有三极管输出驱动电路、继电器输出驱动电路、晶闸管输出驱动电路、固态继电器输出驱动电路等。

5.4.4 开关量用于顺序控制

顺序控制是以预先规定好的时间或条件为依据,按照预先规定好的动作次序顺序地完成工作的自动控制。简而言之,顺序控制就是按时序或事序规定工作的自动控制。在工业生产中,许多生产工序,如运输、加工、检验、装配、包装等,都要求顺序控制。在一些复杂的大型计算机控制系统中,许多环节需要采用顺序控制方法,例如,有些生产机械要求在现场输入信号(如行程开关、按钮、光电开关、各种继电器等)作用下,根据一定的转换条件实现有顺序的开关动作;而有些生产机械则要求按照一定的时间先后次序实现有顺序的开关动作。

顺序控制系统的实现相对较容易些,对于按事序工作的环节(系统),计算机从生产现场获取信号,然后按工艺要求对有关的输入信号进行"与""或""非"等基本逻辑运算与判断,然后将结果通过开关量输出通道向执行机构发出控制指令,即可实现顺序控制;对于按时序工作的环节(系统),由计算机产生必要的时序信号,再判断按工艺要求规定的时间间隔是否已到,判断结果通过开关量输出通道输出,控制执行器动作,从而实现顺序控制。

开关量控制的特点:

①为了完成某一特定任务,常常需要进行多个被控对象的多步动作的控制。

②动作有比较固定的规律,而且不随意改变。
③动作有时不仅根据条件进行,还要根据前一个动作的持续时间去进行。
④动作通常是有始有终或周期性的。

5.4.5 开关量输入的实现

PCI-1710 采集卡提供 16 路开关量输入通道。因为一路开关量信号只要用一位二进制数即可表示,所以,16 路开关量输入通道就需对应两个八位寄存器。由表 5-1 可知,16 路开关量输入所对应的端口地址为 BASE+16 和 BASE+17。开关量输入通道号与寄存器各位的对应关系如表 5-2 所示。

表 5-2 开关量输入通道号与寄存器各位的对应关系

BASE+16	D7	D6	D5	D4	D3	D2	D1	D0
DI 低字节	DI7	DI6	DI5	DI4	DI3	DI2	DI1	DI0
BASE+17	D7	D6	D5	D4	D3	D2	D1	D0
DI 高字节	DI15	DI14	DI13	DI12	DI11	DI10	DI9	DI8

若输入信号接在 0～7 号输入通道,则实现语句为:
DI_in=_inp(BASE+16);
若输入信号接在 8～15 号输入通道,则实现语句为:
DI_in=_inp(BASE+17);

例 开关量输入的简单程序

```
#include <windows.h>
#include <iostream>
#include <conio.h>
#include "winio.h"                    //winio 头文件
#pragma comment(lib,"winio.lib")      //包含 winio 库
using namespace std;
void main(void)
{
    unsigned short BASE= 0xE880;
    int iPort=16;
    //初始化 WinIo
    if (! InitializeWinIo())
      {
        cout<<"Error In InitializeWinIo!"<<endl;
        exit(1);
      }
    int DI_data;
```

```
        DI_data = _inp(BASE+iPort);
        cout<<" DI_data "<<"="<< DI_data<<endl;
        ShutdownWinIo();         //关闭 WinIo
}
```

5.4.6 开关量输出的实现

PCI-1710 采集卡提供 16 路开关量输出通道。因为一路开关量控制信号只要用一位二进制数即可表示,所以,16 路开关量输出通道就需对应两个八位寄存器。由表 5-1 可知,16 路开关量输出所对应的端口地址为 BASE+16 和 BASE+17。开关量输出通道号与寄存器各位的对应关系如表 5-3 所示。

表 5-3　开关量输出通道号与寄存器各位的对应关系

BASE+16	D7	D6	D5	D4	D3	D2	D1	D0
DO 低字节	DO7	DO6	DO5	DO4	DO3	DO2	DO1	DO0
BASE+17	D7	D6	D5	D4	D3	D2	D1	D0
DO 高字节	DO15	DO14	DO13	DO12	DO11	DO10	DO9	DO8

若输出信号由 0~7 号输出通道输出,则实现语句为:
_outp(BASE+16,out_data);
若输出信号由 8~15 号输出通道输出,则实现语句为:
_outp(BASE+17,out_data);

5.5　模拟量的输入、输出通道

5.5.1　模拟量的概念

在某一时间段,时间与幅值都是连续的物理量称为模拟量。例如,在工业系统中,力、温度、位移、流量、压力、速度等物理量都是模拟量。

在工业生产中,需要测量和控制的物理量往往是模拟量。为了利用计算机实现对工业生产过程的自动监测和控制,首先要能够将生产过程中监测设备输出的连续变化的模拟量转变为计算机能够识别和接收的数字量;其次,还要能够将计算机发出的控制命令转换为相应的模拟信号,去驱动模拟执行机构。这样两个过程,就需要由模拟量的输入和输出通道来完成。

5.5.2　模拟量输入通道的功能及组成

模拟量输入通道的功能是把被控对象的模拟量信号转换成计算机可以接收的数字量信号。模拟量输入通道一般由多路开关、前置放大器、采样保持器、A/D 转换器、接口和控制电路等组成,其核心是 A/D 转换器,所以模拟量输入通道也简称为 A/D 通道。模拟量输入通道的组成如图 5-17 所示。

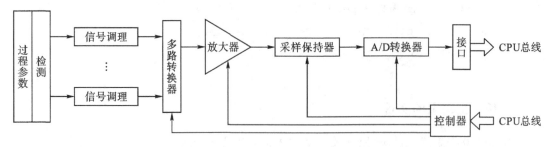

图 5-17 模拟量输入通道的组成

1. 信号调理

信号调理是整个控制系统中很重要的一环,关系到整个系统的精度。信号调理主要包括:小信号放大、信号滤波、信号衰减、阻抗匹配、电平变换、非线性补偿、频/压转换、电流/电压转换等。

2. 多路转换器

由于计算机的工作速度远远快于被测参数的变化,因此一台计算机系统可供几十个检测回路使用,但计算机在某一时刻只能接收一个回路的信号。所以,必须通过多路模拟开关实现多选一的操作,将多路输入信号依次地切换到后级电路。多路转换器把各路模拟量分时接到同一 A/D 转换器进行转换,实现了 CPU 对各路模拟量分时采样。

3. 可编程增益放大器

当多路输入的信号源电平相差较悬殊时,用同一增益的放大器去放大,就有可能使低电平信号测量精度降低,而高电平信号则可能超出 A/D 转换器的输入范围。采用可编程增益放大器,可通过程序来调节放大倍数,使 A/D 转换信号满量程达到均一化,以提高多路数据采集的精度。

4. 采样保持器

当某一通道进行 A/D 转换时,由于 A/D 转换需要一定的时间,如果输入信号变化较快,而 A/D 转换需要花一定的时间才能完成转换过程,这样就会造成一定的误差,使转换所得到的数字量不能真正代表发出转换命令那一瞬间所要转换的电平。采用采样保持器对变化的模拟信号进行快速"采样",在保持期间,启动 A/D 转换器,从而保证 A/D 转换时的模拟输入电压恒定,确保 A/D 转换精度。

(1) 采样

采样是把在时间上是连续的输入模拟信号 $y(t)$ 转换成在时间上是断续的信号 $y^*(t)$,输出脉冲波的包络仍反映输入信号幅度的大小。

① 采样过程:按一定的时间间隔 T,把时间上连续和幅值上也连续的模拟信号,转变成在时刻 $0、T、2T、\cdots、kT$ 的一连串脉冲输出信号的过程称为采样过程,时间间隔 T 称为采样周期。如图 5-18 所示。

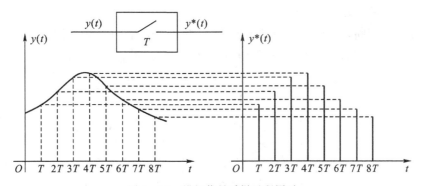

图 5-18 模拟信号采样过程图示

由采样过程可以看出,获得的采样信号仅保留了原模拟信号采样瞬间幅值的大小,而在采样间隔,原模拟信号的幅值信息丢失了。由经验可知,采样频率(采样周期的倒数)越高,采样信号 $y^*(t)$ 越接近原信号 $y(t)$,但若采样频率过高,在实时控制系统中会把许多宝贵的时间用在采样上,从而失去了实时控制的机会。为了使采样信号 $y^*(t)$ 既不失真,又不会因频率太高而浪费时间,我们可依据香农采样定理进行采样。

②香农采样定理:为了使采样信号 $y^*(t)$ 能完全复现原信号 $y(t)$,采样频率 f 至少要为原信号最高频率 f_{max} 的 2 倍,即:

$$f \geqslant 2f_{max} \quad (5-1)$$

采样定理给出了 $y^*(t)$ 唯一地复现 $y(t)$ 所必需的最低采样频率。一般实际应用中保证采样频率为原信号最高频率的 5~10 倍,即:

$$f \geqslant (5 \sim 10)f_{max} \quad (5-2)$$

③采样周期的选定:采样定理给出了采样周期的理论上限值,而在理论上,采样周期 T 越小,由离散信号复现连续信号的精度越高,当 $T \to 0$ 时,离散系统或数字系统就变为连续系统了。但是,在实际系统操作中,采样周期并非越小越好,而是有一个限度。应注意,设备输入/输出、计算机执行程序都需要耗费时间,因此,每次采样间隔不应小于设备输入/输出及计算机执行程序的时间,这是采样周期的下限值 T_{min},故采样周期应满足:

$$T_{min} \leqslant T \leqslant T_{max} \quad (5-3)$$

采样周期太小或太大,对系统都是不利的,若 T 太小,会增加计算机的计算负担,而且两次采样的间隔太短,偏差变化太小,使控制器的输出变化不大且调节过于频繁,会使某些执行机构不能及时响应;若 T 太大,调节间隔长,会使动态特性变差,而且干扰输入也得不到及时调节,使系统动态品质恶化,对某些系统,较大的采样周期将导致系统不稳定。因此,采样周期的选择要兼顾系统的动态性能指标、抗干扰能力、计算机的运算速度、执行机构的动作快慢等因素综合考虑。

(2)保持器

保持器的作用是在 A/D 对模拟量进行量化所需的转换时间内,保持采样点的数值不变,以保证 A/D 转换精度。采样保持电路如图 5-19 所示。

在图 5-19 所示的采样保持电路中,当开关 S 闭合时,电容 C 快速充电,$u_c = u_i$,u_o 跟随

u_c,即 $u_o=u_i$;当 S 断开时,u_o 保持 u_c。

保持器在采样期间,不启动 A/D 转换器,而一旦进入保持期间,则立即启动 A/D 转换器,从而保证 A/D 转换时的模拟输入电压恒定,以确保 A/D 转换精度。

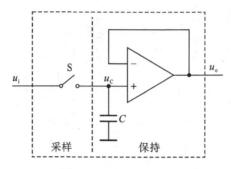

图 5-19 采样保持电路

5. A/D 转换器

A/D 转换器是将模拟信号转换成数字信号的器件,A/D 转换过程即幅值量化的过程,就是采用一组二进制码来逼近离散模拟信号的幅值,将其转换为数字信号。二进制数的大小和量化单位有关。

(1)量化单位

字长为 n 的 A/D 转换器,其最低有效位(LSB)所对应的模拟量 q 称为量化单位。

$$q = \frac{U_R}{2^n - 1} \quad (5-4)$$

式(5-4)中:U_R 指 A/D 转换器允许的输入电压范围;n 指 A/D 转换后表示数字信号的二进制数的位数。

(2)量化过程

量化过程就是以 q 为单位去度量采样信号值的归整过程,如图 5-20 所示。

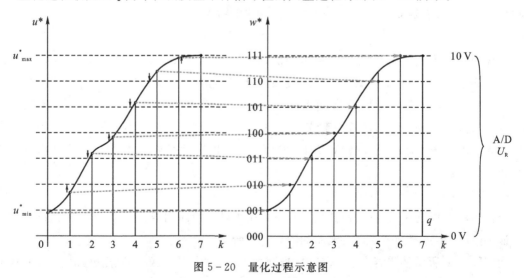

图 5-20 量化过程示意图

由图 5-20 可以看出,有的幅值大小可以由量化单位 q 的整数倍准确表示,有的需近似表示。近似可通过四舍五入法实现。

(3)量化误差

由于量化过程是一个归整过程,因而存在量化误差,四舍五入法的量化误差为$(\pm 1/2)q$。

A/D 转换器的量程应能够包括信号的幅值范围,量化单位应远小于信号的幅值范围,否则,量化过程的分辨能力会降低。当信号很弱时,信号的幅值范围可能和量化单位处于同一数量级,有时甚至小于量化单位,这样,A/D 转换器就不能分辨信号的变化。因此,在信号调理阶段,常对被测信号进行电压放大等预处理,以适合 A/D 转换的量程,或者调整可编程放大器的增益或改变 A/D 转换器的量程来适应信号调理电路的输出。

(4)A/D 转换触发方式

A/D 转换器在开始转换前,必须加一个触发信号,才能开始工作。常见的触发方式有以下三种。

①软件触发;

②板上定时触发;

③外部脉冲触发。

(5)转换结束的判断与传输方式

在 A/D 转换器中,当计算机给 A/D 转换器发一个触发信号后,A/D 转换器开始转换,经过一段时间后,A/D 转换才可能结束。只有在 A/D 转换结束后,才能正确读取转换的数据。判断 A/D 转换结束的方法有以下三种。

①中断方式。转换完成后,A/D 转换器主动向 CPU 发出中断请求,CPU 查询到中断申请并响应后,在中断服务程序中读取数据。中断方式可使 A/D 转换器与计算机并行工作。常用于实时性要求比较强或多参数的数据采集系统。

②查询方式。CPU 主动查询 A/D 转换完成标志位,若完成,从端口读取结果。其特点是程序设计比较简单,实时性也较强,应用最多。

查询方式软件编程步骤:

- 计算机向 A/D 转换器发出触发信号;
- 查询 A/D 转换结束标志位;
- 未结束,继续查询;
- 结束,读出结果数据。

在本章的学习中,我们采用软件触发 A/D 转换、以查询方式进行数据传输。

③DMA 方式。DMA 传输方式无需 CPU 直接控制传输,也没有中断处理方式那样保留现场和恢复现场的过程,通过硬件为 RAM 与 I/O 设备开辟一条直接传送数据的通路,使 CPU 的效率大为提高。

6.编码

n 位二进制数可以表示 2^n 个数值,明确规定这 2^n 个二进制数中每一个数所对应的原信号值,这个过程就是对信号进行编码。

对于 12 位的 PCI-1710 采集卡,数字量与模拟量的对应关系如表 5-4 所示。

表 5-4 12 位采集卡数字量与模拟量的对应关系

二进制数	十进制数	双极性 $-10\sim+10$ V 量程	单极性 $0\sim+20$ V 量程
1111 1111 1111	4095	$+10$ V	20 V
1111 1111 1110	4094		
...	...	...	...
0111 1111 1111	2047	0 V	10 V
...	...	...	...
0000 0000 0001	1		
0000 0000 0000	0	-10 V	0 V

5.5.3 模拟量输入的实现

以 PCI-1710 采集卡为例,介绍模拟量的输入过程的实现。

工业现场的模拟量状态信息经传感器获取、信号调理电路处理后,再通过模拟量输入通道完成 A/D 转换,生成数字量信号才能输入计算机。在此过程中,由图 5-17 可知,需解决以下问题:对 16 路模拟量输入信号来说,在某一时刻,要决定对哪一路信号进行采集;对幅值不同的各路输入信号共用一个 A/D 转换器,那么,如何提高输入信号的 A/D 转换精度;如何触发 A/D 转换;怎样判断 A/D 转换完成;转换完成后怎样读数;所读取的数字量信号与实际的模拟量信号的对应关系怎样?下面我们结合具体使用的寄存器,针对提出的各问题,介绍如何通过编程来解决各问题、实现各功能。

1. 通道的选择

实现通道的选择,由多路转换控制寄存器 BASE+4 和 BASE+5 来完成。多路转换控制寄存器 BASE+4 和 BASE+5 的数据格式及数据格式说明分别见表 5-5 和表 5-6。

表 5-5 多路转换控制寄存器 BASE+4 和 BASE+5

Bit #	7	6	5	4	3	2	1	0
BASE+5					STO3	STO2	STO1	STO0
BASE+4					STA3	STA2	STA1	STA0

表 5-6 多路转换控制寄存器数据格式说明

STA3~STA0	开始扫描通道编号
STO3~STO0	停止扫描通道编号

寄存器低4位表示的范围为0000～1111,即0～15,共16个数,分别表示0～15模拟量输入通道。

当选择单端输入方式时,开始扫描通道编号与停止扫描通道编号是一致的,例如选择模拟量输入0号通道输入时,控制字如表5-7所示。

表5-7 控制字

Bit#	7	6	5	4	3	2	1	0
BASE+5					0	0	0	0
BASE+4					0	0	0	0

实现语句为:
_outp(BASE+4,0);
_outp(BASE+5,0);

2.通道信号输入范围及增益的设定

设置通道范围及增益大小由寄存器BASE+2来完成。寄存器BASE+2的数据格式及数据格式说明分别见表5-8和表5-9。增益码见表5-10。

表5-8 设置通道范围及增益的寄存器BASE+2

Bit#	7	6	5	4	3	2	1	0
BASE+2			S/D	B/U		G2	G1	G0

表5-9 寄存器BASE+2数据格式说明

S/D	单端或差分	0表示通道为单端,1表示通道为差分
B/U	双极或单极	0表示通道为双极,1表示通道为单极
G2 to G0	增益码	

表5-10 PCI-1710增益码

增益	输入范围/V	B/U	增益码		
			G2	G1	G0
1	-5～+5	0	0	0	0
2	-2.5～+2.5	0	0	0	1
4	-1.25～+1.25	0	0	1	0
8	-0.625～+0.625	0	0	1	1
0.5	-10～10	0	1	0	0

当选择单端双极性输入,输入范围为 $-10\sim+10$ V 时,控制字如表 5-11 所示。

表 5-11 控制字

Bit#	7	6	5	4	3	2	1	0
BASE+2			0	0		1	0	0

实现语句为:

_outp(BASE+2,0x04);

3. A/D 触发模式的选择

选择触发模式由控制寄存器 BASE+6 来完成,控制寄存器 BASE+6 的数据格式及数据格式说明分别见表 5-12 和表 5-13。

表 5-12 控制寄存器 BASE+6

Bit#	7	6	5	4	3	2	1	0
BASE+6	AD16/12	CNT0	CNE/FH	IRQEN	GATE	EXT	PACER	SW

表 5-13 控制寄存器 BASE+6 数据格式说明

SW	软件触发启用位	设为 1 可启用软件触发,设为 0 则禁用
PACER	触发器触发启用位	设为 1 可启用触发器触发,设为 0 则禁用
EXT	外部触发启用位	设为 1 可启用外部触发,设为 0 则禁用
GATE	外部触发门功能启用位	设为 1 可启用外部触发门功能,设为 0 则禁用
IRQEN	中断启用位	设为 1 可启用中断,设为 0 则禁用
ONE/FH	中断源位	设为 0 将在发生 A/D 转换时生成中断,设为 1 则在 FIFO 半满时生成中断
CNT0	计数器 0 时钟源选择位	0 表示计数器 0 的时钟源为内部时钟(100 kHz)、1 表示计数器 0 的时钟源为外部时钟(最大可达 10 MHz)

当选择软件触发方式时,控制字如表 5-14 所示。

表 5-14 控制字

Bit#	7	6	5	4	3	2	1	0
BASE+6	0	0	0	0	0	0	0	1

实现语句为:

_outp(BASE+6,0x01);

4. 软件触发 A/D 转换

如果选择软件触发 A/D 转换,则向寄存器 BASE+0 写入任意数据就可以触发 A/D 转换。寄存器 BASE+0 的数据格式如表 5-15 所示。

表 5-15 寄存器 BASE+0

Bit#	7	6	5	4	3	2	1	0
BASE+0	0/1	0/1	0/1	0/1	0/1	0/1	0/1	0/1

例如,实现语句可以写为:

_outp(BASE+0,0);

5. A/D 转换是否完成的判定

FIFO 缓存器应用在数据采集卡上,主要用来存储 A/D 转换后的数据。FIFO 缓存器出于何种状态,由状态寄存器 BASE+7 的内容来显示。状态寄存器 BASE+7 的数据格式及数据格式说明分别见表 5-16 和表 5-17。

表 5-16 状态寄存器 BASE+7

Bit#	7	6	5	4	3	2	1	0
BASE+7	CAL				IRQ	F/F	F/H	F/E

表 5-17 状态寄存器 BASE+7 数据格式说明

F/E FIFO 空标志	此位用于指标 FIFO 是否为空,1 表示 FIFO 为空
F/H FIFO 半满标志	此位用于指标 FIFO 是否为半满,1 表示 FIFO 半满
F/F FIFO 满标志	此位用于指标 FIFO 是否为满,1 表示 FIFO 为满
IRQ 中断标志	此位用于指示中断状态,1 表示已发生中断

在数据采集程序开始运行之初,先对 FIFO 缓存器清零,当 A/D 转换完成后,状态寄存器 BASE+7 便显示 FIFO 缓存器处于非空状态,即寄存器 BASE+7 最低位为 0。

实现语句为:

```
while(Status==1)
 {
  Status=(_inp(BASE+7))&0x01;
 }
  if(Status==0)
   {
    ...
   }
```

6. A/D 转换完成后数据的读取

BASE+0 和 BASE+1 这两个寄存器保存 A/D 转换数据。A/D 转换的 12 位数据存储在

BASE+1 的位 3～位 0,以及 BASE+0 的位 7～位 0。BASE+1 的位 7～位 4 保存源 A/D 通道的编号,见表 5-18 和表 5-19。

表 5-18 A/D 数据寄存器 BASE+0 和 BASE+1

Bit#	7	6	5	4	3	2	1	0
BASE+1	CH3	CH2	CH1	CH0	AD11	AD10	AD9	AD8
BASE+0	AD7	AD6	AD5	AD4	AD3	AD2	AD1	AD0

表 5-19 A/D 数据寄存器数据格式说明

AD11～AD0	A/D 转换结果	AD0 是 A/D 数据中最低有效位(LSB),AD11 则是最高有效位(MSB)
CH3～CH0	A/D 通道编号	CH3～CH0 保存接收数据的 A/D 通道的编号,CH3 为 MSB,CH0 为 LSB

实现语句为:
tmp=_inpw(BASE+0);
adData=tmp&0xfff;

7. 代码转换

读取的数值与原信号值的对应关系可用下列程序语言表示

$$V\_out = adData * 20.0/4095 - 10.0$$

其中,adData 为读取的数值;V_out 为原信号值。

5.5.4 模拟量输出通道的功能及组成

计算机控制系统中,模拟量输出通道所要完成的功能是把计算机输出的数字量控制信号,转换为模拟电压或电流信号,以便驱动相应的执行机构,从而达到控制的目的。

模拟量输出主要由 D/A 转换器和输出保持器组成。多路模拟量输出通道的结构形式,主要取决于输出保持器的结构形式,保持器一般有数字保持方案和模拟保持方案两种,这就决定了模拟量输出通道的两种基本结构形式。

① 一个通路设置一个 D/A 转换器,结构如图 5-21 所示。

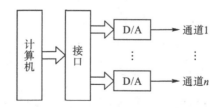

图 5-21 一个通路设置一个 D/A 转换器

该结构的优点是转换速度快、工作可靠。其缺点是使用较多的 D/A 转换器。

②多个通路共用一个 D/A 转换器,结构如图 5-22 所示。

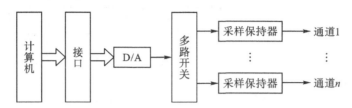

图 5-22 多个通路共用一个 D/A 转换器

该结构的优点是节省了 D/A 转换器。其缺点是计算机分时工作,工作可靠性差。

在本章的学习中,PCI-1710 数据采集卡的模拟量输出通道采用的是一个通路设置一个 D/A 转换器的结构形式。

5.5.5 模拟量输出的实现

1. D/A 参考源的选择

D/A 参考源的选择由寄存器 BASE+14 来完成,寄存器 BASE+14 的数据格式和数据格式说明分别见表 5-20 和表 5-21。

表 5-20 用于设置 D/A 参考源的寄存器 BASE+14

Bit#	7	6	5	4	3	2	1	0
BASE+14					DA1_I/E	DA1_5/10	DA0_/I/E	DA0_5/10

表 5-21 寄存器 BASE+14 数据格式说明

数据	功能	说明
DA0_5/10	内部参考电压 用于 D/A 输出通道 0	此位用于控制 D/A 输出通道 0 的内部参考电压。0 表示内部参考电压为 5 V,1 表示 10 V
DA0_I/E	内部或外部参考电压 用于 D/A 输出通道 0	此位用于指示 D/A 输出通道 0 的参考电压为内部还是外部。0 表示参考电压来自内部源,1 表示来自外部源
DA1_5/10	内部参考电压 用于 D/A 输出通道 1	此位用于指示 D/A 输出通道 1 的内部参考电压。0 表示内部参考电压为 5 V,1 表示 10 V
DA1_I/E	内部或外部参考电压 用于 D/A 输出通道 0	此位用于指示 D/A 输出通道 1 的参考电压为内部还是外部。0 表示参考电压来自内部源,1 表示来自外部源

当选择 0 号输出通道,参考电压来自内部源,参考电压为 5 V 时,控制字如表 5-22 所示。

表 5-22 控制字

Bit#	7	6	5	4	3	2	1	0
BASE+14							0	0

实现语句为：

_outp(BASE+14,0);

2. 代码转换

输出的电压值与其对应的数字量的关系可用下列程序语言表示：

$$outData = fVoltage * 4095/5$$

其中，fVoltage 为输出的电压值；outData 为对应的数字量。

3. 数据的输出

对于模拟量数据的输出，选择的输出通道不同，所用的数据寄存器就不同。

①D/A 输出 0 号通道。所用的数据寄存器为 BASE+10 和 BASE+11。数据格式见表 5-23。

表 5-23 D/A 数据寄存器 BASE+10 和 BASE+11

Bit#	7	6	5	4	3	2	1	0
BASE+11					DA11	DA10	DA9	DA8
BASE+10	DA7	DA6	DA5	DA4	DA3	DA2	DA1	DA0

②D/A 输出 1 号通道。所用的数据寄存器为 BASE+12 和 BASE+13。数据格式见表 5-24。

表 5-24 D/A 数据寄存器 BASE+12 和 BASE+13

Bit#	7	6	5	4	3	2	1	0
BASE+13					DA11	DA10	DA9	DA8
BASE+12	DA7	DA6	DA5	DA4	DA3	DA2	DA1	DA0

实现语句：

Hbyte=(outData>>8)&0x000f;

Lbyte=outData &0x00ff;

_outp(Base+10+port*2, Lbyte);

_outp(Base+11+port*2, Hbyte);

5.6 本章小结

①过程通道是计算机控制系统的重要组成部分。

②过程通道包括开关量的输入通道、开关量的输出通道、模拟量的输入通道、模拟量的输出通道。

③ 介绍了开关量的输入通道、开关量的输出通道的功能;结合 PCI-1710 采集卡,介绍了开关量输入、开关量输出的实现方法。

④ 介绍了模拟量的输入通道、模拟量的输出通道的功能;结合 PCI-1710 采集卡,介绍了模拟量输入、模拟量输出的实现方法。

5.7 训练内容

5.7.1 训练用 DI/DO 电路板介绍

DI/DO 电路板有两种训练板,如图 5-23 DI/DO 电路板 1、图 5-24 DI/DO 电路板 2 所示。

图 5-23 DI/DO 电路板 1 实物图

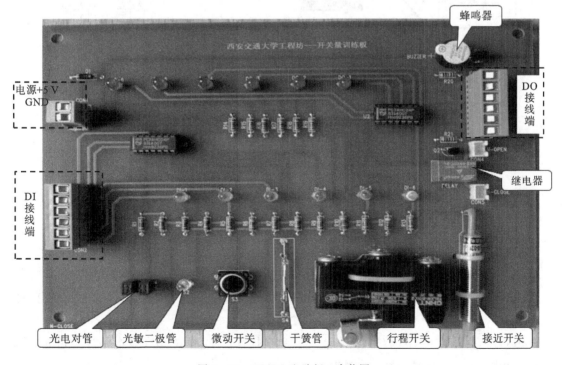

图 5-24 DI/DO 电路板 2 实物图

在 DI/DO 电路板 1 上,有六个光电对管,用来模拟来自工业现场的开关量,光电对管相应位置上的绿色发光二极管用来表示光电对管的状态,当光电对管通光时,相应位置上的绿色发光二极管点亮;当光电对管遮光时,相应位置上的绿色发光二极管熄灭。红色发光二极管用来模拟工业现场的受控开关量器件,当发出的控制量为 1 时,相应位置上的红色发光二极管点亮;当发出的控制量为 0 时,相应位置上的红色发光二极管熄灭。

在 DI/DO 电路板 2 上,有六个不同的开关量传感器,由光电对管、光敏二极管、微动开关、干簧管、行程开关、金属接近开关等用来模拟来自工业现场的开关量,相应位置上的绿色发光二极管用来表示开关量传感器的状态;由红色发光二极管、蜂鸣器和继电器等来模拟工业现场的受控开关量器件。

5.7.2 基础训练

开关量输入、输出基础训练接线图,如图 5-25 所示,任选一种开关量板连接线路。

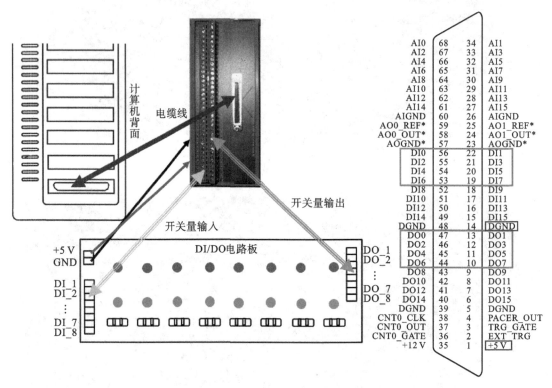

图 5-25 开关量输入输出训练接线图

训练步骤如下:

①运行例题开关量的输入程序,熟悉 WinIO 库的使用,熟悉 I/O 端口读函数的应用。

②仿照例题,应用 I/O 端口写函数,试编写开关量的输出程序,实现红色发光二极管亮暗的控制。

③运行例程 DItest.cpp 程序(见附录 4)。单步执行程序,获取 DI/DO 电路板上光电对管的状态,观察"watch"区域中有关变量值的变化。

④运行例程 DOtest.cpp 程序(见附录 5)。单步执行程序,给出输出,控制 DI/DO 电路板上红色发光二极管的状态,观察 watch 区域中有关变量值的变化。

模拟量输入、输出基础训练接线图,如图 5-26 所示,按图正确连接线路。

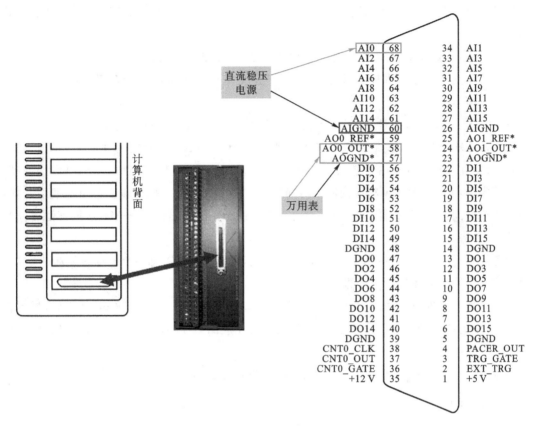

图 5-26 模拟量输入输出基础训练接线图

训练步骤如下:

①运行例程 AItest.cpp 程序(见附录 6)。执行程序,该程序将一个直流电压信号采入计算机,以数字形式显示,程序运行中,利用"watch"区域观察有关变量的值,确认程序中的关键语句及其作用。

②运行例程 AOtest.cpp 程序(见附录 7)。执行程序,由键盘键入需要输出的直流电压值(0～+5 V)。用万用表在相应输出通道接线端测量,利用"watch"区域观察有关变量的值,确认并记录程序中的关键语句及其作用。

④编写 AD 子程序(改写原有 AItest.cpp 程序)。

    float AD (int channel)   /* 0－15 */

        {   … }

④编写 DA 子程序(改写原有 AOtest.cpp 程序)。

    DA(int channel, float vout)   /* 0－1;0－5V */

        {   … }

5.7.3 综合训练

①光电对管遮光控制 LED 指示灯。

编写程序,采用 DI/DO 电路板 1,实现如下功能:遮挡某一光电对管时(绿灯显示其状态),相应位置上的红色 LED 熄灭。

具体要求:a. 做到实时控制;b. 避免程序死循环(敲击键盘退出程序)。

②城市公交车经常严重超员,请为自动刷卡公交车设计限制超员管理程序,并在 DI/DO 训练板上模拟运行。

具体要求:上下车人员计数;设定车内人员限额;人员满额限制刷卡,禁止上车。

③皮带传输线控制。皮带传输线电动机拖动装置由 M1、M2、M3 三台电动机组成。启动时,为了避免在前段传输皮带上造成物料堆积,要求逆物流方向按一定的时间间隔顺序启动,其启动顺序为:M1→M2→M3,级间间隔时间为 3 s。停车时,为了使传输皮带上不残留物料,要求顺物流方向按一定的时间间隔顺序停止,其停止顺序为:M3→M2→M1,级间间隔时间为 3 s。并且要求:

紧急停车时,无条件地将 M1、M2、M3 立即全部同时停车;任何一台电动机发生过载时,其保护停车应该按上述停止顺序进行。

④编写程序实现以下功能:直流稳压电源输出 5 V 电压,经 AI 通道采集,转换后,显示在屏幕上,采集的值再经由 AO 通道输出,用万用表在相应的 AO 输出通道端测量,试比较 AI 采集值与 AO 输出值。

⑤编写程序实现由 AO 输出通道输出方波、三角波或正弦波。

5.7.4 拓展训练

1. 信号的显示

信号显示训练板如图 5-27 所示,由八位开关量控制两位数码管显示,其中低四位(DO0~DO3)控制低位数码管,高四位(DO4~DO7)控制高位数码管。单一数码管显示范围为 0~9。

①请编写程序,实现两位数码管显示十进制数 00~99。

②编写小区车库管理程序,要求:在 DI/DO 训练板上任选两只光电对管,模拟入库门和出库门;设定车库车位数目;利用信号显示训练板数码管动态显示当前车库剩余车位。

图 5-27 信号显示训练板实物图

2. DO 驱动

DO 驱动训练板如图 5-28 所示,其电路为一个开关量控制直流电动机正反转的电路,电动机启/停控制电路通过电动机启/停控制输入端输入高/低电平控制电动机两端是否加电以实现电动机的启/停控制;电动机正/反转控制电路通过电动机正/反转控制输入端输入高/低电平控制电动机接入端电压极性的改变以实现电动机正/反转控制;驱动电路利用三极管对电流放大,以确保继电器常开触点可靠吸合。

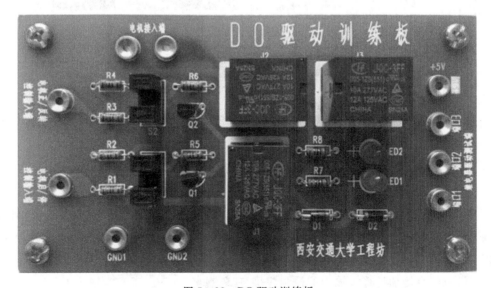

图 5-28 DO 驱动训练板

(1) 电动机启/停和正/反转控制

按照图 5-29 所示接线,接线提示如下:

① 将端口 1 与端口 2 连接,端口 3 和+5 V 连接;

② +5 V 由直流稳压电源提供,电源地接板子 GND2;

③ 任选两路开关量输出通道输出开关量控制信号分别接"电动机启/停控制输入端"和"电动机正/反转控制输入端",开关量控制信号的地接板子 GND1;

④ 电动机接入端连接万用表的两个测量表笔。

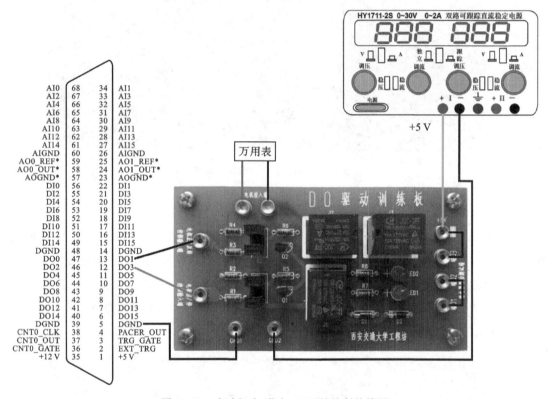

图 5-29 电动机启/停与正/反转控制接线图

按照下面提示操作并观察现象:

a. 给"电动机启/停控制输入端"输入低电平信号,观察 LED2 的亮暗、并仔细聆听有无继电器吸合的声音。

b. 给"电动机启/停控制输入端"输入高电平信号,观察 LED2 的亮暗,并仔细聆听有无继电器吸合的声音。

c. 在"电动机启/停控制输入端"输入高电平信号的情况下,先后给"电动机正/反转控制输入端"输入高电平信号、低电平信号,用万用表观察电动机两个接入端电压极性的变化,同时观察 LED1 的亮暗变化。

(2) "继电器直接加计算机输出的控制信号"现象观察

按照图 5-30 所示接线,接线提示如下:

①将端口1和端口2断开,端口3和+5 V断开;

②+5 V由直流稳压电源提供,电源地接板子GND2;

③在端口2和端口3两端加开关量控制信号,任选1路开关量输出通道输出端接端口3,开关量控制信号的地接端口2。

按照下面提示操作并观察现象:开关量输出通道输出端输出高电平,注意聆听继电器有无吸合声,观察LED2能否点亮。

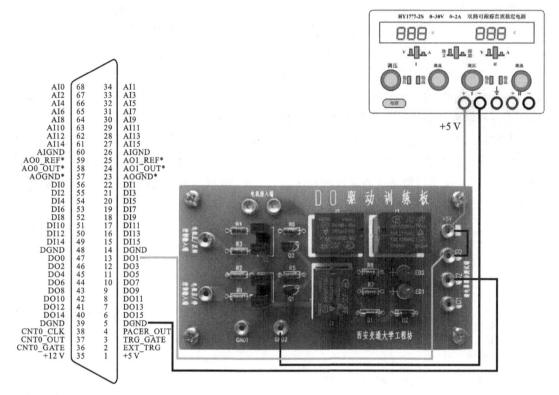

图5-30 继电器直接接控制信号连线图

第6章 智能门禁控制系统

门禁系统(Access Control System,ACS)又称为出入口控制系统,是一种涉及电子、机械、光学、计算机技术、通信技术、生物技术等诸多新技术的新型现代化安全控制管理系统。因其能够提供安全可靠、方便高效、自动化、易管理的出入控制管理服务,满足现代社会经济活动和社会安全防范的需求。因此在轨道交通、智能建筑、机构和场所安全管理等领域得到广泛的应用。其中,闸机通道门禁控制系统是在地铁、停车场、旅游景点、学校、场馆等各种进出口通道常用的通行控制管理系统。利用将真实门禁闸机缩小后的翼闸教学实验平台为学习对象,通过了解和掌握门禁系统的基本功能、系统结构和组成、控制和管理的具体实现等相关知识,对面向真实需求的复杂测控综合系统的设计与实现形成初步的认识,进一步加深对典型综合测量、控制系统以及驱动与辅助电路的设计与实现,控制功能的编程实现等相关知识和技能的了解和掌握。

6.1 门禁系统

6.1.1 概述

门禁系统,即出入口管理系统,是指采用现代电子技术、计算机技术和通信技术在建筑物内外的出入口对人(或物)进行识别、选择、记录和报警等操作的电子自动化系统,通常又称为通道控制系统。

图 6-1 所示为常见的两种门禁系统。

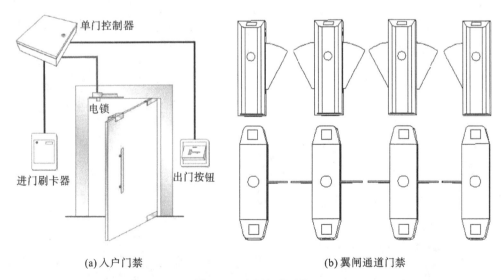

(a) 入户门禁　　　　　　　　　(b) 翼闸通道门禁

图 6-1　常用门禁系统

一般来讲,门禁系统应该具有以下功能:通过各种出入口识别装置获取编码或特征信息,传输至控制系统,通过比较、核对数据对进出出入口的人(或物)进行确认,合法则允许通行,发出开通道指令,此时门禁执行机构动作打开通道;非法则禁止通行,并可发出警报或开启联动安全保护装置。

因此,门禁系统通常包括识别部分、传输部分、控制执行部分、电源以及指示报警等辅助部分,如图6-2所示。

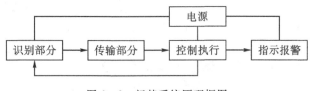

图6-2 门禁系统原理框图

6.1.2 门禁系统的组成

门禁系统可以分为硬件和软件两部分。硬件部分主要包括门禁控制器、前端识别装置、通道开关及其执行器,指示报警装置、电源模块等。软件部分主要指控制、管理功能程序、数据库等。

1. 门禁控制器

门禁控制器是门禁系统的核心部分,它通过各种接口与前端识别装置、通道开关及其他各模块相连,负责整个系统的输入输出信息处理、分析识别和出入口通行控制。对从识别模块传输来的信息进行有效性判断,若有效则对通道开关发出允许通行控制信号,若无效则通道开关关闭,同时输出相关指示或因为强行通过等异常情况触发报警。

目前常用的门禁控制器包括由PC机或工控机实现的,这类控制器通常功能强大,但价格较高。基于单片机实现的门禁控制器通常成本更低,体积更小,应用更方便,也是门禁控制器的主流趋势。随着门禁系统智能化需求的日益增加,以嵌入式技术为基础的智能门禁系统发展迅速。因为它保留了单片机门禁控制器的优点,同时具有更快的处理速度和更强大的网络功能,能更灵活方便地升级更新,满足不同应用场景需求。

2. 前端识别装置

前端识别装置用于获取用户信息数据。通常包括针对密码、卡片、生物特征、二维码等形式信息的各种读头装置和读卡器。如图6-3所示是常见的几种门禁前端识别装置。

(1)密码

通过0~9数字键在键盘上位置不变的普通编码键盘或0~9数字键在键盘上的位置随机变化的乱序编码键盘手动输入密码数据。密码识别使用简单,技术比较成熟。但是存在容易遗忘和容易泄露的缺点,具有较大的安全隐患。

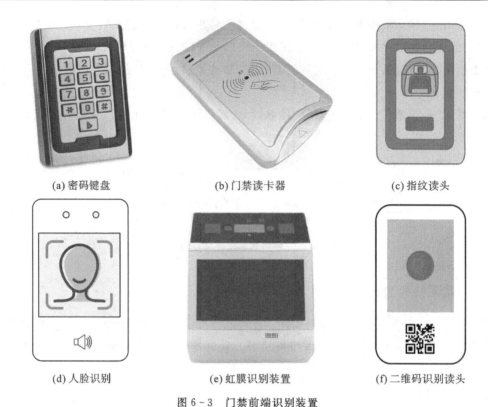

(a) 密码键盘　　　　　(b) 门禁读卡器　　　　　(c) 指纹读头

(d) 人脸识别　　　　　(e) 虹膜识别装置　　　　(f) 二维码识别读头

图 6-3　门禁前端识别装置

(2) 卡片

通过门禁读卡器读取卡片信息。因为操作简单，使用灵活方便，卡片数据识别在门禁系统中应用最为广泛。卡片通常分为接触式卡和非接触式卡两种。接触式卡片（磁条卡、条码卡）存在容易消磁、磨损和丢失的情况，应用场景越来越少。非接触卡片（感应卡、射频卡）使用时不需要和读卡设备接触，更方便耐用。但不管哪种卡都存在丢失、被伪造的安全隐患。

(3) 生物特征

通过各种生物识别仪器获取生物特征信息。生物特征包括指纹、掌纹（掌形）、人脸、虹膜、声音等。生物特征的特点有：具有唯一性，难以复制；无需携带，不会遗忘。因此生物特征门禁通常稳定性较高、安全性较好。

①指纹和掌纹（掌形）识别：通过指纹/掌纹（掌形）采集装置识别。缺点是需要直接接触采集设备，可能造成污染。

②人脸识别：通过摄像头获取人脸信息。人脸识别使用方便，以非接触的方式可以在识别对象未察觉的情况下完成采集。但识别准确性容易受到环境（例如光照条件）和使用者自身变化（例如面部的遮盖物、年龄等）的影响。

③虹膜识别：通过红外灯配合红外镜头的虹膜识别采集装置获取虹膜数据。虹膜识别可靠性更高且不需要物理接触。但人眼和设备应保持的距离、采集范围等要求较严格，并且设备通常价格昂贵。

④声音识别：通过电声学仪器采集声音信息，获取声纹等数据。声音识别操作方便，成本较低，但容易受识别对象自身变化（比如生病）和环境噪声等的影响。

(4)二维码

通过专用读码设备识别信息。无需携带卡片介质,成本低、易于制作、灵活实用。缺点是:由于二维码信息量大,存在信息容易泄露的安全隐患。

3.通道开关及其执行器

①通常实现图6-1(a)所示门禁开关门的设备是电锁。控制系统通过向电锁的执行部件发送电信号实现开门关门。常用的门禁电锁包括电插锁、电磁锁、电控锁等,如图6-4所示。

(a)电插锁　　　　　(b)电磁锁　　　　　(c)电控锁

图6-4　常用门禁电锁

电插锁主要由锁体和锁孔两个部分组成,锁体的关键部件是"锁舌"。通过电流的通断驱动"锁舌"的伸缩,同时配合"锁孔"实现开门锁门功能。电插锁分为通电开锁和断电开锁两种。

电磁锁也称为磁力锁,依靠通电锁体和铁块之间产生的电磁吸力来实现门的开关。因为不存在活动的机械部件,不存在机械磨损,可靠性高,方便耐用。

电控锁也称电动锁,采用机械锁舌结构,通过锁舌伸缩实现门的开关。传统电控锁开关时存在冲击电流大、噪声大、耗电多等缺点。采用电动机驱动的电控锁,如图6-4(c)所示,克服了传统电控锁的缺点,且关门无碰撞,因此寿命更长、适应性更强。

②如图6-1(b)所示门禁开关通道的设备是人行通道闸。常用的类型有三辊闸、摆闸、翼闸、平移闸等。控制车辆通行的通常是道闸,常用的类型有直杆道闸、曲臂杆道闸、栅栏道闸,如图6-5所示。

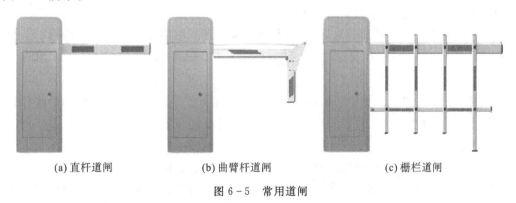

(a)直杆道闸　　　　　(b)曲臂杆道闸　　　　　(c)栅栏道闸

图6-5　常用道闸

这类通道开关的硬件通常包括机箱、闸(拦阻体)、驱动电动机和配套的减速器、机械传动机构等。

4. 指示报警装置

指示通常包括语音、文字、图案等用于辅助提示通行者相关信息的内容,通过语音模块、音频模块、显示模块实现。例如,利用 LED 显示屏指示通行状态和方向。

报警是在各种非正常使用状况下触发,例如非法通行、闸机异常、上电自检等,用于提示或警告使用者、管理者和维护者。一方面报警需要通过加装传感器检测装置来识别。另一方面报警方式包括蜂鸣、灯光、语音等,通过声光装置实现。此外,根据特殊情况的应用需求,比如出现火警,还可以设置联动装置实现消防联动。

5. 电源模块

电源模块的功能是为门禁系统各部分提供稳定可靠的电源。门禁电源模块通常把 220 V 交流电降压为 12 V 的直流电,再根据门禁系统各设备的工作电压需求做进一步变压。此外电压模块通常具有隔离、保护、抗干扰功能。对于某些特定应用场合的门禁系统,可能还需要蓄电池提供不间断电源,防止意外断电时门禁不能正常工作。

6. 门禁系统软件

门禁系统软件是配合门禁系统硬件运作,维持门禁系统正常工作的各种设置、操作、控制、管理、查询应用程序的集合。

6.1.3 门禁系统的分类

门禁系统的类别很多,用不同的分类标准可以对门禁系统进行不同种类的分类。

1. 识别方式

按照识别方式不同门禁系统可以分为密码识别、卡片识别、生物识别、二维码识别四种。

①密码识别:通过检验输入密码是否正确来识别门禁权限。

②卡片识别:通过读卡是否有效来识别门禁权限。

③生物识别:通过检验人员生物特征来识别权限。

④二维码识别:通过二维码信息来识别权限。

其中卡片识别又可以根据卡片形式、信息和读卡原理的不同进行分类。目前门禁系统中常用的卡片有韦根(Wiegand)卡、接触式 IC(Integrated Circuit)卡、非接触式 IC 卡、Mifare 智能卡。

韦根卡也称铁码卡。卡片中间用特殊材质的极细金属线排列编码,具有防磁、防水、防压、防复制等特点,安全性较高且可以长期使用。但韦根卡工艺较复杂,价格较昂贵,在国外门禁系统应用较多。

接触式 IC 卡把一块集成电路芯片嵌入卡中。读卡器通过接触卡片表面留出的电路触点接通电路,对卡片信息进行读写操作。有的卡片内嵌入包含微处理器、存储器和输入/输出接口的 IC 卡芯片,这种卡也称为智能卡。IC 卡的硬件逻辑结构如图 6-6 所示。接触式 IC 卡可读写,容量大,有加密功能,数据记录可靠,使用方便。但接触式操作易磨损,且用专用设备可以轻易对卡片进行读写,卡片存在被复制的安全漏洞。所以,接触式 IC 卡在门禁系统中只有少量的应用。

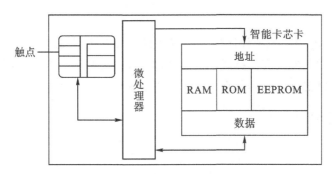

图 6-6 IC 卡的硬件结构

  非接触式 IC 卡的基本组成包括 IC 芯片和感应天线。它是在 IC 卡技术基础上，利用射频（Radio Frequency,RF）感应辨识技术，通过无线电波的传递来实现卡片与读卡器之间的信号传输，无需卡片与读卡器的接触。它具备接触式 IC 卡容量大、保密性好优点的同时还增加了操作方便、使用寿命长等优点。因此是门禁系统中应用最为广泛的一种卡片。在某些应用场合，考虑成本，可以使用只读式非接触 IC 卡，内部仅存储一个卡号编码，这种卡又称为感应式 ID（Identification）卡。

  Mifare 智能卡是采用 Mifare 技术制造的感应式智能卡，包括天线、高速射频接口和专用集成电路三部分。它的工作原理与感应式 ID 卡类似，但它具有较大的存储容量，且可读可写。而且由于卡和读卡器之间在读写过程中采用了逻辑加密运算，每次读写都生成一个新的加密数据，可以有效地防止破译，安全性更高。

  需要说明的是，门禁系统的安全不仅仅是识别方式的安全性，还包括控制系统部分的安全、软件系统的安全、通信系统的安全、电源系统的安全，系统的安全是整个系统整体的产物。

2. 通信方式

  按照通信方式可以分为独立型（不联网）门禁和联网型门禁系统。独立型门禁系统适用于需要控制出入的门较少且对实时管理和控制没有要求的场合。联网型门禁系统则控制功能强大、兼容性好，使用和管理方便、安全、可靠。联网型门禁又分为 485 联网门禁和 TCP/IP 网络门禁。

  485 联网门禁是基于 RS485 总线通信的封闭系统，所有的信号的采集、传输和处理都在这个系统里完成。它的优点是组网简单、布线方便、设备成本低。缺点是通信距离和联网设备数量都受到限制，而且数据传输速度相对较慢。

  TCP/IP 网络门禁是采用 TCP/IP 协议为通信基础的联网型门禁系统，每个局域网都可以按需求实现自由拓扑，每个设备都可以通过网络接入系统中，通过局域网传递数据，更容易实现远程控制和分布式管理。TCP/IP 网络门禁通信距离和联网设备数据都没有限制，通信速度快，系统容量大，抗干扰能力强，加密手段多，因此系统运行更稳定和安全。

  以有线方式组网的门禁系统安装和改造都十分不便，随着无线通信方式的发展，出现了无线联网的新型门禁系统。无线接入的方式主要有无线局域网（Wireless Local Area Network，WLAN）、GPRS（General Packet Radio Service）、Zig Bee、4G 通信等。

3.设计原理

按系统设计原理不同可分为控制器自带读头的一体机和控制器与读头部件分体的分体机。一体机集成度更高,布线安装更简单。而分体机安全性更高,并且控制器可以匹配多个读头,兼容性和扩展能力更强。它们分别适用于不同需求的应用场景。

6.2 通道门禁控制系统

6.2.1 系统功能介绍

通道门禁控制系统在地铁站、学校、工厂、场馆、景区等场所的出入口广泛使用,它不仅需要保障快速高效有序的人员通行,还需要提供自动化服务和智能管理功能。系统的主要功能包括:

1.行人权限识别

行人权限识别通过前端识别装置获取人员身份信息,送至控制器分析判断是合法人员还是非法人员。

2.通道开关控制

通道开关控制允许合法身份人员通行:发送合法信号打开通道,在人员正常通行时,通道拦阻体开关的动作方式和速度应保证合法通行人员可以无停滞地通过;通行结束后,通道拦阻体自动恢复到初始拦阻位置。通道打开和关闭都应保证拦阻体完全到位。

禁止非法人员通行:通道锁定在拦阻位置或通道关闭的动作方式和速度,能够快速无伤害地阻挡试图非法通过通道的人员。

3.通行管理

根据需要设置通行限制:一般情况下,通道一次不允许超过一位以上的人员通过;在地铁、景区等有成人儿童分级的出入口,还需设置不满足年龄身高要求的人员不能随意进入;再比如安全性考虑,有些通道明确规定被限制的物品和物体。

对可能产生的通行模式进行分类,并根据实际使用情况判断其对应的通行模式,采取对应的通行处理。通行模式通常包括:

受控通行模式:只有收到开门信号才能允许人员正常通行。

自由通行模式:通道开关打开,人员可以不受限制地正常通行。

禁止通行模式:不允许非法人员通行。

不同模式下除了设置通道开关状态和位置,还需设置每种模式对应的通信指示,是否需报警,以及采取的报警方式。

由此产生的通行处理方式通常包括下面四种:

①通行人员合法并符合正常通行规定,通道开启,状态指示显示正常通行。

②通行人员身份不合法或违反通行规定,以及异常通过情况,比如尾随、冲撞通道等,通道关闭,状态指示显示禁止通行,报警。

③正常通行时检测到通行人员的异常情况,比如通行人员因身体状况通行缓慢或携带的行李处于通道阻拦体处时,通道延缓关闭,直到人员顺利通行后再打开。

④在紧急情况下,例如自然灾害、消防需求等,通道开门自动打开并保持开启状态,呈自由通行模式,方便人流疏散。此时可以有通行方向指示,但不报警。

4. 安全保护

所谓安全保护既有通行人员的安全保护,又有通道系统自身的安全保护,例如:

防夹保护:当通道关闭时,如检测到有物体(比如行李)或者行人身体时,会自动停止关闭通道或再次打开通道,以保证行人顺利通行。

防冲撞保护:通道开关在已锁定状态下,无法用外力推动,可承受安全范围内的冲撞力。

自动复位保护:接收正常通行指令打开通道后规定的通行时间内没有人员通行,系统将自动取消本次通行权限,自动将通道恢复到初始拦阻位置;系统异常或非法通行导致拦阻体没有处于初始拦阻位置,超过规定时间后系统自动将拦阻体恢复至初始拦阻位置。

上电自检:系统在上电或重启时,自动检测设备功能是否正常,发现异常会报警提示。

断电保护:断电时系统切换到备用电源供电自动打开通道,呈自由通行模式,方便疏散人群。

紧急逃生保护:配置紧急逃生控制装置,系统自动将通道开关打开,呈自由通行模式,方便疏散人群。

5. 异常通行检测及报警

系统能够监测和辨别非正常通行的情况并能够及时阻止。常见异常情况包括:

非法闯入:受控通行时没有给予合法通行信号或禁止通行时,强行推杆将被视为非法闯入,系统将自动报警并锁定通道开关。

违规通行:出现诸如多人通行、尾随、逆向进入、跨越、匍匐爬行等违规情况发生时,立刻报警并适时关闭通道。

6. 通行指示

能够通过声音、文字或图案指示通行状态和通行方向。比如利用 LED 显示屏,绿色箭头指示允许通行,红色叉表示禁止通行。

7. 报警

支持不同形式的报警,比如蜂鸣器发声报警或红灯闪烁报警。还可与其他报警监控设备联动,从而实现智能联动报警,比如消防联动报警。

6.2.2 人行通道闸机

闸机是最常见的人行通道目标识别和控制系统设备,它的主要任务就是对行人通过通道的通行状况进行检测和控制,保障合法行人安全顺利通行,阻拦无卡或非法行人的通行。

闸机硬件组成如图 6-7 所示,由机箱、阻拦体、机芯、用户识别读头、检测传感器、指示报警等辅助模块共同构成。

机箱是闸机本体的外壳,能够很好地保护装在其内部的机芯、电源、电路等。拦阻体是行人通行时开启通道放行和关闭通道阻拦的装置。机芯是由各种机械部件组成的一个整体,通常包括驱动电动机和配套减速器,利用机械原理控制阻拦体的开启与关闭动作及执行速度。用户识别读头用来获取用户身份信息。用户的通行状态通过检测传感器监测。在不同的通行状态下显示不同的通行指示,通行异常时还可以通过声光模块报警。

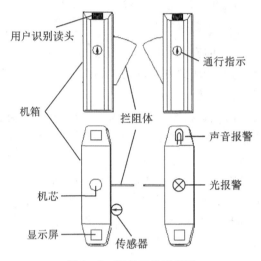

图 6-7 闸机结构示意图

闸机的类型很多,根据闸机阻拦方式和阻拦设备的不同,可以分为转杆式和门式两大类。如图 6-8(a)所示的三辊闸就属于转杆式闸机。门式又可分为摆动式闸(摆闸)和伸缩式翼闸两类,如图 6-8(b)和(c)所示。如图 6-8(d)所示的平移闸也称为矩形翼闸,可以和图 6-8(c)的扇形翼闸一起归于翼闸类别。

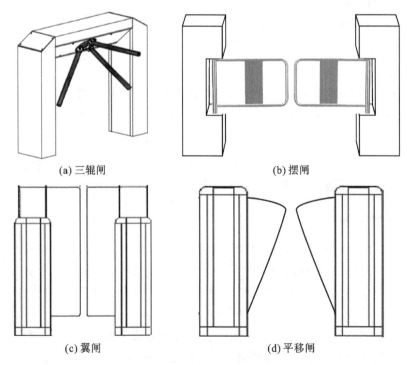

图 6-8 常用人行通道闸机

1. 三辊闸

三辊闸又称三杆闸或三棍闸,是最早出现的闸机类型,技术比较成熟。根据三辊闸机芯控制方式的不同,分为机械式、半自动式和全自动式。三辊闸机的机械和控制结构相对简单,因此造价成本相对较低,环境适应性较高,防水、防潮、防尘性能较好,并且因为闸杆的结构特点,实现单人单次通行的可靠性和安全性较高。但同时也因为闸形态的限制,允许行人通行的通道宽度较小,一般在 500 mm 左右,通行速度相对较慢,并且不适合携带行李者、孕妇、行动不便者通行,且机械和半自动式三辊闸的闸杆运转过程中容易产生机械碰撞,噪声也较大。此外闸机外观可塑性不强,大部分款式美观性不足。

因此,主要适用于人流量较小,而且外部环境相对恶劣的场合。

2. 摆闸

摆闸在轨道交通行业一般称为拍打门。摆闸系统的通道宽度是所有闸机中最大的,特别适合携带大型行李通行或者作为行动不便者的特殊行人专用通道,通行速度较快。摆闸运行过程中无碰撞和噪声,造型美观。但摆闸系统需要增加通行检测和识别模块,所以成本相对较高。防水防尘能力相对于三辊闸较差,通常用在环境较好的非露天场合。

3. 翼闸

翼闸的通行速度是所有闸机中最快的,所以也称为速通门。闸翼一般是扇形平面,垂直于地面,通过伸缩实现拦阻和放行。因此在轨道交通行业一般也称为剪刀门。紧急情况下闸翼会快速缩回,可以很方便地形成无障碍通道,提高通行速度,易于行人疏散。翼闸通道宽度介于三辊闸和摆闸之间,宽度适中。系统外观简约美观,但对环境要求较高,要防水防尘,防电辐射,通常用于室内场合。而且由于系统设计相对复杂,增加了控制的成本和难度;同样需要在系统中增加通行检测和识别模块,但由于翼闸开关过程中伸缩式门扇对通道内空间占用很少,可以允许在通道两侧配置更多的传感器来探测识别,因此系统扩展性更好。

翼闸适用于人流量较大的室内场合,如地铁、火车站检票处等,也适用于对美观度要求较高的场合。

4. 平移闸

平移闸也叫平移门、全高翼闸等,由翼闸发展而来,借鉴了自动门的特点;闸翼的面积较大,拦阻高度较大,垂直于地面,通过伸缩实现拦阻和放行。平移闸和优点和翼闸相似:通行速度快、宽度适中、紧急情况下方便形成无障碍通道。此外,由于拦阻体面积较大,可以有效防止翻越或爬行下钻等非法通行情况出现,因此具有较强的安保性。同样由于控制模块比较复杂,并且对加工精度要求较高,所以系统成本较高。

平移闸适用于对安保性和美观性要求较高的室内场合。

6.2.3 闸机门禁控制系统

闸机通过和主控制器之间的信息传输,实现权限识别、通道控制、通行管理、指示报警等门禁控制系统功能。闸机门禁控制系统结构示意图如图 6-9 所示。

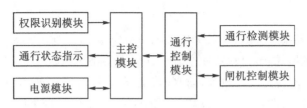

图 6-9 闸机门禁控制系统结构框图

闸机门禁系统工作时,用户通过闸机上的权限识别模块申请通行,读头设备读取用户信息后传送到主控模块,主控模块对信息进行分析判断,确定用户是否可以授权通行。如用户身份合法,主控模块向通行控制模块发送允许通行指令,闸机控制模块接收到开启指令动作,打开闸门,同时通行状态指示模块显示正常通行指示;用户正常通过通道,通行检测模块通过通行逻辑判断确认用户已完成通行,给闸机控制模块传递通行已完成的指令,闸机通道关闭。如用户身份不合法,闸机不开门,若用户强行进入闸机通道,闸机系统会启动报警。

闸机门禁控制系统主要模块具体实现如下:

1. 主控模块

主控模块是系统中央处理单元,连接各功能和控制装置。主要任务就是负责完成整个系统的运行控制管理软件部分的任务,包括它与各模块之间通信接口的实现,各模块传输来的数据的处理以及对应的控制指令的生成与发送,系统各种外设事件的响应;或者作为子系统,通过网络与控制中心通信,形成大规模智能化的门禁控制系统,等等。

2. 通行控制模块

通行控制模块是系统的核心,它的主要功能是根据检测传感器的信号判断通道内行人的通行情况,从而控制阻拦机构开启和关闭。此外,通过和主控模块相互配合,实现不同的通行状态显示、报警的控制。通行控制模块的组成如图 6-10 所示。

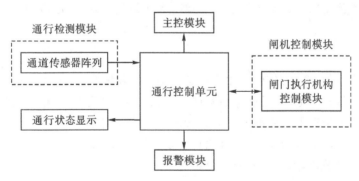

图 6-10 通行控制模块组成示意图

3. 闸机控制模块

闸机控制模块主要实现的功能是通过闸门的开关控制行人的进出通行,因此闸门执行机构控制是闸机控制模块中最核心的组成部分之一。闸门执行机构控制的基本要求是根据通行指令来驱动闸门开启与关闭,在保证乘客通行安全的前提下,正确控制闸门的动作,对于具有左右两边门的闸机,能保证左、右两边门同步、平稳、迅速地到位。

闸门的开关门动作是通过电动机驱动实现的,电动机经过减速箱减速后连接能实现运动转换的机构,通过机构中的连杆拉动门扇完成开关动作。具体为:通过电动机的正反转实现闸门的打开或者关闭;通过对电动机转速的控制实现开关门速度控制;通过在闸门运动的极限位置(打开到位或关闭到位)安装位置检测传感器来控制电动机转动位置,从而保证闸门运动到位。

4. 通行检测模块

通行检测模块的主要功能是实时检测闸机通道内行人的通行状态,有效识别人体和物体;传递传感器采集到的信息,由通行控制单元根据通行识别算法进行处理分析,做出正确的判断。因此,该模块主要包括通道检测传感器,通道传感器布置阵列以及传感器接口电路。其中传感器的数量以及具体分布位置的合理确定与否直接决定着硬件设计的难度以及识别算法的复杂度,决定着是否能够对通道内的各种情况作出正确的判断。

6.3 翼闸教学实验平台

6.3.1 微型翼闸机

如图6-11所示,微型翼闸机是真实翼闸机的缩小,其中亚克力面板透明机箱的设计,将门禁闸机内部机械结构、关键部件、基本功能及实现方式、电气控制、系统运行过程等直观清晰地展示出来。此外,系统所有机械结构、电路、控制、各种接口都是全开放式的,能够方便地进行扩展更新。

(a) 正面图

(b) 俯视图

(c) 侧面图

图6-11 微型翼闸机

微型翼闸机主要由下列五个模块组成。

1. 读卡模块

微型翼闸机采用非接触式感应卡读卡模块。具体参数如表6-1所示。

表6-1 读卡模块参数

项目	指标	项目	指标
工作电压	DC 12 V	用户容量	1.5万个
工作电流	<100 mA	读卡类型	Mifare one 卡或EM卡
环境温度	-20~60 ℃	读卡距离	1~15 cm

卡片包括管理卡和用户卡,如图6-12所示。

  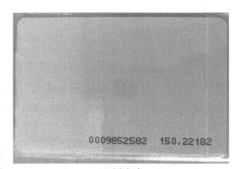

(a) 增加用户管理卡　　　(b) 删除用户管理卡　　　(c) 用户卡

图6-12 卡片

刷卡操作时通过声光指示反映操作状态,如表6-2所示。

表6-2 操作状态声光指示

操作状态	待机状态	加卡状态	删卡状态	读有效卡	读无效卡
指示灯	红灯慢闪	绿灯快闪	红灯快闪	绿灯长亮	红灯慢闪
蜂鸣器				滴	滴滴滴

出厂时每个机器都已配置好管理卡,管理卡只对本机有用,不能通用。通过管理卡添加或删除用户的具体操作如下:

①增加用户卡:在待机状态下,刷"管理卡"(绿灯快闪)→ 刷"用户卡"(滴声后可连续刷)→ 刷"管理卡"退出。

②删除用户卡:在待机状态下,把"管理卡"放置读卡区域约5 s(红灯快闪)→ 刷需要删除的"用户卡"(可连续刷)→ 刷"管理卡"退出。

2. 闸机控制模块

闸机控制模块主要包括电动机和减速器、电动机驱动、机械传动机构、开关门到位检测四个部分。

①电动机和减速器:通过带编码器直流减速电动机实现,原理如图6-13所示:

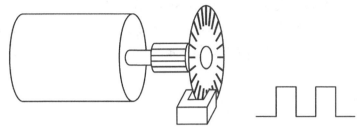

图6-13 工作原理

②电动机驱动:采用H桥电动机驱动模块,原理示意图如图6-14所示。

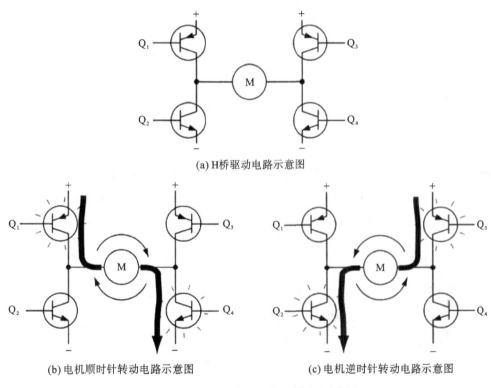

图6-14 H桥电动机驱动工作原理示意图

如图6-14(a)所示,因为电路的形状酷似字母H,所以称为"H桥驱动电路"。H桥式驱动电路包括四个三极管和一个电动机。要使电动机运转,必须导通对角线上的一对三极管。根据不同三极管对的导通情况,电流可能会从左至右或从右至左流过电动机,从而控制电动机的转向。如图6-14(b)所示,当三极管Q_1和Q_4导通时,电流就从电源正极经Q_1从左至右流过电动机,然后再经Q_4回到电压负极。此时,该流向的电流驱动电动机顺时针转动。如图6-14(c)所示,当三极管Q_2和Q_3导通时,电流就从电源正极经Q_3从右至左流过电动机,然后再经Q_2回到电压负极。此时,该流向的电流驱动电动机逆时针转动。

③机械传动机构:如图6-15所示,采用了四杆机构中的曲柄摇杆机构。电动机带动曲柄做旋转运动,曲柄通过连杆带动翼板做往复式摆动,实现扇翼的收缩。这种机械结构可靠性好,能从机械原理角度解决摆翼卡死和过冲等问题,具有良好的容错能力。

④开关门到位检测:通过霍尔传感器实现。具体操作为,在翼板上安装磁铁,在闸机门开和关的极限位置安装霍尔元件,当磁铁靠近霍尔元件时,通过电磁感应产生开关信号,经驱动输出高电平有效的5 V电压。

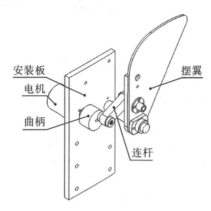

图6-15 曲柄摇杆传动机构

3.通行检测模块

越线检测、尾随检测、防夹检测等都是通过光电开关的感应来驱动继电器信号输出,低电平有效。光电开关如图6-16所示。这是一种集发射与接收于一体的光电传感器,对被检测物体的感应距离可以根据要求通过后部的旋钮进行调节。

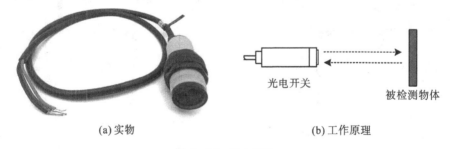

图6-16 光电开关

4.指示、报警模块

采用LED双色点阵模块实现通行指示。允许通行用绿色箭头表示,高电平有效;禁止通行用红色×表示,低电平有效。如图6-17所示。

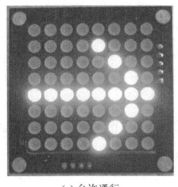 

(a) 允许通行　　　　　　　　(b) 禁止通行

图 6-17　LED 双色点阵模块通行指示

5. 输入输出接口模块

如图 6-11(c)所示,共有 20 个输入输出端子。端子功能如表 6-3 所示。

表 6-3　端子说明

端子号	1	2	3	4	5	6	7	8	9	10	11	12	13	14	15	16	17	18	19 20
功能	右门电动机测速	左门电动机测速	右门电动机正转	右门电动机反转	左门电动机正转	左门电动机反转	右门开门限位	右门关门限位	左门开门限位	左门关门限位	防夹检测信号	尾随检测信号	越线检测信号	报警输入信号	刷卡输出信号	右门通行指示	左门通行指示	整机电源GND	整机电源+5V

其中,3~6 号、14 号端输入信号高电平有效,15 号端输出信号低电平有效。

6.3.2　教学实验平台功能

1. 手动输入功能

为满足教学演示的需要,如图 6-11(c)所示,在微型翼闸机两个侧面板上各安装了一个手动输入控制闸机门开启/关闭的绿色按钮。手动输入按钮的工作原理如图 6-18 所示。

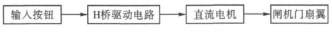

图 6-18　手动输入按钮工作原理

2. 门禁功能

①刷卡:刷卡有效时,15号端子输出 0 V 低电平。

②电动机控制:包括电动机正反转控制、电动机测速和限位检测三个部分。

a. 电动机正反转控制:从 3~6 端子输入＋5 V 信号控制两侧电动机正反转。当输入 PWM 波时,可以实现 PWM 电动机调速。

b. 电动机测速:1,2 端子输出脉冲信号,其频率反映了对应两侧电动机转速的大小。通过转速测量实现电动机测速。

c. 限位检测:当闸机的门开、关到极限位置时,7~10 端子输出＋5 V 高电平。

③通行状态检测:11~13 端子分别对应防夹检测、尾随检测和越线检测的输出信号。当检测到相应情况出现,端子输出 0 V 低电平信号。

④通行指示:从 16、17 端子输入两侧指示模块的控制信号。输入＋5 V 高电平信号表示允许通行,显示绿色箭头;输入 0 V 低电平信号表示禁止通行,显示红色×。

⑤报警:从 14 端子输入报警控制信号。输入＋5 V 高电平信号表示启动报警,蜂鸣器发声。

3. 扩展功能

①大数据采集、分析与运用:保存刷卡通行信息,形成大数据库。通过算法对刷卡习惯、通行方式等通行数据进行统计分析,根据分析结果对门禁系统运行管理进行优化。例如通行高峰时,通过提高开关门速度缓解通行压力。

②联网型门禁系统:每台门禁闸机系统作为子门禁点,通过管理中心对各个子门禁点进行监控和管理,可以构成联网型门禁系统。

6.4 智能门禁控制系统的实现

1. 设计要求

在教学实验平台硬件基础上,根据智能门禁功能需求设计的门禁控制系统主要满足以下要求:

①未刷卡/无效刷卡时闸门关闭,强行通过引起报警。

②有效刷卡闸门开启,用户通过后闸门关闭。

③保证有效刷卡用户通过闸门时的通行安全,例如要避免行动缓慢人员在通行过程中被闸门夹到。

④每次刷卡仅允许一位用户通过。

2. 基于 PC 机的智能门禁控制系统设计方案

控制器由计算机＋采集卡＋端子板构成,根据设计要求,系统主程序方案如图 6-19 所示,开关门子程序方案如图 6-20 所示。

第 6 章 智能门禁控制系统

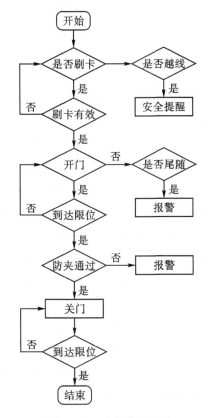

图 6-19 主程序流程图

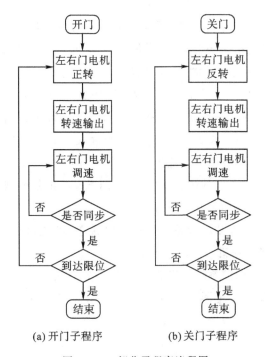

(a) 开门子程序　　　(b) 关门子程序

图 6-20 部分子程序流程图

将教学实验平台输入输出端子和 PCI-1710 数据采集控制卡＋端子板的 DI/DO 端口匹配并连接,根据翼闸机和采集卡的功能要求,控制程序主要功能代码的具体实现包括:

①初始化设置,开始主程序循环。

②检测翼闸机 15 号端输出信号:输出信号为 5 V 时,表示无刷卡或刷卡无效,此时检测 13 号端输出信号,当该信号由 5 V 变为 0 V,表示有用户越线,为了安全起见,应给 14 号端输入 5 V 高电平信号启动警报提醒用户,直到越线消失;当 15 号端输出信号由 5 V 变为 0 V,表示刷卡有效。

③刷卡有效,给 3 号和 5 号端输入 5 V 高电平信号,启动左右门电动机正转,从而打开闸门;同时给 16 号和 17 号端输入 5 V 高电平信号,点亮并保持允许通行的绿色通行指示显示。

④在开门过程中,通过 1 号和 2 号端输出信号检测电动机转速,给 3 号和 5 号端输入 PWM 波实现电动机调速;用户通过闸门后,检测 12 号端输出信号,当该信号由 5 V 变为 0 V,表示有人尾随,此时应启动警报提醒管理员;当检测到 7 号和 9 号端输出信号由 0 V 变为 5 V,表示已达到开门限位位置,给 3 号和 5 号端输入 0 V 低电平信号,使电动机停转。

⑤检测 11 号端防夹输出信号,当该信号由 5 V 变为 0 V,表示用户已完全通过闸门;此时,给 4 号和 6 号端输入 5 V 高电平信号,启动左右门电动机反转关闭闸门;同时给 16 号和 17 号端输入 0 V 低电平信号,点亮并保持禁止通行的红色通行指示显示。在关门过程中,通过 1 号和 2 号端输出信号检测电动机转速,给 4 号和 6 号端输入 PWM 波实现电动机调速;当检测到 8 号和 10 号端输出信号由 0 V 变为 5 V,表示已达到关门限位位置,给 4 号和 6 号端输入 0 V 低电平信号,使电动机停转。

3. 基于 STM32 单片机的智能门禁控制系统设计方案

门禁系统的主程序需要执行 I/O 口的初始化和中断程序的初始化。

其中 I/O 口的初始化包括三类:第一类是输入型 I/O,与门禁系统的刷卡信号输出、限位信号输出、防夹信号输出、越线信号输出、尾随信号输出相连接;第二类是输出型 I/O,与门禁系统的报警信号、左右门通行指示相连接;第三种是 PWM 输出 I/O,即利用 STM32 的定时器输出频率合适、占空比合适的 PWM 波,对门禁系统的左右电动机进行驱动。

中断程序的初始化是对第一类 I/O 口,即设置为输入的 I/O 口进行设置,刷卡信号输出、限位信号输出、防夹信号输出、越线信号输出、尾随信号输出的处理均采用中断服务函数。当相应的中断信号来临后,进入不同的中断函数,进行门电动机的控制或者报警信号的控制等。

各个中断服务函数流程图如图 6-21 所示。

其中,刷卡状态变量用来判断门禁是否处于开启状态:该变量在门禁关闭期间为 0,当用户有效刷卡后置为 1,并保持到第一位用户完全通过。

尾随状态变量用来统计门禁系统开启后通过的人数:该变量在门禁系统关闭时为 0,当门禁系统开启后开始计数,尾随传感器每检测一个人通过,该变量加 1,并进行判断,当有第二个人通过时,表示有人尾随,启动报警。

第 6 章 智能门禁控制系统

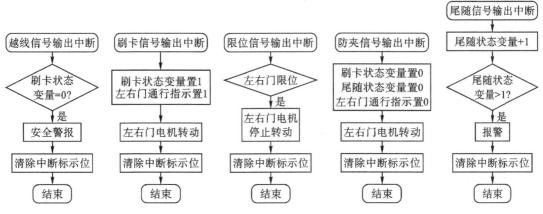

图 6-21 中断服务函数流程图

4. 基于 Ardino 平台的嵌入式智能门禁控制系统

根据设计要求,首先为整个系统构建状态机模型,从而辅助完成系统设计。具体分为以下几种:

闸门状态包括:开启状态,关闭状态。

用户状态包括:无用户,靠近闸门,通过闸门,离开闸门。

闸门动作包括:闸门开启,闸门关闭,报警器报警,无动作。

当闸门为关闭状态时,用户处于靠近闸门或通过闸门的状态时,报警器报警;用户处于无用户或离开闸门的状态时,闸门无动作,不报警。

当闸门为开启状态时,用户状态由无用户→靠近闸门→通过闸门→离开闸门进行连续的状态转换,若不是按以上状态顺序进行转换,则表明出现异常,报警器报警。用户离开闸门后,闸门由开启状态转换为关闭状态。

由此设计的控制程序主要分为三部分,变量初始化程序、开关门子程序和系统主程序。

①变量初始化程序主要功能是完成闸机输入输出端口的定义,此外还需定义两个状态变量:用户状态变量和闸门状态变量。

②开关门子程序包括开门操作和关门操作,二者处理的基本逻辑一致。以开门操作为例,当运行开门子程序时,左右门电动机正转;当电动机转到指定位置时,控制电动机的电位发生改变,左右两侧电动机停止转动。

③系统主程序通过判断闸门和用户的状态来运行。

系统默认状态为闸门关闭,且无报警动作,闸门状态变量默认值为 0。当用户刷卡后,闸门状态转换为开启,闸门状态变量赋值为 1。

在闸门处于开启状态的条件下,对用户状态进行判断。用户状态默认为无用户,相应的状态变量默认值为 0。

当用户通过越线检测传感器,用户状态转换为靠近闸门,用户状态变量赋值为 1。

当用户继续通过防夹传感器,用户状态转换为通过闸门,用户状态变量赋值为 2。

当用户完全离开闸门,防夹传感器探测不到物体的信号,此时用户状态转换为离开闸门,用户状态变量赋值为3。

当用户处于离开闸门状态(用户状态变量=3),但尾随检测传感器探测到了信号,则表明有人尾随,执行报警操作。

当用户处于离开闸门状态(用户状态变量=3),且防夹传感器未探测到信号,执行关门操作。

关门操作结束后,闸门状态变量赋值为0,用户状态变量赋值为0。

在闸门处于关闭状态的条件下,如果尾随检测传感器检测到信号,表明用户可能正在强行通过闸门,此时报警器发出警报。

第7章 电梯控制系统

电梯是高层建筑和公共场合中不可或缺的垂直运输工具。电梯的出现和发展是随着人类生产的发展和生产力的提高不断变化的。以追求更高的可靠性、更强的安全性和更好的乘坐舒适性为目标,电梯的技术、工艺、材料、管理、服务都不断进步,如今,电梯已成为现代物质文明的标志之一,其生产情况与使用数量已成为衡量一个国家现代化程度的标志之一。电梯作为典型的结构复杂的机电一体化产品,由机械和电气两大部分组成,机械部分是本体组成,电气部分提供动力及其控制,两部分相互配合和联锁,保证电梯运行的安全可靠。透明仿真教学电梯是小型化了的电梯,通过对教学电梯直观透彻的观察,了解电梯的结构、关键部件、电气控制以及电梯的运行过程,了解和掌握电梯基础知识、基本结构原理、驱动控制技术、运行管理、安全策略、节能环保等相关内容,丰富理论基础知识的同时开阔专业视野;进一步通过对教学电梯的控制和优化的尝试,加深对复杂性、综合性、系统性测控系统设计与实现的认知,为下一步自主实践测控系统设计与实现奠定基础。

7.1 概述

人类利用升降工具运输货物和人员的历史悠久。早期的升降工具基本以人力为动力。经过长期的研究与实践,先后制造出人力卷扬机、蒸汽机、液压梯和水压梯,直到第一部以直流电动机为动力的电梯出现。由于它是通过卷筒升降电梯轿厢,因此也称为鼓轮式电梯。鼓轮式电梯是将钢丝绳卷绕在卷筒上来提升轿厢,工作原理如图7-1所示。这种形式的电梯在轿厢的提升高度、使用的钢丝绳根数、载重量等方面都存在一定的局限性;运行中,安全性能又有一定的缺陷;因此很快被随后研制的曳引式电梯所取代。曳引式电梯工作原理如图7-2所示。它是将钢丝绳通过曳引轮上的绳槽分别固定在轿厢和对重上,依靠钢丝绳与曳引轮的绳槽之间的摩擦力带动轿厢运动。

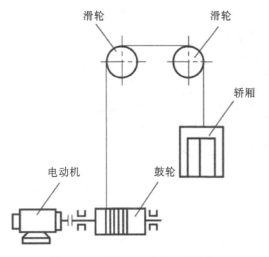

图7-1 鼓轮式电梯传动示意图

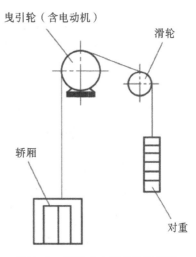

图7-2 曳引式电梯传动示意图

曳引式电梯由于钢丝绳不需要缠绕,钢丝绳长度不受限制,电梯的提升高度得到较大提高;同时钢丝绳根数也不受限制,大大增加了安全性,载重量也得到很大提高;靠摩擦传动,当轿厢或对重碰底时,钢丝绳与曳引轮绳槽之间就会打滑,从而避免发生轿厢撞击楼板或断绳的重大事故;利用对重平衡了轿厢和部分额定载重量的重量,降低了电动机驱动所需的功率,达到了节能的效果。因此目前,曳引式电梯得到了日益广泛的使用,在各类电梯中占据主导地位。同时,它的性能随着新技术的发展还在逐步完善。

7.1.1 电梯的组成

根据国家标准 GB/T 7024—2008《电梯、自动扶梯、自动人行道术语》规定,电梯是服务于建筑物内若干特定的楼层的固定式升降设备,它具有一个轿厢,运行在至少两列垂直或倾斜角小于 15°的刚性导轨之间,轿厢的尺寸和结构形式便于乘客出入或装卸货物。

以曳引式电梯为例介绍电梯的基本结构,一般电梯的结构组成如图 7-3 所示。

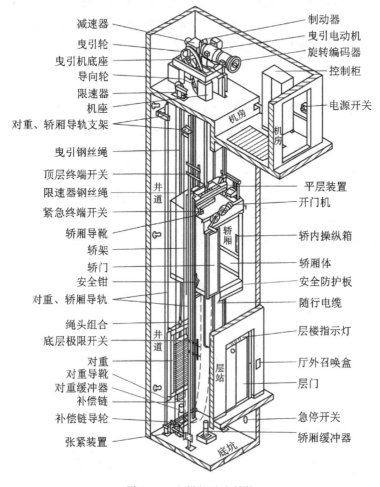

图 7-3 电梯的基本结构

第7章 电梯控制系统

根据不同功能和其依附的建筑物组成,可以把电梯分成八个系统:电力拖动系统、曳引系统、导向系统、轿厢系统、门系统、重量平衡系统、电气控制系统和安全保护系统。

1. 电力拖动系统

电力拖动系统提供电梯运行的动力,控制电梯运行的速度;由曳引电动机、电动机调速装置、速度反馈装置、供电系统等组成。

①曳引电动机:驱动电梯上下运行的动力源,分为直流和交流两种,根据电梯配置选用。交流电动机分为异步电动机和同步电动机两种类型,其中异步电动机又有单速、双速、调速三种形式。由于电梯的运行过程复杂,有频繁的启动、制动、正转、反转,经常工作在加速、减速的过渡过程中,而且负载变化大,因此必须使用专门的电动机。

②电动机调速装置:直流电梯一般采用励磁装置或晶闸管直接供电。交流电梯有交流变极调速、交流变压调速和变频变压调速三种,变频变压调速电梯采用变频器进行调速。

③速度反馈装置:为调速系统提供电梯运行速度信号。一般采用测速发电动机或速度脉冲发生器,与电动机相连。微机控制的电梯,采用速度传感器取代测速发电动机,反馈信号更精确。

④供电系统:为电梯提供电源的装置。

2. 曳引系统

曳引系统输出与传递动力,驱动电梯运行;由曳引机、曳引钢丝绳、导向轮、反绳轮等组成。

①曳引机:又称电梯主机,为电梯的运行提供动力,一般由曳引电动机、制动器、曳引轮等组成。根据电动机与曳引轮之间是否有减速器,可分为有齿轮曳引机(有减速器)和无齿轮曳引机(无减速器)。

制动器装在曳引电动机高速转轴上,对主动转轴起制动作用,使工作中的电梯轿厢停止运行,是电梯机械系统的主要安全设施之一,此外还直接影响轿厢与厅门地坎平衡时的准确度及电梯乘坐舒适性。电梯采用机电摩擦常闭式制动器,机电设备不工作时制动器制动,设备运转时松闸。

曳引轮是曳引机上的绳轮,安装在曳引机主轴上,起到增强钢丝绳和曳引轮间的静摩擦力的作用,从而增大电梯运行的牵引力,是曳引机的重要组成部分。在曳引轮缘上开有绳槽,为提高摩擦系数,防止打滑,必须使绳槽具有一定形状,常见的形状有半圆槽(U形槽)、带切口圆槽(凹形槽)和楔形槽(V形槽)三种。

②曳引钢丝绳:也称曳引绳,它的功能就是连接轿厢和对重装置,并被曳引机驱动使轿厢升降,它承载着轿厢自重、对重装置自重、额定载重量及驱动力和制动力的总和。曳引钢丝绳一般采用圆形股状结构,主要由钢丝、绳股和绳芯组成。电梯用曳引钢丝绳是按国家标准GB/T8903-2018《电梯用钢丝绳》生产的电梯专用钢丝绳。

③绳头组合:是固定连接轿厢和对重装置的曳引钢丝绳端部的装置。

④导向轮:为增大轿厢与对重之间的距离,使曳引绳经曳引轮再导向对重装置或轿厢一侧而设置的绳轮,一般安装在曳引机机架或机架下的承重梁上。

⑤反绳轮:设置在轿厢架和对重框架上部的动滑轮,根据需要曳引绳绕过反绳轮可以构成

不同的曳引比。

3. 导向系统

导向系统限制轿厢和对重的活动自由度,使轿厢和对重只能沿着导轨上、下运动;由轿厢导轨、对重导轨、导轨支架和导靴组成。

①导轨:安装在井道中用来确定轿厢和对重的相对位置,并对它们的运动起导向作用。当安全钳动作时,导轨作为被夹持的支撑件,支撑轿厢或对重。导轨以其横向截面的形状可分为T形、L形、槽形和管形。

②导轨支架:固定在井道壁和横梁上,用来支撑和固定导轨。

③导靴:引导轿厢和对重沿着导轨运行的装置,一般每组四套。轿厢导靴安装在轿厢上梁和轿厢底部安全钳座下面,对重导靴安装在对重架上部和底部。导靴类型主要有滑动导靴和滚动导靴两种。

4. 轿厢系统

轿厢系统由轿厢架和轿厢体构成,是运送乘客及货物的部件,是电梯的承载部分。

①轿厢架:是固定和悬吊轿厢的承重结构件,由上、下、立梁及拉条所组成。

②轿厢体:外形像一个大箱子,由轿厢底、轿厢壁、轿厢顶、轿厢门组成。在门处轿厢底前沿设有轿门地坎。为了出入安全,在轿门地坎下面设有安全防护板,防止乘客在层站将脚插入轿厢底部造成挤压。

此外,轿厢系统通过随行电缆实现与其他部分的电气连接。随行电缆一端固定在轿厢底,另一端与电梯机房的控制柜连接。轿厢系统的电气连接包括轿厢门机、控制面板等轿厢用电设备的电源电路、照明、插座电路、控制信号电路和安全回路等。

5. 门系统

门系统是乘客及货物的进出口,由轿门、层门、开门机、联动机构、门锁等组成,是电梯最重要的安全保护设施之一。

①轿门:即轿厢门,设在轿厢靠近层门的一侧,供人员和物品进出,同时防止轿内人员和物品与井道相碰撞。轿门随轿厢一起运行,乘客在轿厢内部只能看到轿门。

②层门:即厅门,设在层站入口的门,是乘客使用电梯时首先看到或接触到的部分。用来封住井道进出口,防止候梯人员和物品坠入井道。

电梯的门一般由门扇、门滑轮、门靴(门滑块)、门地坎、门导轨架等组成。如图7-4所示。轿门和层门由各自门扇上部安装的滑轮悬挂在各自的导轨架上滑动;门的下部通过门滑块与各自地坎配合。这种结构使门的上、下两端均受导向和限位,在正常外力作用下,不会倒向井道。

③开门机:以调速电动机为动力,通过曲柄摇杆和摇杆滑块机构实现门的开关。新型变频同步门机采用同步齿形带传输动力。为了电梯的安全,层门只能由轿门通过系合装置带动开启或关闭,所以轿门称为主动门,层门称为被动门。常见的系合装置如装在轿门上的门刀。

④联动机构:多扇电梯门的开关过程中,采用单门刀时,轿门只能通过门闭合装置直接带动一扇层门,层门门扇之间的运动协调靠联动机构实现。层门分为中分式和旁开式两种。

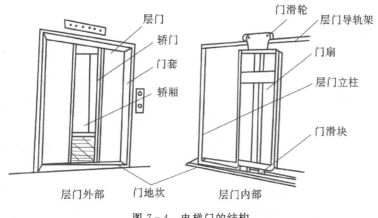

图 7-4 电梯门的结构

⑤门锁:装在层门内侧的机电联锁装置,是确保层门不被随便打开的一种安全装置。当轿厢不在该层门开锁区域时,层门保持锁闭。此时如果强行开启层门,门锁会切断电梯控制电路,使轿厢停驶。当所有层门和轿门关闭后,才能接通电路,电梯才能运行,以保护乘客和货物的安全。

6. 重量平衡系统

重量平衡系统由对重和重量补偿装置构成,对重用于平衡轿厢和部分电梯负载的重量,并由此产生可靠的曳引力。重量补偿装置用来平衡电梯运行时曳引绳重量在对重和轿厢两侧产生的重量差的影响,保持电梯运行时负载力矩的稳定。

①对重装置:由以槽钢为主体的对重架和用铸铁制造的对重块组成,主要包括无对重轮式和有对重轮(反绳轮)式两种。

②重量补偿装置:分为补偿链和补偿绳两种,悬挂在轿厢和对重的下面,在电梯升降运行时,补偿装置长度变化与曳引绳长度变化刚好相反:当轿厢位于最顶层时,曳引绳大部分位于对重侧,而补偿链(绳)大部分位于轿厢侧;当轿厢位于最底层时,与上述情况正好相反,从而起到平衡补偿作用。

7. 电气控制系统

电气控制系统对电梯的运行实行操纵和控制;由控制装置、操纵装置、位置显示装置、平层装置等组成。

控制装置:由各类电气控制元件组成,根据电梯的运行逻辑功能要求控制电梯的运行,通常设置在机房中的控制柜上。

操纵装置:包括轿厢内的操纵箱和层门口旁的召唤盒,用来操纵电梯的运行。

位置显示装置:用来显示电梯轿厢所在楼层位置和电梯运行方向的轿内和厅外指层灯箱,指层灯箱上的层数指示灯一般采用信号灯和数码管两种。

平层装置:平层是指轿厢在接近某一楼层的停靠站时,使轿厢地坎与厅门地坎达到同一平面的操作。平层装置是发出平层控制信号,使电梯轿厢准确平层的控制装置。

8. 安全保护系统

为了保证电梯的安全使用,防止危及人身和设备安全的事故发生,电梯系统设置了多种机械和电气安全装置。超速保护装置:限速器、安全钳;超越行程的保护装置:强迫减速开关、限位开关、极限开关(分别起到到强迫减速、切断方向控制电路、切断电梯供电电源三级保护作用);蹲底(冲顶)保护装置:缓冲器;门安全保护装置:层门、轿厢门锁电气联锁装置及防门夹人的装置;轿厢超载保护装置及各种状态检测保护装置,如限速器断绳开关、安全钳误动作开关;确保在功能完好的情况下电梯工作以及电气安全保护系统:供电系统保护,电动机过载、过流装置及报警装置等。

①限速器:是检测轿厢超速的装置。当电梯的运行速度超过其额定速度一定值时(一般为额定速度的115%以上),其动作能操纵电气开关切断控制电路,使曳引电动机停转、制动器制动;进一步触发安全钳起作用。限速器按检测超速的原理可分为惯性式(也叫凸轮式)和离心式两种。离心式限速器又分为甩锤式和甩球式两种,其中甩锤式按其动作速度又分成刚性夹持式和弹性夹持式两种。

限速器张紧装置包括限速绳、限速轮、重砣块等,它安装在坑底内。其中,限速绳是一根两端封闭的钢丝绳。上面套绕在限速器轮上,下面绕过挂有重物的张紧轮;限速绳的某处与轿厢上的安全钳的连杆机构固定,而连杆机构则装在轿厢上梁预留孔中;限速绳由轿厢带动运行,限速绳将轿厢运行速度传递给限速轮,限速轮反映出电梯实际运行的速度。当限速器动作时,通过限速绳使安全钳动作。

②安全钳:是使轿厢或对重停止运动的机械装置。一般安装在轿厢架的底梁上,成对的同时作用在导轨上。安全钳和限速器必须联合动作才能起作用,在限速器的作用下,通过一组连杆机构操纵安全钳动作,把轿厢或对重夹持在导轨上,从而使其强行制停。与甩锤式限速器配套的是瞬时式安全钳,与甩球式限速器配套的是渐进式安全钳。

③缓冲器:安装在井道底坑内,当电梯超越底层或顶层时,轿厢或对重撞击缓冲器,由缓冲器吸收或消耗电梯的能量,从而使轿厢或对重安全减速直至停止的制动装置。缓冲器主要有蓄能型(弹簧)和耗能型(液压)两种形式。

④终端限位保护装置:为了防止电梯由于某些故障,比如电气系统失灵,轿厢到达顶层或底层端站后,仍然继续行驶而设置的保护装置。一般是由设在井道内上下端站附近的强迫减速开关、限位开关和极限开关以及相应的碰板、碰轮及联动机构组成。

综上所述,电梯安全保护系统一般由机械安全装置和电气安全装置两大部分组成,但是机械安全装置需要电气系统的协作配合和互锁联动,才能保证电梯运行安全可靠。

7.1.2 电梯的分类

电梯的主参数和基本规格是一台电梯最基础的表征,通过这些参数可以确定电梯的服务对象、运载能力和工作特性。

1. 电梯的主参数

①额定载重量:单位为千克(kg),是指保证电梯正常运行的允许载重量。对于乘客电梯

常用乘客人数(一般按 75 kg/人)这一参数表示。电梯载重量主要有以下几种:400 kg、630 kg、800 kg、1000 kg、1250 kg、1600 kg、2000 kg、2500 kg 等。

②额定速度:单位为米/秒(m/s),是指电梯设计所规定的轿厢运行速度。常见的额定速度有以下几种:0.63 m/s、1.0 m/s、1.6 m/s、1.75 m/s、2.5 m/s、4.0 m/s 等。

2.电梯的基本规格

①电梯的用途:分为客梯、货梯、病床梯等,它确定了电梯的服务对象。

②电梯的主参数:包括额定载重量和额定速度。

③拖动方式:指电梯采用的动力类型,可分为交流电力拖动、直流电力拖动、液压拖动等。

④控制方式:指对电梯运行实行操纵的方式,可分为手柄控制、按钮控制、信号控制、集选控制、并联控制、梯群控制等。

⑤轿厢尺寸:指轿厢内部尺寸和外廓尺寸,以"宽×深×高"表示。内部尺寸由梯种和额定载重量决定,外廓尺寸关系到井道的设计。

⑥门的形式:指电梯门的结构形式。按开门方向可分为中分式、旁开式(侧开式)、直分式(上下开启)等几种。按材质和功能分有普通门、消防门、双折门等。按门的控制方式分有手动开关门和自动开关门等。

⑦层站数:电梯运行行程中的建筑层称为"层",各层楼用来出入轿厢的地点称为"站",其数量为层站数。

3.电梯的分类

从电梯的规格参数可以看出,电梯的控制、驱动、拖动方式多种多样,因此电梯类别也多种多样,除了上述规格参数介绍中的电梯分类,常用的分类方法还包括以下几种。

①按用途分类:可以分为乘客电梯、载货电梯、客货两用电梯、病床电梯、住宅电梯、杂物梯、船用电梯、观光电梯、汽车用电梯、特种电梯等。

②按速度分类:可以分为低速电梯(1 m/s 及以下)、快(中)速电梯(1~2 m/s)、高速电梯(2~3 m/s)和超高速电梯(3 m/s 以上)。

③按驱动方式分类:可以分为钢丝绳驱动式:包括卷筒强制式和摩擦曳引式两种;液压驱动式:包括柱塞直顶式和柱塞侧置式两种;还有气压驱动式、齿轮齿条驱动式、链条链轮驱动式、直线电动机驱动式等。

④按核心控制器分类:可以分为继电气控制电梯、可编程控制器控制电梯、微机控制电梯等。

⑤按有无司机分类:可分为有司机电梯、无司机电梯和有/无司机电梯。

⑥按有无机房分类:可以分为有机房电梯和无机房电梯。

4.电梯性能要求

电梯作为人们工作、生活中必不可少的垂直运输工具,它的性能要求至关重要:

①安全运行是电梯必须保证的首要指标,在电梯制造、安装调试、日常管理维护及使用过程中必须绝对保证的重要指标。为保证安全,对于涉及电梯运行安全的重要部件和系统,在设计制造时留有较大的安全系数,设置了一系列安全保护装置,使电梯成为各类运输设备中安全

性最好的设备之一。

②可靠性是反映电梯技术的先进程度与电梯制造、安装维护及使用情况密切相关的一项重要指标。因此,提高可靠性也必须从设计制造、安装维护和日常使用各个环节着手。根据GB/T 10058—2023《电梯技术条件》的规定,电梯的可靠性包括整机可靠性、控制柜可靠性和可靠性检验的负载条件;该标准对可靠性提出了明确的要求。

③考核电梯使用性能最为敏感的一项指标是舒适性。它与电梯运行及启动、制动阶段的运行速度和加速度、运行平稳性、噪声,甚至轿厢的装饰等都有密切的关系,因此它也是电梯多项性能指标的综合反映。

④随着电梯数量的急剧增加,电梯的能耗问题越来越突出,对于电梯节能的要求也越来越高。增强节能降耗意识,提升电梯节能技术,是电梯未来的重要发展方向。

7.1.3 电梯控制系统

电梯控制系统所要实现的目标是根据采集到的井道信息、轿厢内指令信号和各层厅外召唤信号,通过预先设置的规则控制电梯运行,实现电梯的使用功能。因此,电梯的一般控制内容包括:电梯运行状态的控制(正常、故障、检修)、轿厢内指令和厅外召唤控制、开关门的控制、电梯拖动控制(启动、停层、加减速、平层、制停等)、电梯运行方向控制、位置及状态显示控制。

1. 电梯运行状态控制

电梯的运行状态控制由电梯过程管理控制器件实现,常用的运行状态控制器件包括:

①钥匙开关:一般用机械锁带动电气开关,有的只控制电源,有的是控制电梯快速运行状态/检修状态。在信号控制的电梯中,钥匙开关只有"运行"和"检修"两档;而在集选控制电梯中钥匙开关有"自动""司机""检修"三档。

②检修开关(正常/检修运行转换开关):检修开关也称慢车开关,是在检修电梯时用来断开电气自动回路的手动开关。操作人员操作时,只可在呼层区域内做慢速对接操作,不可用于行驶。

③急停按钮(安全开关):按动或扳动急停按钮,电梯控制电源即刻被切断,立即停止运行。当轿厢运行过程中突然出现故障或失控时,为避免重大事故发生,操作人员可以通过急停按钮迫使电梯立即停驶。检修电梯时为了安全也可以使用它。

④直驶按钮:开启后,厅外召唤无效,电梯只按轿厢内指令停层。电梯满载时,通过轿厢满载装置接通直驶电路,可以使电梯直达所选楼层。

⑤照明开关:控制轿厢内照明电路。轿厢内照明由机房专用电源供电,不受电梯其他供电部分控制。电梯主电路停电时,轿厢内照明电路也不会断电,便于操作或维修人员检修。

⑥通风开关:用来控制轿厢内的电风扇。轿厢无人时应将风扇开关关闭,以防时间过长烧坏风扇或引起火灾。

以无司机操纵集选控制电梯为例,电梯正常运行状态的一般过程如下:

首先,管理人员用钥匙打开基站厅门及停在基站的电梯轿厢门,电梯停梯待客。当基站有乘客按下厅外召唤按钮,电梯门自动打开。若其他层站有乘客按下厅外召唤按钮召唤电梯,电梯自动启动前往接客,在该层站自动停梯开门,等待乘客进入轿厢。

乘客进入电梯轿厢后,按下楼层按钮,电梯自动关门、定向、启动、运行直至到达预定停靠站,停梯、开门放客,停站时间到达规定时间时自动关门启动运行。停站时间未到规定时间之前,乘客也可按动轿厢内关门按钮提前关门。

电梯在运行中逐一登记各楼层召唤信号,对于符合运行方向的召唤信号,逐一停靠应答。待全部完成顺向指令后,自动换向应答反向召唤信号。当无召唤信号时,电梯在该站停留规定时间后自动关门停梯。有一些电梯,若在规定时间内无召唤指令和轿内指令登记,电梯自动返回指定层站或基站等候乘客。

2. 轿厢内指令和厅外召唤控制

①轿厢内指令控制:通过轿内操纵箱操纵电梯的运行。轿内操纵箱由乘客使用的显示操纵部分和司机操纵部分组成。轿厢内乘客通过显示操纵部分中的层楼按钮发送轿内指令任务,控制电梯启动和停靠层站。还可以通过开、关门按钮控制开启或关闭电梯的轿厢门,通过紧急报警按钮通知维修人员在电梯故障乘客无法从轿厢出来时及时援救。显示操纵部分中的运行方向显示、所到楼层显示、超载显示为乘客提供电梯运行信息。司机操纵部分通常用带锁的盒子锁住,以免电梯乘客误操作引起电梯故障或影响电梯安全。

层楼按钮通常带指示灯:当乘客按下要前往的层楼按钮后,若该指令被控制系统登记,则按钮内指示灯被点亮,并保持点亮状态直至电梯到达预选的层楼,相应的指令已完成,该指令被控制系统消除,该指示灯随之熄灭。

②厅外召唤控制:乘客通过厅外召唤盒召唤电梯。目前广泛应用的电梯的厅外召唤盒把召唤按钮、电梯位置和运行方向显示合为一体。通常中间层站设置上、下两个召唤按钮,顶端层站设置一个下召唤按钮,底端层站设置一个上召唤按钮。

召唤按钮也是带灯按钮:乘客按下按钮,若召唤信号被控制系统登记,则按钮的指示灯点亮。当电梯响应该召唤后,指示灯被熄灭,表示控制系统已消除此次登记。

需要说明的是:各个层楼的厅外召唤信号的消除与电梯运行的方向有关。电梯到达呼梯层站,控制系统只消除与电梯运行方向相同的召唤信号,而与电梯运行方向相反的各个层楼的厅外召唤信号将予以保留。

此外,在两台以上的多台电梯并联控制中,各层楼的召唤盒可以公用,哪一台电梯先应答与电梯运行方向相同的某层的召唤信号,控制系统即可消除该层的顺向召唤信号,而其他电梯在该层不再发出减速和停靠信号。

3. 开关门控制

由拖动部分和开关门的逻辑控制两部分组成。拖动部分主要完成门机电动机的正、反转及调节开关门的速度。开关门的逻辑控制部分包括手动开关门、自动开关门、门安全保护。

为了使轿厢门开闭平稳迅速而不产生撞击,轿厢门的开关门过程是一个变速运动过程,且关门平均速度应低于开门平均速度。开关门速度变化过程如下:

开门:低速启动运行→加速至全速运行→减速运行→停机,惯性运行至门全开。

关门:全速启动运行→第一级减速运行→第二级减速运行→停机,惯性运行至门全闭。

手动开关门：当电梯运行确定方向后，手动按下开关门按钮可控制轿厢门的开启和关闭。

自动开关门：当电梯到达预定停靠的层站时自动开门，停站时间到达规定时间自动关门。

门安全保护：为了防止发生乘客和货物坠落及剪切事故，层门由门锁锁住，使人在层站外不用开锁装置无法将层门打开，利用门锁的电气安全触点验证锁紧状态。此外，轿门和层门的关闭也通过电气安全触点来验证。当门关到位后，电气安全触点才能接通，电梯才能运行。为了在必要时能从层站外打开层门，每个层门都应有人工紧急开锁装置。另外，为了尽量减少关门过程中发生人和物被撞击或夹住的事故，电梯通常设置防止门夹人的保护装置，在轿门关闭过程中，乘客或障碍物触及轿门时，保护装置将停止关门动作使门重新自动开启。

4. 电梯拖动控制

轿厢的上下运动由曳引电动机拖动系统实现，拖动系统控制主要的工作任务包括：

①电梯的启动、加速和满速运行控制。电梯正常工作过程是启动后加速运行几秒后全速运行。

②电梯的停层、减速和平层控制。当轿厢达到某楼层的停车距离时，电梯减速，进入慢速稳态运行。平层控制是保证电梯能准确到达楼层位置时才停止。

可见，电梯在垂直升降运行过程中，要频繁地启动和制动，运行区间较短，经常处于过渡过程运行状态。对于电梯的拖动系统来说，伴随着频繁地启动加速和制动减速过程，首先要考虑运行效率。其次，乘客在高速升降运动中，人体周围气压的迅速变化会对人的器官产生影响，因此乘客对电梯运行速度的变化更为敏感：电梯轿厢加速上升或减速下降时，乘客会有超重的感觉；当轿厢加速下降或减速上升时，乘客会有失重的感觉。而这些与电梯运行的加速度和加速度变化率有直接关系。因此，电梯拖动应兼顾乘坐舒适性、运行效率和节约运行费用等方面的要求，合理选择速度曲线，使电梯在运行时按照给定的理想速度曲线运行，从而科学合理地处理快速性和舒适性之间的矛盾。

假设电梯运行距离为 S，电梯以加速度 a_m 启动加速，当匀加速到最大运行速度 v_m 时，再以 a_m 做匀减速运动，直到零速停靠，即以三角形速度曲线运行，如图 7-5 所示。和其他形状速度曲线比，三角形速度曲线运行效率最高。但三角形速度曲线的加速度不是平滑的变化而是突变，其加速度变化率的瞬时值为无穷大，会使乘客产生不适感。

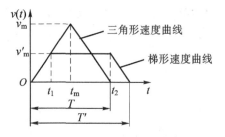

图 7-5 三角形和梯形速度曲线

另一种梯形速度曲线的具体进行方法为：电梯还以上述方式运行，以加速度 a_m 启动加速。当匀加速运动到 t_1 时，达到最大运行速度 v'_m，再以 v'_m 匀速运行到 t_2，然后以匀减速度 a_m 运行直到零速停靠，即以梯形速度曲线运行。电梯梯形速度曲线的加速度是阶跃突变的，在突变时其加速度变化率也会瞬时变为无穷大,这样不但会对电梯结构造成过大的冲击,还使乘客乘坐舒适感变差。相比三角形速度曲线,当运行距离一定时,梯形速度曲线的运行效率降低,但是舒适度有所提高。

由于三角形和梯形速度曲线的特点,它们不能作为电梯的理想速度给定曲线。理想速度曲线通常是抛物线-直线形曲线,如图 7-6 所示。由开始启动到时间 t_1 为变加速抛物线运行段,加速度从零开始逐渐线性增大,当到 t_1 时加速度达到最大值 a_m;此后,进入匀加速线性运行段,到 t_2 时加速度的变化开始减小,直到 t_3 时开始进入匀速运行段。$t_4 \sim T$ 是制动减速段,运行过程与启动加速段对称。抛物线-直线形速度曲线的加速度曲线为梯形曲线,这种运行曲线的加速度变化率没有出现瞬时变为无穷大的情况,因此和图 7-5 所示的两种速度曲线相比,具有较好的舒适性。

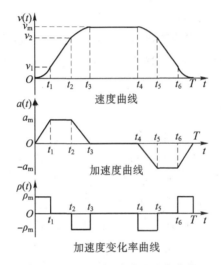

图 7-6 抛物线-直线形速度曲线

此外,正弦函数曲线也可以用来设计电梯的速度曲线。为保证电梯运行过程根据给定的速度曲线运行,控制系统控制调速过程,调速过程一般遵循着速度曲线,实现电梯的启动加速、稳速运行和制动减速。电梯常用的调速系统包括下列四种。

• 直流调速系统。基本采用调节电枢端电压的方法实现调速。传统晶闸管励磁的发电动机-电动机驱动系统由于结构复杂、效率低已被淘汰,目前常用的是晶闸管直接供电的系统,利用晶闸管把交流电直接整流、滤波、稳压变成可控的直流电供给直流电动机,以此调节电动机的转速。直流调速的调速性能好、范围宽,因此电梯具有速度平稳、舒适感好、平层准确度高的优点;同时也存在电动机结构复杂、耗电大、造价高等缺点。在交流变频调速应用于工业中之前,高性能的调速系统几乎为直流调速所垄断。

• 交流变极调速系统。驱动方式采用交流双速异步电动机,改变电动机的定子绕组的极对数从而改变电动机的同步转速。双速电动机的快速绕组用于电梯启动和额定运行,低速绕组用于制动减速和平层停车。系统大多采用开环方式控制,线路较简单、成本低廉,但电梯的舒适感和平层精度不佳。

• 交流变压调速系统。通过改变定子端电压调节转速,引入速度负反馈环节,形成闭环控制系统。这种调速系统对曳引电动机的控制程度可分为三种形式：对电梯的全过程进行控制；对电梯的启动与制动过程进行控制；仅对电梯的制动过程进行控制。按照制动方法的不同，又分为能耗制动、涡流制动、反接制动三种类型。变压调速系统的优点是电梯乘坐舒适感好，平层精度高；缺点是转差功率损耗大，效率低。

- 变频变压调速系统。采用交流异步电动机提供动力，通过改变异步电动机供电电源频率来调节电动机的同步转速，使转速无级调节。采用这种调速系统的电梯具有运行效率高、节约电能、舒适感好、平层精度高、运行噪声小、安全可靠、维修方便等优点，目前广泛应用在电梯中。

根据电梯曳引电动机的恒转矩负载要求，电梯的变频变压调速系统在变频调速时需保持电动机的最大转矩不变，维持磁通恒定，这就要求定子绕组供电电压也要进行相应的调节。因此，对电动机供电的变频器需要有调压和调频两种功能。

变频器一般采用交流-直流-交流工作原理，将工频交流电源电压整流得到幅值可变的直流电压，经过中间滤波环节之后，再经过逆变转换为各种频率的交流电压，最终实现对电动机的调速运行。

5. 运行方向控制

电梯行驶方向的保持和改变的控制，是控制系统根据电梯轿厢内乘客欲往层楼的位置信号或各层楼大厅乘客的召唤信号位置与电梯所处层楼的位置信号进行比较；凡是在电梯位置信号上方向的轿内或厅外召唤信号，则电梯定上行方向；凡在其下方向的，则定下行方向。电梯上行或下行行驶，完成上行（下行）行驶后才响应下行（上行）的行驶命令。

但是，轿内指令优先于各层楼厅外召唤信号而定向，即当空轿厢电梯被某层厅外乘客召唤到达该层后，某层的乘客进入电梯轿厢内按下层楼按钮输出指令控制电梯定上行（下行）方向。若该乘客虽进入轿厢内且电梯门未关闭而乘客尚未按层楼按钮前（即电梯尚未定出方向）出现其他层楼的厅外召唤信号，且该厅外召唤信号指令电梯的运行方向有别于已进入轿厢内的乘客要求指令电梯的运行方向，则电梯的运行方向应由已进入轿厢内的乘客要求而定向，而不是根据其他层楼厅外乘客的要求而定向。这就是所谓的"轿内优先于厅外"。只有当电梯门延时关闭后，而轿内又无指令定向的情况下，才能按各层楼的厅外召唤信号的要求定出电梯运行方向，但一旦定出电梯运行方向后，再有其他层楼的召唤信号就不能更改已定的运行方向。

此外，要保持最远层楼召唤信号所要求的电梯运行方向，不能轻易地更改，这样以保证最高层楼（或最低层楼）乘客乘用电梯，而只有在电梯完成最远层楼乘客的要求后，方能改变电梯运行方向。

6. 位置及状态显示控制

电梯经过一个楼层时，会有相应的位置信号传递到控制系统，电梯控制系统根据这个位置信号转换成显示内容传到每个显示装置。通常，电梯在轿厢、每个层楼的厅门或者机房等处设置位置显示装置，以灯光数字的形式显示目前电梯轿厢所在楼层位置，以箭头形式显示电梯目前的运行方向。

电梯中常用的获得楼层信息的方法包括：

①通过装在井道中的层楼传感器获得。电梯运行时,安装在轿厢上的隔板插入某层的层楼传感器凹槽时,层楼传感器发出一个开关信号,指示相应的楼层。

②通过旋转编码器或光电码盘获取轿厢在井道中的位置信息。通常把它们安装在曳引电动机的轴端,当曳引电动机旋转时,旋转编码器或光电码盘随之转动并输出脉冲序列,输出的脉冲个数与电梯运行距离成正比关系,结合层楼数据,就可以获得电梯所在的位置信号。

位置显示装置也称为层楼显示器,目前电梯主要采用的显示方式是 LED 数码管和 LED 点阵。有的电梯为了提醒乘客和厅外候梯人员电梯已到本层,还配有扬声器(到站钟或语音报站),以声音来传递信息。

此外,电梯在特殊状态下,各层楼显示器显示当前电梯状态的提示。例如电梯检修时,厅外召唤盒的显示屏会以特定符号提示乘客当前电梯处于检修状态,暂时无法使用。

为了保证电梯的正常运行,电梯通常会设置超载保护装置,当电梯超载时,超载保护装置动作,发出控制信号,显示超载提示(文字或闪烁灯光信号)、触发警告铃声,同时使正在关门的电梯停止关门,使电梯保持开门状态,直到多余的乘客退出电梯轿厢,不再超载时,才会消除超载提示,便可重新关门启动运行。

7.2 透明仿真教学电梯

7.2.1 电梯结构和组成

透明仿真教学电梯根据最常见的曳引式电梯结构,采用透明有机材料制成。因其结构与实际电梯完全相同,且几乎具备实际电梯的全部功能,可以把它看作是小型化的电梯。教学电梯几乎所有部件均采用透明有机材料,便于观察和了解电梯结构及运行过程的每一个动作,从而更直观、透彻地了解、掌握电梯的结构及动作原理。

与实际电梯一样,教学电梯包括机房、井道、底坑,以及分散安装在它们内部和各层站的层门周围的零部件。下面简要介绍教学电梯的八个组成系统。

1. 电力拖动系统

教学电梯采用交流曳引电动机提供电梯运行的动力,通过变频器实现变频变压调速控制电梯运行的速度,利用和曳引轮相连的旋转编码器反馈速度信号。利用 PLC 可编程控制器实现系统逻辑控制。如图 7-7 所示,旋转编码器的中心轴通过弹性联轴器与曳引轮的中心轴相连,当曳引轮带动轿厢及对重上下运行的同时也带动了与之相连的旋转编码器做相应地正反转。电梯每上升或下降一段距离,旋转编码器的脉冲信号数就相应地增加或减少来控制轿厢的平层位置。旋转编码器为增量型。其特点是:只有在旋转期间会输出对应旋转角度的脉冲,它是利用计数来测量旋转的方式,通过控制器采集旋转编码器产生的脉冲信号,通过脉冲计数实现转速测量和电梯定位。

图 7-7 旋转编码器

教学电梯出厂前已连接好线路,使用时只需提供 220 V 的动力电源即可。其他各器件不要提供高于额定规格电压的输入电压,以免损坏器件。具体的,曳引电动机、变频器、PLC 可编程控制器、交流接触器线圈、电磁制动器及照明电路用交流 220 V 电源;旋转编码器及 PLC 输入各开关量用直流 24 V 电源;PLC 输出用直流 12 V 电源;电梯制动交流 220 V 和电梯上升、下降(不需用电源)除外。

2. 曳引系统

教学电梯的曳引系统如图 7-8 所示。

图 7-8 教学电梯的曳引系统

有齿轮曳引机广泛应用在运行速度小于 2.0 m/s 的各种电梯上。本教学电梯即采用有齿轮曳引机,通过蜗轮蜗杆减速器驱动曳引轮。有齿轮曳引机主要由曳引电动机、蜗轮、蜗杆、制动器、曳引轮等构成。其中蜗轮蜗杆减速器的内部结构如图 7-9 所示。曳引电动机通过联轴器与蜗杆相连,蜗轮与曳引轮共同装在一根轴上。利用蜗杆与蜗轮间的啮合关系,曳引电动机能够通过蜗杆驱动蜗轮和曳引轮做正反向运动,同时驱动轿厢和对重上下运行。蜗轮蜗杆传动具有传动比大、运动平稳、噪声低、体积小的优点。

图 7-9 蜗轮蜗杆减速器

制动器是电梯非常重要的安全装置，为保证动作的稳定性和减小噪声，一般采用直流电磁铁开闸的瓦块式制动器。教学电梯的制动器结构如图 7-10 所示。通常装在电动机和减速器之间，即装在高转速轴上。因为高转速轴上所需的制动力矩小，这样可减小制动器的结构尺寸。制动器的制动轮就是电动机和减速器之间的联轴器圆盘。制动轮一般装在蜗杆一侧，以保证联轴器受损折断时，电梯仍能制动被掣停住。

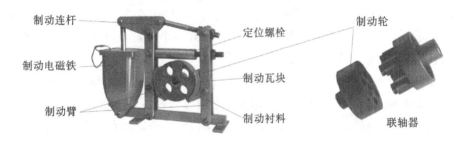

图 7-10 电磁制动器和联轴器

制动器在工作时要做到：

① 能够使运行中的电梯在切断电源时自动把电梯轿厢掣停住。电梯正常使用时，一般都是在电梯通过电气控制使其减速停止，然后再机械抱闸。

② 电梯停止运行时，制动器应能保证在 125%～150% 的额定载荷情况下，电梯保持静止，直到工作时才松闸。

教学电梯的曳引式提升机构——曳引传动结构如图 7-11 所示。利用反绳轮构成的曳引绳传动比为 2:1。

曳引绳传动比就是曳引绳线速度与轿厢运行速度的比值。若曳引钢丝绳的线速度等于轿厢的升降速度的两倍，即称其曳引比为 2:1。

需要说明的是，教学电梯中并没有配置导向轮。

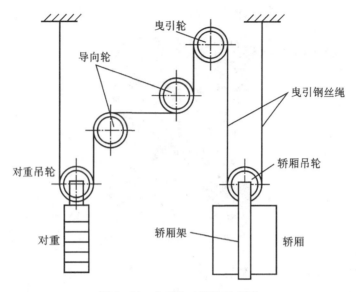

图 7-11 曳引传动结构示意图

3. 导向系统

电梯工作时轿厢和对重借助于导靴沿着导轨上下运行。导轨不能直接紧固在井道内壁上,需要固定在导轨架上,固定方法采用压板固定法。具体的,在电梯井道中,导轨起始段支承在底坑中的支承板上,每个压道板每隔一定的距离就有一个固定点,借助于螺栓、螺母与压道板,将导轨固定在井道壁上,如图 7-12 所示。

教学电梯的导靴采用弹性滑动导靴,如图 7-13 所示。弹性滑动导靴主要由靴座、靴衬、靴头、靴轴、压缩弹簧及调节丝杆等组成。弹性滑动导靴的靴头是浮动的,在弹簧力的作用下,靴衬的底部始终压贴在导轨端面上,因此能使轿厢保持较为稳定的水平位置,同时在运行中具有缓冲振动和冲击的作用。

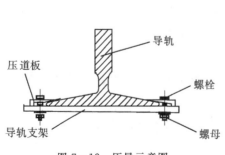

图 7-12 压导示意图

图 7-13 弹性滑动导靴

4. 轿厢系统

教学电梯的轿厢系统如图 7-14 所示,包括轿厢架、轿顶、轿壁和轿底。轿厢的侧壁和轿顶上装有照明灯和排风扇。通过随行电缆与电梯控制柜连接，为轿厢各个用电设备的电源电路、照明、插座电路、控制信号电路和安全回路等提供稳定可靠的电气连接。

图 7-14 轿厢机构

5. 门系统

教学电梯的门为单扇中分门，包括门扇、门滑轮、门地坎和门导轨架等部件。层门和轿门都由门滑轮悬挂在门的导轨（或导槽）上，下部通过门滑块与门地坎相配合。门关闭、开启的动力源是门电动机。门电动机通过传动机构驱动轿门运动，再由轿门带动厅门一起运动。

其中轿门与门机结构如图 7-15 所示，门机安装在轿厢顶的前部，以带齿轮减速器的直流电动机为动力，由门机链条传动。传动链轮轴上安装有曲柄杆，曲柄杆的两端分别与门扇驱动连杆相连。电动机转动带动门扇的开与关。

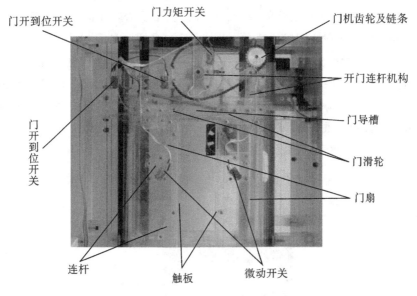

图 7-15 轿门机构

此外，教学电梯设置防止门夹人的保护装置是接触式保护装置——安全触板，它由触板、控制杆和微动开关组成。平时，触板在自重的作用下，凸出门扇一些距离，当门在关闭中碰到人或物品时，触板被推入，控制杆转动，并压住微动开关触头，使门电动机迅速反转，门被重新打开。

电梯层门的开与关是通过安装在轿门上的开门刀片来实现的。当轿厢离开层门开锁区域时，层门无论何种原因开启都应有一种装置能确保层门自动关闭，这种装置可以利用弹簧的作

173

用,强迫层门闭合。本教学电梯采用的是弹簧结构,如图7-16所示。此外,每个层门上都装有一把门锁。层门关闭后,门锁的机械锁钩啮合,锁住层门不被随意打开。只有当电梯停站时,层门才在开门刀的带动下开启,或用专门配制的钥匙开启层门。

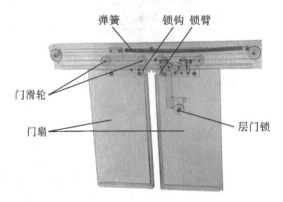

图7-16 层门机构

6. 重量平衡系统

教学电梯的对重装置由对重架、对重块、导靴、与轿厢相连的曳引绳和反绳轮组成,如图7-17所示。对重块放入对重架内,对重块应易于装卸。对重与电梯负载匹配时,可减小曳引绳与绳轮之间的曳引力,延长曳引绳的寿命。轿厢侧的重量为轿厢自重与负载之和,而负载的大小却在空载和与额定负载之间随机变化。因此,只有当轿厢自重与载重之和等于对重重量时,电梯才处于完全平衡状态。此时的载重称为电梯的平衡点。而在电梯处于负载变化范围内的相对平衡状态时,应使曳引绳两端张力的差值小于由曳引绳与曳引轮槽之间的摩擦力所限定的最大值,以保证电梯曳引传动系统工作正常。因此,对重块配置的数量应使对重块和对重架的总重量等于轿厢总重量加(平衡系数0.4~0.5)额定载重重量。

因为曳引高度较低,教学电梯没有配置重量补偿装置。

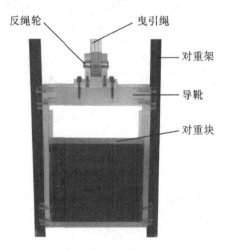

图7-17 对重装置

第7章 电梯控制系统

7. 电气控制系统

教学电梯的控制装置在电梯侧面,如图 7-18 所示。

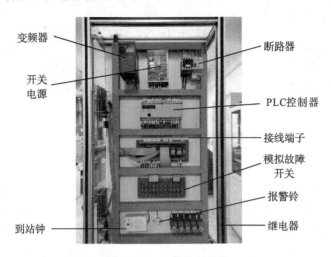

图 7-18 电梯控制系统

教学电梯没有配置轿内操纵箱,为了便于在实际演示中操作教学电梯,电梯侧面安装有轿厢操纵箱,能够实现轿内选层、开关门和警铃功能,如图 7-19 所示。此外,还包括手动/自动运行方式选择开关、慢上控制控钮、慢下控制按钮、直驶开关、照明开关、风扇开关以及急停开关。

图 7-19 轿厢操纵箱   图 7-20 底层召唤盒

厅外召唤盒每层都有,中间层站设置上、下两个召唤按钮。底端层站设置一个上召唤按钮和一个钥匙开关,如图 7-20 所示,顶端层站设置一个下召唤按钮。在轿厢操纵箱和厅外召唤盒中均设置位置显示装置。

教学电梯的平层装置由安装在井道中的传感器和安装在轿厢顶部的隔磁板构成,如图 7-21 所示。电梯运行过程中,安装在轿厢顶部的隔磁板随着轿厢运动,隔磁板插入传感器的凹形槽中,当它完全阻断传感器的磁路时,控制系统制动,电梯平层。

 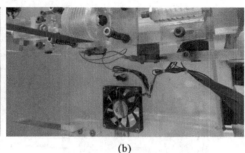 

(a)　　　　　　　　　(b)　　　　　　　　　(c)

图7-21　平层装置

此外,旋转编码器的脉冲信号与轿厢所在位置可以决定电梯楼层的定位。也就是当轿厢运行到某楼层的层门槛处时,记下此时旋转编码器的脉冲数,作为此楼层的定位脉冲数。当电梯达到要停靠的层站时,控制器经过判断楼层符合,即当旋转编码器的计数脉冲数处于此层的减速脉冲区域时,电梯减速直到编码器脉冲数继续增加至此层的平层段,经过平层延时调整(使电梯准确平层),曳引电动机停止,制动器抱闸,平层完毕,轿厢停止运行。

8.安全保护系统

①限速器和安全钳:教学电梯采用凸轮式限速器,结构如图7-22所示。电梯采用双楔式安全钳,结构示意图如图7-23所示。

当轿厢下行时,限速绳带动限速轮旋转,限速轮内五边形盘状凸轮轮廓线处,与装在摆动挺杆上的限速胶轮接触,凸轮轮廓线上径向的变化,使挺杆猛烈地摆动,摆动频率与转速有关。由于限速胶轮轴的另一端被限速器拉簧调节螺栓拉住,在额定速度范围内,挺杆右边的棘爪与棘轮上的棘齿脱离接触。当轿厢超速达到规定的超速值时,凸轮转速加快,圆周上离心力增加,挺杆摆动的角度增大到使棘爪与棘轮上的棘齿相啮合,限速器轮被迫停止转动。随着轿厢继续下行,限速器轮槽与限速绳之间产生摩擦力,使限速绳被轧住,带动安全钳联动系统,将安全钳拉杆提起,安全钳楔块动作,轿厢被制动在导轨上。

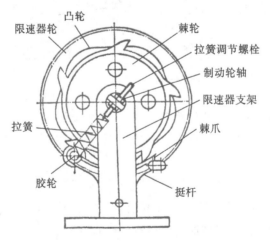

图7-22　下摆杆凸轮棘爪式限速器

176

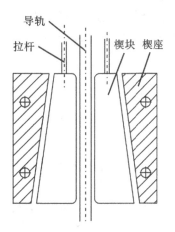

图 7-23 双楔式安全钳结构

调节限速器拉簧的拉力,可调节限速器的动作速度,当限速器动作后需要复位时,可以将轿厢慢速上行,限速轮反向旋转,棘爪与棘齿脱开,安全钳即可复位。

限速器和安全钳一起联动,限速器是速度反应和操作安全钳的装置,安全钳是由限速器的作用而引起动作,是在限速操纵下强制使轿厢停住的执行机构,限速器和安全钳的联动结构如图 7-24 所示。

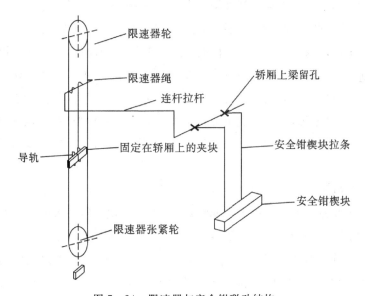

图 7-24 限速器与安全钳联动结构

限速器装置由限速器、限速器绳及绳头、限速器绳张紧装置等组成。限速器绳绕过限速器轮后,竖直穿过井道总高,一直延伸到装设于电梯底坑中的限速器张紧轮,并形成回路。限速器绳头连接到位于轿厢顶的连杆系统,并通过一系列安全钳操纵连杆与安全钳相连。电梯正常运行时,电梯轿厢与限速器绳以相同的速度升降,两者之间无相对运动,限速器绳绕两个绳轮运转;当电梯出现超速并达到限速器设定值时,限速器中的夹绳装置动作,将限速器绳夹住,使其不能移动,但由于轿厢仍在运动,于是两者之间会出现相对运动。

如图 7-25 所示,安全钳楔块由连杆、拉条、弹簧等传动机构与轿厢上的限速器绳相连接,在正常情况下,由于连杆弹簧的张力大于限速器绳的拉力,安全钳处于静止状态,此时钳块与导轨侧面保持恒定的间隙。

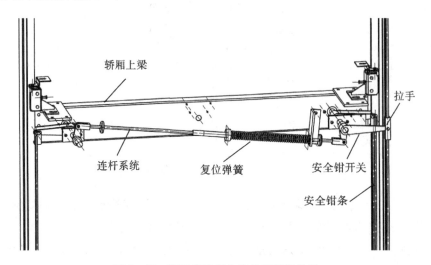

图 7-25　限速器和安全钳的连杆结构图

当限速器动作时,限速器绳被夹持在限速器的绳轮槽内不动,由于轿厢继续运动,被擎停的限速钢丝绳就以较大的提拉力使安全钳的连接杠杆被上提,通过轿厢上的连动机构和安全钳楔块拉条,将安全钳楔块上提;由于连杆的作用,两侧楔块的动作一致;安全钳楔块与导轨发生接触,依靠自锁夹紧并随着轿厢的继续下降将轿厢轧牢在导轨上。楔块与导轨接触的一面压有花纹,以增加与导轨接触时的摩擦力,增大制动力。与此同时,装在拉臂尾部处的安全钳开关动作切断控制电路电源,迫使曳引机停止工作。安全钳动作带动联锁限位开关动作后,限位开关只能由人工用慢速将轿厢向上提升复位。安全钳释放后,必须经专职人员参与调整后,才能恢复使用。

②缓冲器:教学电梯在轿厢和对重装置下方的井道底坑地面上均设有缓冲器。在轿厢下方,对应轿厢架下缓冲板的缓冲器称为轿厢缓冲器;对应对重架缓冲板的称为对重缓冲器。当电梯运行到井道下部时,因断绳或超载等各种原因,使轿厢超越底层停站继续下行,但下行速度未达到限速器动作速度,在下部限位开关不起作用的情况下,设置在底坑中的轿厢缓冲器可以减缓轿厢对底坑的冲击。同样,当轿厢超越最高停站,继续上行时,在上部限位开关不起作用的情况下,对重缓冲器可以减缓对重对底坑的冲击。同一台电梯的轿厢和对重缓冲器的结构规格是相同的。

教学电梯采用的是蓄能型(弹簧)缓冲器。弹簧缓冲器由缓冲座、缓冲弹簧和弹簧座等组成,如图 7-26 所示。当弹簧缓冲器受到轿厢或对重装置的冲击时,依靠弹簧的变形将轿厢或对重下落时产生的动能转化为弹簧势能,使电梯在落下时得到缓冲。当电梯运行到井道下部时,因断绳或超载等各种原因,使轿厢超越底层停站继续下行,但下行速度未达到限速器动作速度,在下部限位开关不起作用的情况下,设置在底坑中的轿厢缓冲器可以减缓轿厢对底坑的冲击。同样,当轿厢超越最高停站,继续上行时,在上部限位开关不起作用的情况下,对重缓冲器可以减缓对重对底坑的冲击。

图 7-26　弹簧缓冲器

③超重报警装置:为了使电梯能在设计载重量范围内正常运行,轿厢上还设置了超载装置。它安装在轿厢顶部,包括压力弹簧和微动开关,如图 7-27 所示。当轿厢内的压力达到 5 kg时(即两块铁块的重量),弹簧被压下,微动开关断开。通过电气系统控制电动机停止运行并输出报警信号。这时只有减少轿厢内重到规定范围内电梯才能关门启动。

图 7-27　超载报警装置

7.2.2　教学电梯控制原理

1. 电梯基本功能

①自动/手动工作状态选择:在轿厢操纵盒上设有自动/手动选择开关。当开关打到自动位置时,电梯将根据指令信号自动运行。当开关置于手动位置时,则电梯由专人操作运行或检修。

②正常运行工作过程:教学电梯处于自动工作状态时,是由乘客自己操作的自动电梯。电梯正常运行的一般过程是:首先,教师打开底层厅外召唤盒的钥匙开关,电梯停梯待客。当基站有乘客按下厅外召唤按钮,电梯门自动打开。若其他层站有乘客按下厅外召唤按钮召唤电梯,电梯自动启动前往接客,在该层站自动停梯开门,等待乘客进入轿厢。进入轿厢的乘客按下轿厢操纵箱的指令按钮,指令信号被登记,当等待在厅门外的乘客按下召唤按钮时,召唤信号被登记。电梯在向上运行的过程中按登记的指令信号和向上召唤信号逐一予以停靠,直至

信号登记的最高层站,然后又反向向下运行,顺次响应向下指令及向下召唤信号予以停靠。每次停靠时,电梯自动进行减速、平层、开门。当乘客进出轿厢完毕后,又自行关门启动,直至完成最后一项工作。如有信号再出现,则电梯根据信号位置选择方向自行启动运行。若无工作指令,则轿厢停留在最后停靠的层楼。

2. 电梯控制

(1)自动开关门

①自动开门:当电梯慢速至平层时,经过平层延迟后门机动作,自动开门,当门开到位时,门开到位开关动作,门机停止。

②自动关门:电梯停靠楼层开门后,经过约2 s延时,门电动机向关门方向运转。当门关到位时,门关到位开关动作,门电动机停。

③提早关门:在一般情况下,电梯停靠站开门后约2 s后自动关门。如乘客按下关门按钮时电梯立即关门。

④"开门"按钮:如电梯在关门时或门闭合而未启动前需要再开启,则可按下轿厢操纵箱内的开门按钮,可以重新开启门。

⑤安全触板和门机力矩保护装置:当门在关闭过程中,如触及到乘客或障碍物时,则门安全触板开关动作,门电动机反转,重新打开门。在关门或开门过程中,若门出现故障或其他原因而使门机转动力矩增大到一定限度时,力矩开关起作用,断开门机电路,使门电动机停止运转。

⑥本层厅外开门:当轿厢停在某层且门关闭,按下该层召唤按钮,则门将被打开。

(2)电梯的启动、加速和满速运行

电梯的启动由控制器、变频器及电磁制动器共同控制。首先控制器根据指令信号确定上升(YC口输出)或下降(YD口输出)指令,然后将上升或下降及速度控制指令传递给变频器相应的正转(FDW)或反转(REV)及预置速度($S1,S2$),并将开闸指令给电磁制动器使制动器抱闸松开。变频器经过内部设定预置速度控制电梯的启动、加速及满速运行。

(3)电梯楼层的定位

电梯楼层的定位由与曳引轮相连的旋转编码器的脉冲信号及轿厢所在位置决定,也就是当轿厢运行到某楼层的层门槛处时,记下此时旋转编码器的脉冲数,作为此楼层的定位脉冲数。

(4)电梯的停站、减速和平层

当电梯达到要停靠的层站时(设电梯向上运行),由控制器经过判断此楼层符合,则当旋转编码器的计数脉冲数处于此层的减速脉冲区域时,控制器慢速信号输出至变频 $S1$,则变频器按减速到慢行速度,轿厢继续上升,编码器脉冲数继续增加至此层的平层段,经过平层延时调整(使电梯准确平层),曳引电动机停止,制动器抱闸,平层完毕,轿厢停止运行。

(5)电梯停站信号的发生以及信号的登记和消除

①指令信号停站:无论电梯上行或下行时,按下轿厢内指令按钮,则指令信号被登记,并储存了停层信号。停站后,此指令信号消除。

②顺向召唤停站：在电梯运行中，顺向按下楼层的召唤按钮，信号被登记并储存停层信号，而逆向按下的召唤按钮则不被登记，同时也不储存其停层信号。

顺向向上召唤停站。如轿厢从 2 楼向上运行时，若 3 楼有召唤信号，则轿厢到达 3 楼时，电梯平层停站，同时此召唤信号消除。

顺向向下召唤停站。如轿厢从 3 楼向下运行时，若 2 楼有召唤信号，则轿厢到达 2 楼时，电梯平层停站，同时此召唤信号消除。

③最高层向下召唤停站：当轿厢上行时，如最高层信号是 4 楼向下召唤，当轿厢到达 4 楼时停站，召唤信号消除。

④最底层向上召唤停站：当轿厢下行时，如最底层信号是 1 楼向下召唤，当轿厢到达 1 楼时停站，召唤信号消除。

⑤电梯直驶状态下的停层：当电梯轿厢满载时，按下直驶开关，则电梯只响应轿厢内指令信号按钮停层，不响应楼层召唤信号。

(6)电梯行驶方向的保持和改变

①电梯的行驶方向：由控制器根据召唤信号或指令信号与轿厢的相对位置，经过逻辑判断决定。如轿厢在 3 楼，若 2 楼有召唤指令，则电梯将下行；反之，若 4 楼召唤，则电梯将上行。

②运行方向的保持：当电梯上行时，指令信号、向上召唤信号和最高层向下召唤信号首先逐一地被执行。当电梯执行这个方向的最后一个指令而停靠时，这时如有乘客进入轿厢，则其指令信号可优先决定电梯运行方向。当电梯门关闭后如无向上指令出现，但下方有召唤信号，则电梯反向下行，逐一应答被登记的向下召唤指令信号。

(7)音响信号及指示灯

①召唤记忆灯：当召唤按钮按下后，其信号被登记，同时其记忆灯被接通点亮，当其信号指令被执行后，记忆灯熄灭。

②门外指层灯和轿厢内指层灯：电梯厅门外和轿厢操纵盒上设有方向箭头指示灯及指层灯，表示电梯的运行方向和轿厢所在的楼层。

③到站钟铃：当轿厢到达适合楼层时，到站钟铃提示到站平层。

(8)电梯的安全保护

①超速安全保护：当电梯发生意外事故时，轿厢超速或高速下滑时（如钢丝绳折断，轿顶滑轮脱离，曳引机蜗轮蜗杆合失灵，电动机下降转速过高等原因），限速器就会紧急制动，通过安全钢索及连杆机构，带动安全钳动作，同时使轿厢卡在导轨上而不会下落。同时，限速开关打开，切断电气控制线路，电磁制动器失电制动抱闸。

②终端极限开关安全保护。

③轿厢、对重缓冲装置：缓冲器是电梯极限位置的安全装置，当电梯因故障造成轿厢或对重蹲底或冲顶时（极限开关保护失效），轿厢或对重撞击缓冲器，由缓冲器吸收电梯的能量，从而使轿厢或对重安全减速直至停止。

④门安全触板保护装置。

⑤门机力矩安全保护装置。

⑥厅门自动闭合装置。

(9)电梯轿厢内照明及排风

轿厢内照明灯和排风扇对应的控制开关在轿厢操纵箱上,其电路独立,不经控制器控制。

(10)电梯的紧急停车

轿厢内操纵箱上设有急停开关,当电梯发生意外情况时,按下急停开关,电梯紧急制动,停止运行。

3. 电梯自动运行

具体操作如下:先将电梯平层在一楼,确保无其他呼梯信号且轿厢操纵箱上所有开关处于正常状态(手动/自动开关处于自动状态,急停和直驶开关断开),按下轿厢操纵箱上的慢上按钮,则电梯便自动在一至四楼之间往返运行。若要使其停止,只需闭合急停开关即可。

4. 手动调节平层

①先将电梯轿厢停在一楼。

②将手动/自动开关置于手动状态,急停和直驶开关断开,然后按慢上、慢下调节一楼平层(按下开门按钮,把手放在轿厢和厅门槛处感觉是否平层),同时确保轿厢上的铁片插入了复位感应器中央。

③慢上将轿厢上升到二楼附近调节二楼平层(方法如一楼),平层关门后同时按下轿厢操纵箱上"二楼"和警铃按钮,再按一次警铃按钮消除报警。

④用同样的方法调节三楼和四楼的平层。

⑤平层调节好后,若电梯不响应呼梯信号,手动开门一次或断电再上电即可;若其响应呼梯信号但到层不开门,手动开门关门,运行一圈后便能正常运行。

7.2.3　教学电梯电气原理

用 PLC 控制时的电气原理图如图 7-28 所示。

第7章 电梯控制系统

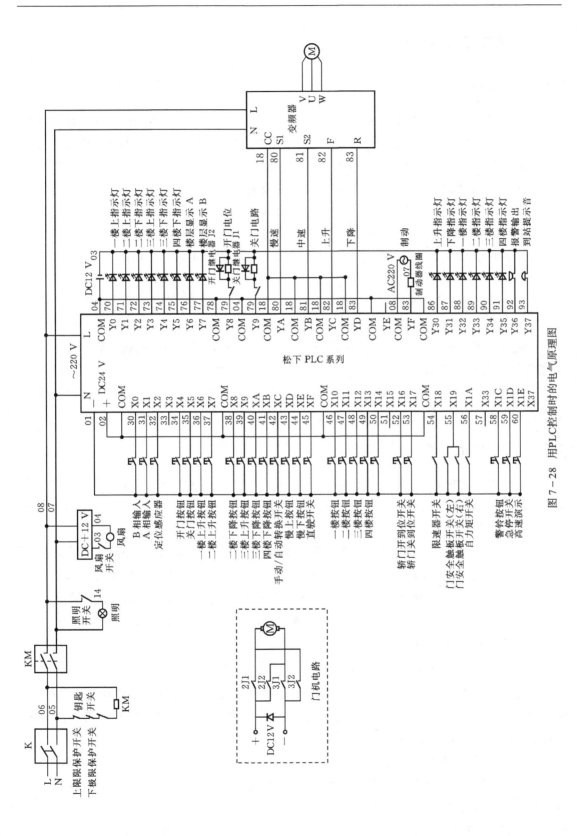

图 7-28 用PLC控制时的电气原理图

7.3 优化节能电梯系统

7.3.1 需求分析

电梯已经是一种与人们的日常生活息息相关的交通工具,当前我国的电梯年产量和电梯的保有量已居世界第一。随着电梯数量的急剧增加,电梯巨大的能耗已经引起社会和政府职能部门的密切关注。因此电梯的节能研究具有非常重要的现实意义。如何在保证电梯安全性的前提下,提高电梯的运行效率也成为了电梯节能研究关注的焦点问题之一。为响应国家节能减排的号召,减少电梯的不必要停靠以提高能源利用率,延长电梯使用寿命,对日常生活中常用电梯的运行情况进行观察总结,发现当前电梯运行存在以下影响效率的情况:

①乘客在电梯外按下召唤盒,但由于某些原因离开并未乘梯,电梯仍然运行至该召唤楼层停靠,影响运行效率;

②同一楼层中有多台电梯同时运行时,一般情况乘客会同时选择按下多个召唤盒,同样会造成电梯的不必要停靠;

③电梯外等候乘客不能看到电梯内部人员选按下的轿内操纵箱按钮,这也就给自己选择乘坐哪台电梯造成麻烦。

这些情况不仅给乘者带来不便,也很大程度地影响了电梯的正常运行,造成了不必要的能源损耗。为改善电梯的运行,切实可行的电梯优化节能方案的设计和实现势在必行。

7.3.2 运行优化方案

目前减少电梯频繁停靠的方法主要有:多电梯运行时的"单双层停靠"方案及高层建筑的低层禁止电梯停靠方案,这种机械的方案虽然在一定程度上能缓解这种情况,但很显然,这种方案十分不人性化,亟待出现更加智能化、人性化、低成本的方案。

下面介绍一种基于红外线感应装置的电梯优化方案,旨在以低廉的成本解决电梯的无效频繁停靠这一缺陷,优化电梯的运行,使其更加智能、高效地为人们服务。此优化方案即采用技术比较成熟且成本低廉的红外遥感技术实现电梯主体的智能化控制,结合各楼层增设 LED 显示面板,以达到减少电梯的不必要停靠和开关门及集成电梯门防夹的保险措施的目的。

1. 具体实现包括两个部分

(1) 红外线感应智能控制电梯门开关

利用热释电红外传感装置,探测人体辐射出的红外线,感受电梯门口是否有乘客存在,当乘客离开时,该装置会向电梯中央控制系统发射信号,取消在楼层的停靠指令,避免不必要的停靠,节省时间,提高电梯运行效率。

(2) 红外线辅助防夹

利用基于红外线技术的自动控制开关:当有乘客进入开关感应范围内时,专用传感器探测到人体红外光谱的变化,开关自动接通负载。乘客不离开且在活动,开关持续导通;乘客离开后,开关延时自动关闭负载。

当乘客进入感应区时,门电动机开始运转,控制轿门带动厅门,达到开门的目的;可以提前开门,避免被夹的危险;该方案使用寿命长久,安装方便,易于维修,有效降低了风险。

透明仿真教学电梯采用 PLC 进行控制,考虑到电梯智能化的需求、优化方案可实现的需求以及进一步优化扩展的需求,采用计算机和数据采集卡作为控制器,将电梯 PLC 控制系统改进成为 PC 电梯控制系统,并采用通用编程语言 C/C++编写控制程序。利用 C/C++编程语言结构清晰、易于扩充的优良特性,可以将红外线开关控制程序方便地嵌套其中;同时可以在终端对电梯各部分系统进行实时监控,将电梯信息同时反映在 LED 板和电脑主机上。采用计算机编写 C/C++程序控制电梯与红外装置和 LED 显示装置相结合,不仅可以很好地提高电梯的运行效率,而且能够同时实现实时监控,是一种新的理想的电梯控制系统。

2. 优化方案的工作设计

① 对照 PLC 电梯原理图与梯形图,对电梯输入与输出进行检测,给 24 路输入与 24 路输出编号,并测试记录每一路输入与输出类型、电压大小与所需功率情况。

② 设计初步的系统方案,编写通体流程图,硬件输入输出模块的初步设计,电气隔离与安全性初步设计。

③ 输入输出电路设计。考虑到输入中既有轻触开关,又有光电编码器,还有限位开关以及电磁传感器,等等,类型很多,特点不尽相同,所以要对每路输入进行电路选型与测试。而在输出部分,既有 LED 显示控制,又有电动机变频调速,还有继电器控制等,因此每种类型输出都要进行试验,最终选择合适的驱动放大电路。

④ 根据设计选购所需的光电隔离器件、功率放大器件以及电阻电容等基本器件。首先在面包板和万能板上搭建电路,并进行硬件测试,确保做到每路都能正常工作,以保证后续软件的执行。

⑤ 系统输入与输出电路定稿,为了保证系统稳定性,使用 Protel DXP 分别绘制输入电路板、输出电路板的原理图,校验无误后,生成 PCB 图,联系工厂加工。

⑥ 对印刷电路板进行测试,测试通过后,安装相应器件,并对硬件进行整体搭建与调试,解决和排除一些硬件问题,最终确定系统硬件设计。

⑦ 软件方面,首先在模拟电路板——开关量训练板上编制电梯开关门、电梯楼层识别、编码脉冲计数、取层记忆程序、电梯变频上升下降程序以及紧急情况处理程序等基本程序。系统硬件电路完成后,进行分功能分路调试,最终完成全部程序代码。

⑧ 完成电梯整体功能测试,测试结果应与原电梯基本功能相同,能够实现电梯手动与自动控制,优化了原电梯的一些问题,最终软硬件定稿。

7.3.2 电梯系统的实现

下文介绍基于 PC 的电梯控制系统实现的主要程序流程,主程序流程如图 7-29 所示。开关门子程序流程如图 7-30 所示,红外线数据处理流程如图 7-31 所示。

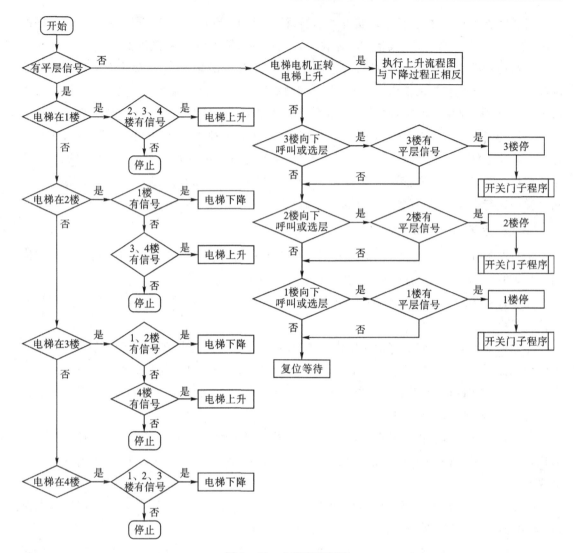

图 7-29 主程序流程图

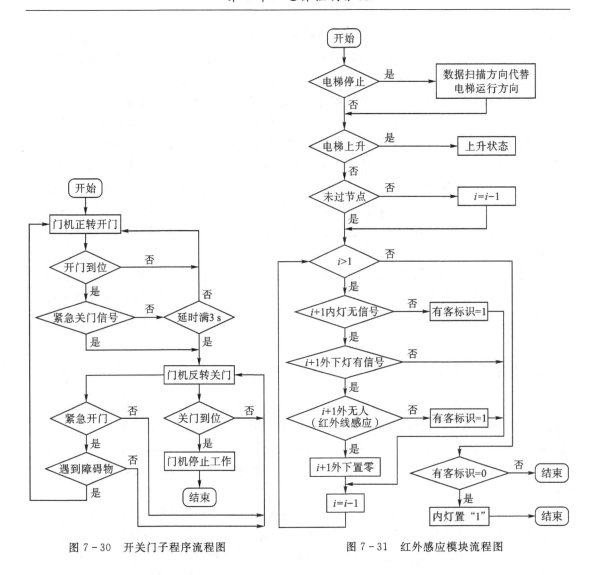

图 7-30　开关门子程序流程图　　图 7-31　红外感应模块流程图

7.4　感应式群控电梯系统

7.4.1　需求分析

一个建筑物内往往设置多台电梯,如果它们各自独立运行,会导致一些电梯满载运行,而另一些电梯闲置,运行效率低,造成浪费。因此,为了提高电梯的运行效率,通常对建筑物内多台电梯分组或集中进行管理,根据建筑物内的客流量、疏散乘客的时间要求或者缩短乘客候梯时间等诸因素进行综合调度。常见的形式有两台电梯为一组的并联控制形式和三台或三台以上电梯为一组的群控形式。

并联控制是两台电梯共用厅外召唤信号,并按预先设定的调配原则,自动地调配某台电梯去应答某层的厅外召唤信号,即两台或多台电梯并排设置并且共享各个层楼的厅外召唤信号,并能按预定的规律进行各电梯的自动调度工作。

群控是针对排列位置比较集中的共用一个信号系统的电梯组而言的,根据电梯组层站召唤和每台电梯负载情况按某种调度策略自动调度,从而使每台电梯都处于最合理的服务状态,以提高运输能力。即把多台电梯分为若干组,将几台电梯集中控制,综合管理,对乘客需要电梯情况进行自动分析后,选派最适宜的电梯及时应答召唤信号。

感应式群控电梯系统在普通电梯系统基础上增加了三个系统的应用:群控电梯控制系统、热释电红外感应系统和自动照明排风控制系统。群控电梯控制系统希望根据交通模式的变化采用适宜的派梯策略对电梯进行控制和调度,从而提高对乘客的服务质量和降低系统的能耗。热释电红外感应系统通过在每层楼道电梯外以及电梯内安装热释电红外传感器判断用户在电梯外呼叫电梯后因各种原因离开,以及电梯内没有用户却有轿内按钮信号时,电梯是否继续运行,从而减少电梯的无效停靠。自动照明排风控制系统目的在于当电梯内部无用户以及电梯在较长一段时间内处于待机工况时,通过该系统控制照明以及排风系统的开关,以达到节能减排的效果。

例如,在上下班时间段,电梯处于上行或下行高峰交通模式;在午休和夜间休息时间,办公楼在节假日或休息日的白天,会存在不同程度的空闲交通模式;采用群控系统能够根据不同的交通模式选用不同的调度方法,提高电梯的输送效率,尽可能缩短乘客的候梯时间,达到省时节能的效果。

7.4.2 系统设计方案

感应式群控电梯系统在电梯内外安装热释电红外传感器来检测是否有乘客,从而控制电梯的输出量(在电梯内外安装传感器增加了(楼层数+电梯数)路输入量),需要编写优化控制程序,使两部电梯在运行中能自动计算并判断控制电梯是否继续运行,哪部电梯执行哪个命令(各楼层的呼叫),选择最优路程等,尽可能实现电梯的最短运行距离以及乘客的最短等待时间。

具体设计为:采用 24 路开关量输入与 8 路开关量输出模拟含两台电梯的四层群控电梯的运行情况。其中在电梯外一至四楼有 6 路按钮输入,每层楼有 1 路红外感应输入,每台电梯内有 6 路按钮输入,1 路红外感应输入,两台电梯的升降主电动机各占 2 路输出,两台电梯的开关门电动机各占 2 路输出,根据预先设定的规则,对不同输入量进行一系列处理与计算可得到相应输出量,再通过一定方式将这些输入输出体现出来,就可实时模拟含两台电梯的四层电梯群控系统的运行。

首先定义主要变量,建立一个储存输入信息的 8×8 的矩阵 A[8][8],以后简称信息阵,其中各元素的含义如表 7-1 所示:

表 7-1 输入信息元素列表

功能选项	运行操作						
	处理情况	红外感应	是否按下	是否按下	是否按下	是否按下	执行	执行
1L(上)			—	—	—	—	—	—
2L(上)			—	—	—	—	—	—
2L(下)			—	—	—	—	—	—

第7章 电梯控制系统

续表

功能选项	运行操作							
	处理情况	红外感应	是否按下	是否按下	是否按下	是否按下	执行	执行
3L(上)			—	—	—	—	—	—
3L(下)			—	—	—	—	—	—
4L(下)			—	—	—	—	—	—
电梯 m_1 内部按钮			按钮①	按钮②	按钮③	按钮④	开门	关门
电梯 m_2 内部按钮			按钮①	按钮②	按钮③	按钮④	开门	关门

其次,建立两个存储电梯状态信息的结构体变量 m_1 和 m_2(m_2 与 m_1 状态变量相同):m_1 状态分量:

分量1:电梯编号信息;

分量2:电梯当前所在高度位置 h;

分量3:电梯运行状态;

分量4:电梯开关门情况。

其中,分量3和分量4根据电梯运行情况在编程时再分离为若干分量。

接下来,在 m_1 和 m_2 中分别建立存储电梯要执行信息的矩阵 $m_1do[15][2]$ 与 $m_2do[15][2]$(两者相同),以后简称执行阵,其中信息如表7-2所示。

表7-2 执行信息

信息编号	楼层数
……	……

其中,信息编号内部对应规则如表7-3所示。

表7-3 编号对应按钮列表

编号	1	2	3	4	5	6	7	8	9	10	11	12	13	14
按钮	外1上	外2上	外2下	外3上	外3下	外4下	梯1内1	梯1内2	梯1内3	梯1内4	梯2内1	梯2内2	梯2内3	梯2内4

设计电梯调度规则如下:

①应答召唤的电梯一定是在现有任务情况下离呼叫点最近的电梯,即主程序先考虑电梯与呼叫处的距离进行第一次判断。

②针对未开始执行的任务,随时检测有无更优策略出现,如果有,立即重新分配该任务。

③每台电梯在一个方向上依次执行完所有信号后换向执行下一方向上的信号:作为电梯主程序判断后的一个执行条件。

④电梯内无乘客,呼叫信号突然撤销,电梯可立即停靠。在这种条件下,电梯里没有乘客,

所以可以认为电梯停在何处都是安全的。

7.4.3 群控电梯系统的实现

为了更完全地表达出感应式群控电梯系统的运行特点以及优势,设计通过图像变换输出的软件来模拟真实电梯的运行,该软件通过鼠标点击操作可以清楚地观察到所有楼层的呼叫情况以及两台电梯的运行情况,而且可以实时统计相关数据。模拟软件的操作及显示界面如图 7-32 所示。

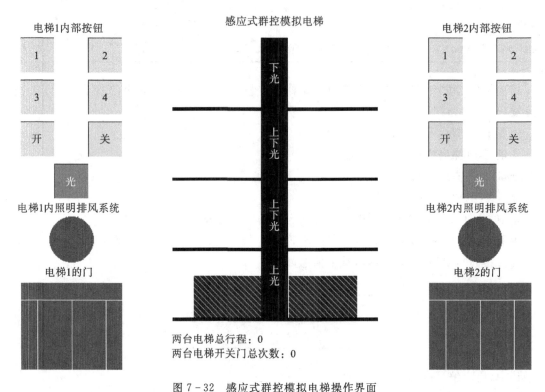

图 7-32 感应式群控模拟电梯操作界面

1. 操作界面说明

①电梯内部的按钮与真实情况相同,鼠标点击后,颜色由黄色变为暗红表示呼叫成功。完成此任务后,颜色变回黄色,表示该信息被电梯消除。

其中"光"按钮是模拟感应式群控电梯所安装的用来检测乘客是否还在的光释电红外传感器。手动点击该按钮模拟乘客还在或乘客已离开。有乘客来,点击"光"按钮,按钮变绿色;乘客离去再点击该按钮,按钮变回红色。

②照明排风系统表示电梯轿厢内部的灯和排风的工作状态。当指示为黑色时,表示系统关闭,当为黄色时,系统启动。

③电梯的门用来真实模拟现实中电梯门的开关。当电梯轿厢内部有人时可以对其进行开门关门操作。

④楼层上的按钮:两部电梯拥有同一个呼叫按钮,在呼叫信息输入后,由主程序判断后分配给电梯去执行。呼叫后,按钮变为深红色。完成此任务后,颜色变回黄色,表示该信息被电

梯消除。

⑤蓝色方块表示电梯机箱。执行任务时机箱在楼层间运行。

2. 操作说明

①只有在乘客存在的情况下,即电梯内部的"光"按钮为绿色时,才能对电梯内部的按钮进行操作。如果中途"光"变成红色,即乘客已离去,电梯内部的指令都会被消除。

②电梯外部的"光"按钮为绿色时,才能对楼层上的按钮进行操作。如果中途"光"变成红色,即乘客已离去,电梯外部的指令都会被消除。

③照明排风系统在开关门以及有乘客在轿厢内时启动。

3. 自动计数功能

为了便于比较感应式群控电梯和普通电梯的能量消耗和人群等待时间。程序界面中有自动计算路程的显示区,可以通过路程以及开关门粗略地比较两者的差距。

经过软件模拟验证了设计方案,利用透明仿真电梯进行实际系统的实现。其中系统的输出主要包括工作电流为 8~20 mA 的多个 LED 指示灯、蜂鸣器,以及控制电动机电源的继电器,而采集卡的输出电流为 20 mA 以下,因此设计基于 PC847 光耦合原件和 D882 三极管的两极放大电路,经第一级放大后的电流可用于控制多个 LED 指示灯及蜂鸣器,而经第二级放大后的电流则用于控制继电器,输出电路板如图 7-33 所示。

图 7-33 感应式群控电梯输出电路板

主程序流程图如图 7-34 所示。

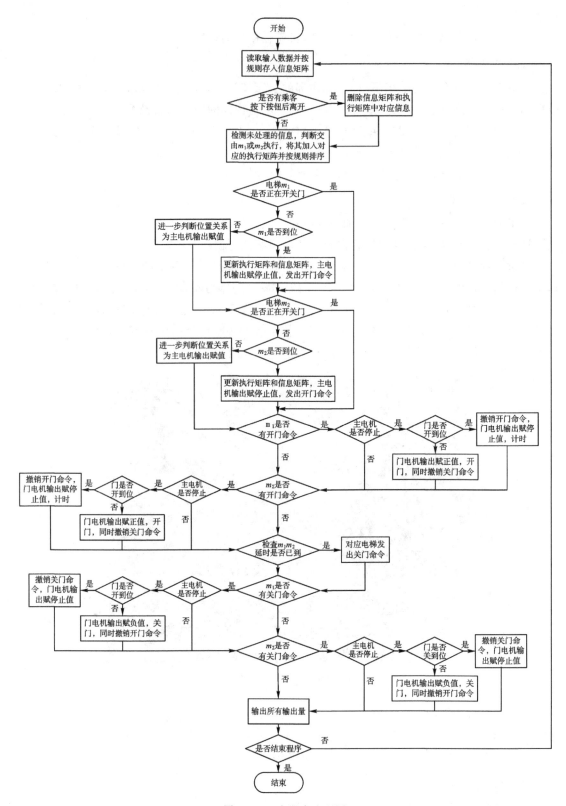

图 7-34 主程序流程图

第8章 基于单片机控制的模块化机器人

控制器种类很多,正如第 4.2 节所讲,各类控制器都有其应用专长,实际应用中根据被控对象的特性、控制的要求、使用的场合来选择合适的控制器。本章主要以模块化机器人为例,介绍用单片机作为控制器在机器人控制方面的应用。

8.1 概述

8.1.1 单片机的应用

单片机是在计算机的概念基础上发展起来的一种特殊的微型计算机,是采用超大规模集成电路技术把具有数据处理能力的中央处理器 CPU、随机存储器 RAM、只读存储器 ROM、多种 I/O 口、中断系统、定时器/计数器、看门狗、串行口、A/D 转化器、D/A 转化器等功能集成到一块硅片上构成的小而完善的微型计算机系统。

单片机具有体积小、功耗低、控制功能强、扩展灵活、微型化和使用方便等优点,广泛应用于仪器仪表中,实现模拟量和数字量的转换和处理,结合不同的传感器,可实现诸如电压、电流、频率、功率、温度、湿度、速度、厚度、距离、流量、压力、光强等物理量的测量,采用单片机控制可实现仪器仪表数字化、智能化、微型化、直观化,通过单片机串口通信可实现远程测量和数据采集。单片机广泛应用于仪器仪表、工业自动控制、家用电器、医用设备、办公自动化设备、安全监控等领域,它正以优越的性能出现在控制系统的各个角落。在我们的生活里,电器更新越来越频繁、体积越来越小巧、控制越来越智能、功能越来越强大、质量越来越可靠,这些都是单片机嵌入应用的结果。

单片机产品很多,典型的如 Intel 公司的 MCS-51 系列、TI 公司的 MSP430 系列、Motorola 公司的 M68 系列以及 Atmel 公司 AVR 系列单片机。

随着科技的发展和人类的进步,人类对于机器人的依赖越来越强。进而对于机器人系统的智能化和可靠性要求也越来越高。单片机技术应用于机器人的控制系统中,使机器人运动的准确性和可靠度得到了质的飞跃,进而使机器人能够实现准确定位、探测、跟踪等各种功能。

8.1.2 模块化机器人

模块化是指解决一个复杂问题时自顶向下逐层把系统划分成若干模块的过程,有多种属性,分别反映其内部特性。每个模块完成一个特定的子功能,所有的模块按某种方法组装起来,成为一个整体,完成整个系统所要求的功能。模块化机器人是基于机器人模块化设计理念,连接不同的机器人功能模块,实现机器人不同的功能。

机器人是典型的机电一体化产品,一般由检测装置、控制系统、驱动装置和执行机构等组成。为对本体进行精确控制,检测装置提供机器人本体或其所处环境的信息,控制系统依据控制程序产生指令信号,驱动装置将控制系统输出的信号转换成大功率的信号,以驱动执行机构工作。

1. 检测装置

检测装置用来实时检测机器人的运动及工作情况,根据需要反馈给控制系统,与设定信息进行比较后,对执行机构进行调整,以保证机器人的动作符合预定的要求。由内部传感器模块和外部传感器模块组成,用以获取内部和外部环境状态中有意义的信息,提高机器人的机动性、适应性和智能化水平。

2. 控制系统

控制系统的任务是根据机器人的作业指令程序以及从传感器反馈回来的信号控制机器人的执行机构去完成规定的运动和功能。

3. 驱动装置

驱动装置是驱使执行机构运动的机构,按照控制系统发出的指令信号,借助于动力元件使机器人进行动作。驱动系统可以是液压传动、气动传动、电动传动,或者把它们结合起来应用的综合系统;可以是直接驱动或者是通过同步带、链条、轮系、谐波齿轮等机械传动机构进行间接驱动。

4. 执行机构

执行驱动装置发出的系统指令使机器人产生期望的动作实现相应的功能。

目前,在教育机器人领域涌现出了许多机器人组件产品,采用模块化理念,利用标准的基本构件,辅以传感器、控制器、执行器和软件的配合,实现机器人样机的搭建和功能的验证。本章以"探索者"创新组件为平台,组件提供了多种基础机械零件、多种传感器模块、多种通信模块、多种驱动与控制模块等,如图 8-1 所示,用组件提供的多种基础机械零件可装配出多种机械机构,装配出多种典型功能模块,通过使用这些模块的不同组合可快速搭建出实现具体功能的机器人示意样机。

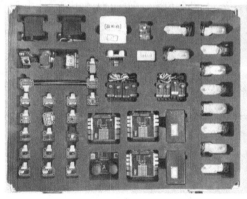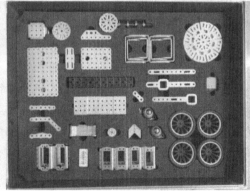

图 8-1 "探索者"创新组件

8.2 Basra 控制板

"探索者"创新组件的控制板为 Basra 控制板,实物如图 8-2 所示,它是基于 Arduino UNO 开发板开源方案设计的一款控制板,其核心是 ATmega328 单片机,具有 14 个数字输入/输出引脚(其中 6 个可作为 PWM 输出),6 个模拟输入引脚,一个 16 MHz 晶体振荡器,一

第 8 章 基于单片机控制的模块化机器人

个 USB 接口,一个电源插座,一个 ICSP header 和一个复位按钮。可以在 Arduino、eclipse、Visual Studio 等 IDE 中使用 C/C++语言来编写程序,编译成二进制文件,烧录进微控制器。

ATmega328 中已经预置了 bootloader 程序,可以通过 Arduino 软件直接下载程序到主控板中,利用主控板上的 ICSP header 直接下载程序。

图 8-2　Basra 控制板实物图

8.2.1　各接口说明

Basra 控制板各接口如图 8-3 所示。

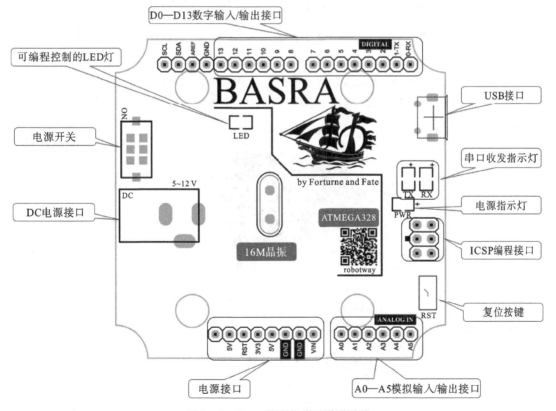

图 8-3　Basra 控制板接口说明图示

1. 14路数字输入输出(D0—D13)

工作电压为5 V,每一路能输出和接入最大电流为40 mA。每一路配置了20~50 kΩ内部上拉电阻(默认不连接)。除此之外,有些引脚有特定的功能:

①串口信号RX(0号)、TX(1号):与内部ATmega8U2 USB-to-TTL芯片相连,提供TTL电压水平的串口接收信号。

②外部中断(2号和3号):触发中断引脚,可设成上升沿、下降沿或同时触发。

③脉冲宽度调制PWM(3、5、6、9、10、11):提供6路8位PWM输出。

④SPI(10(SS)、11(MOSI)、12(MISO)、13(SCK)):SPI通信接口。

⑤LED(13号):Arduino专门用于测试LED的保留接口,输出为高时点亮LED,反之输出为低时LED熄灭。

2. 6路模拟输入(A0—A5)

每一路具有10位的分辨率(即输入有1024个不同值),默认输入信号范围为0~5 V,可以通过AREF调整输入上限。除此之外,有些引脚有特定功能:

①TWI接口(SDA A4和SCL A5):支持通信接口(兼容I2C总线)。控制板中,SDA接口与A4口是连通的,SCL接口与A5口是连通的。

②AREF:模拟输入信号的参考电压。

③Reset:信号为低时复位单片机芯片。

8.2.2 ATmega328单片机各针脚与Basra控制板各接口的对应关系

ATmega328是一款AVR单片机,实物图如图8-4所示。AVR单片机是ATMEL公司研发的产品,特点为高性能、高速度、低功耗。它取消机器周期,以时钟周期为指令周期,实行流水作业。指令以字为单位,且大部分指令都为单周期指令。而单周期既可执行本指令功能,同时又完成下一条指令的读取。通常时钟频率用4~8 MHz,最短指令执行时间为250~125 ns。

图8-4 ATmega328P-AU单片机实物图

ATmega328P-AU单片机的基本参数如表8-1所示。

表 8-1 ATmega328P－AU 单片机基本参数

项目	数值	项目	数值
Flash	32 KB	输入/输出线数	23
EEPROM	1 KB	模数转换器输入数	8
SRAM	2 KB	接口类型	I2C, SPI, USART
ROM	32 KB (32 K×8)	工作电压	1.8～5.5 V
封装类型	TQFP	工作温度范围	－40～＋85 ℃
针脚数	32	最大时钟频率	20 MHz

ATmega328P-AU 单片机各针脚与 Basra 控制板各接口的对应关系如图 8-5 所示。

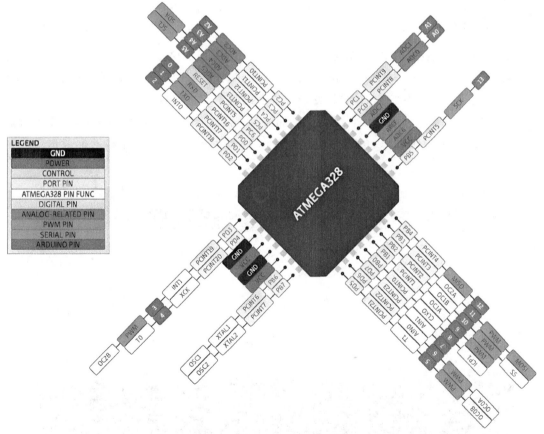

图 8-5 ATmega328P-AU 各针脚与 Basra 控制板各接口的对应关系

8.2.3 控制板驱动程序的安装

为了使计算机能够识别出 Basra 控制板，在第一次使用时需要安装驱动程序。驱动程序在 Arduino IDE 下的 drivers 文件夹下，在 MAC OS 和 Linux 系统下，不需要安装驱动程序，只需直接连接上就可使用;在 Windows 系统中,需要安装驱动配置文件,才可正常驱动 Basra 控制板。

在 Win 7 系统中,驱动安装参考步骤文件可扫如图 8-6 所示二维码读取内容;Win 8 系统以后默认开启驱动程序签名验证,Arduino 的驱动并没有通过微软的驱动程序签名。在 Win 8 或 Win 10 系统中,若始终装不上,或显示安装成功却不能正常下载的话,具体解决办法可参考图 8-7 二维码链接内容。

图 8-6　Win 7 下驱动安装参考步骤

图 8-7　Win 8/Win 10 下驱动安装解决办法

8.3　编程环境

编程环境采用 Arduino 官方 IDE,IDE 有很多版本,可以直接安装 Arduino 官网提供的最新版本进行编程(https://www.arduino.cc/en/software),不同版本的 IDE 操作方法相同。为方便没有编程基础的用户,软件利用图形化界面编程学习,本书以 Arduino-1.5.2 为例进行介绍。运行 Arduino-1.5.2 目录下的 arduino.exe,显示如图 8-8 所示界面,界面上所显示的代码都在 main()函数中,初始化部分 setup()和循环程序部分 loop()的框架也已经存在了。

图 8-8　Arduino-1.5.2 的 C 语言界面

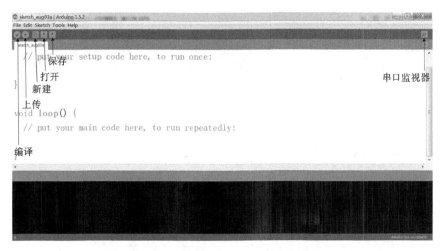

图 8-9 arduino IDE 工具栏功能

Arduino IDE 工具栏功能如图 8-9 所示。在 Tools 菜单下,依次选择 Board 里的 Arduino Uno 项,如图 8-10 所示,以及 Serial Port 里的 COMB(COMB 为在设备管理器的端口 (COM 和 LPT)列表中,出现 USB Serial Port (COMx)的端口号),此时在界面右下角显示 Arduino Uno on COM13,如图 8-11 所示。

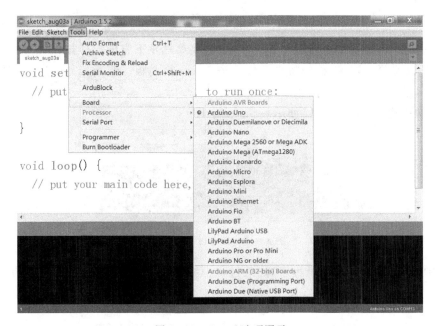

图 8-10 Board 选项图示

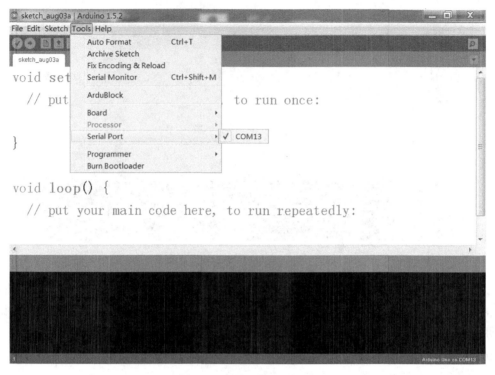

图 8-11　端口号选择图示

Arduino 的 IDE 编译和烧录是一体化的,点击菜单栏左下方的"√"按钮即可编译。点击"→"按钮,表示编译＋烧录,程序将自动烧录进 Basra 控制板。若未编写程序,此时,一个空白的程序将自动烧录进 Basra 控制板。

①开始编译代码,如图 8-12 所示。

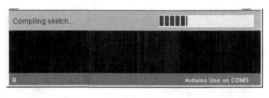

图 8-12　编译过程图示

②开始向 Basra 控制板烧录程序,烧录过程中控制板上的 TX/RX 指示灯闪动,如图 8-13 所示。

图 8-13　烧录过程图示

③烧录成功,如图 8-14 所示。

图 8-14　烧录成功图示

8.4　常用函数

Arduino 编程语言是以 C/C++为语言基础,把相关的一些寄存器参数设置等进行函数化,以便于开发者快速便捷地使用,主要使用的函数有:数字 I/O 引脚操作函数、模拟 I/O 引脚操作函数、高级 I/O 引脚操作函数、时间函数、通信函数和数学函数等。

8.4.1　结构函数

1. setup()

在 Arduino 中程序运行时将首先调用 setup() 函数。用于初始化变量、设置针脚的输出\输入类型、配置串口、引入类库文件,等等。每次 Arduino 上电或重启后,setup() 函数只运行一次。

2. loop()

在 setup() 函数中初始化和定义了变量,然后执行 loop() 函数。该函数在程序运行过程中不断地循环,根据一些反馈,相应改变执行情况。通过该函数动态控制 Arduino 主控板。

8.4.2　数字量输入输出函数

1. pinMode(pin,mode)

该函数用于配置引脚以及设置输入或输出模式,无返回值。pin 参数表示要配置的引脚,mode 参数表示设置该引脚的模式为 INPUT(输入)或 OUTPUT(输出)。

pin 参数的范围是若用数字引脚 D0~D13,对应参数 0~13;若把模拟引脚 A0~A5 作为数字引脚使用时,pin 参数值为模拟引脚数值+14,即:模拟引脚 A0 对应参数 14,模拟引脚 A1 对应参数 15 等。

pinMode 一般会放在 setup() 里,先设置再使用。

2. digitalRead(pin)

该函数在引脚设置为 INPUT 时,获取引脚的电压情况 HIGHT(高电平)或 LOW(低电平),pin 是引脚参数。

3. digitalWrite(pin,value)

该函数在引脚设置为 OUTPUT 时,用于设置引脚的输出电压为高电平或低电平,pin 参数是引脚号,value 参数表示输出的电压为 HIGHT(高电平)或 LOW(低电平)。

8.4.3 模拟量输入输出函数

1. analogRead(pin)

该函数从指定的模拟引脚读取数据值,返回为 int 型,返回值范围为 0~1023;pin 表示要获取数值的模拟引脚,对应控制板上的模拟引脚 A0~A5,默认输入范围是 0~5 V。

在使用 analogRead()前,不需要调用 pinMode()来设置引脚为输入引脚。如果模拟输入引脚没有接入稳定的电压值,analogRead()返回值将由外界的干扰而决定,这个一般用来产生随机数。

2. analogWrite(pin,value)

该函数是通过 PWM(脉冲宽度调制)的方式在引脚上输出一个模拟量。Basra 控制板的数字引脚 3、5、6、9、10、11 可作为 PWM 输出。pin 参数是输出引脚号,value 参数输出范围为 0~255(完全关闭→完全打开),占空比为 value/255,对应的电压值为 value/255×5 V。

analogWrite()执行后,指定的引脚将产生一个稳定的特殊占空比矩形波,直到下次调用 analogWrite()(或在同一引脚调用 digitalRead()或 digitalWrite())。PWM 信号的频率约为 490 Hz。

在使用 analogWrite()前,不需要调用 pinMode()来设置引脚为输出引脚。

8.4.4 延时函数

1. delay(ms)

该参数是延时的时长,单位为 ms。在使用 delay 函数期间,读取传感器值、计算、引脚操作均无法执行,但 delay 函数不会使中断失效。通信端口 RX 接收到的数据会被记录,PWM(analogWrite)值和引脚状态会保持,中断也会按设定执行。

2. delayMicroseconds(μs)

该参数是延时的时长,单位为 μs。该函数能产生更短的延时,在函数使用期间,程序运行将暂停。对于超过几千微秒的延迟,应使用 delay()代替。

8.4.5 中断函数

1. attachinterrupt(interrupt,function,mode)

该函数用于设置中断,interrupt 为中断源,function 为中断函数,mode 为中断触发模式。对于 Basra 控制板,中断源可选 0 或 1,对应数字引脚 2、数字引脚 3;中断函数是一段子函数,当中断发生时执行该子程序部分,这个函数不能带任何参数,且没有返回类型;中断触发模式有 4 种,LOW(低电平触发)、CHANGE(电平变化时触发)、RISING(上升沿触发)、FALL-ING(下降沿触发)。

8.4.6 串行通信函数

1. Serial.begin(speed)

该函数用于打开串口,启动串口通信,设置串行数据传输速率。参数 speed 的单位为位/

秒（波特），与计算机进行通信时，可以使用这些波特率：300、1200、2400、4800、9600、14400、19200、28800、38400、57600 或 115200。

2. Serial.print(val)/Serial.print(val,格式)

打印数据到串口输出，每个数字的打印输出使用的是 ASCII 字符。字符和字符串原样打印输出。Serial.print()打印输出数据不换行。函数返回值为写入的字节数，但可以选择是否使用它。

参数 val 表示打印输出的内容，可以是任何数据类型。

参数"格式"表示指定进制（整数数据类型）或小数位数（浮点类型）。

3. Serial.println(val)/ Serial.println(val,格式)

打印数据到串口输出，每个数字的打印输出使用的是 ASCII 字符。字符和字符串原样打印输出。Serial.println()打印输出数据自动换行处理。函数返回值为写入的字节数，但可以选择是否使用它。

参数 val 表示打印输出的内容，可以是任何数据类型。

参数"格式"表示指定进制（整数数据类型）或小数位数（浮点类型）。

4. Serial.write()

写入二进制数据到串口。发送的数据以一个字节或者一系列的字节为单位。如果写入的数字为字符，需使用 print()命令进行代替。函数返回值为写入的字节数，但是否使用这个数字是可选的

Serial.write(val)/Serial.write(str)/ Serial.write(buf,len)

参数：

val：以单个字节形式发的值；

str：以一串字节的形式发送的字符串；

buf：以一串字节的形式发送的数组；

len：数组的长度。

8.5 Bigfish 扩展板简介

Basra 控制板是开源的，非常适合制作互动作品，为了方便使用，与之对应设计了专用于简单机器人的 Bigfish 扩展板，通过扩展板，能方便地将大部分传感器模块、电动机、输出模块、通信模块等和 Basra 控制板相连。

Bigfish 含 3 A 6 V 的稳压芯片（LM1084ADJ），可为舵机提供 6 V 额定电压。板载 8×8LED 模块采用 MAX7219 驱动芯片。板载两片直流电动机驱动芯片 L9170，可驱动两个直流电动机。板载 USB 驱动芯片及自动复位电路，烧录程序时无需手动复位。两个 2×5 的杜邦座扩展坞（扩展模块接口），方便无线模块、OLED、蓝牙等扩展模块直插连接，无需额外接线。BigFish 扩展板如图 8-15 所示。

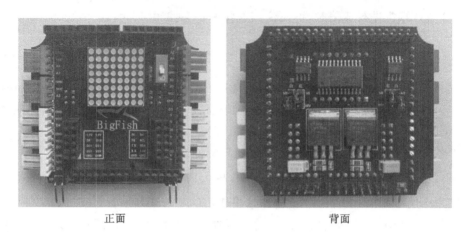

正面　　　　　　　　　　背面

图8-15　BigFish扩展板实物图

扩展板两侧红色接口为传感器接口,白色接口为舵机接口。BigFish扩展板各接线端说明如图8-16所示。

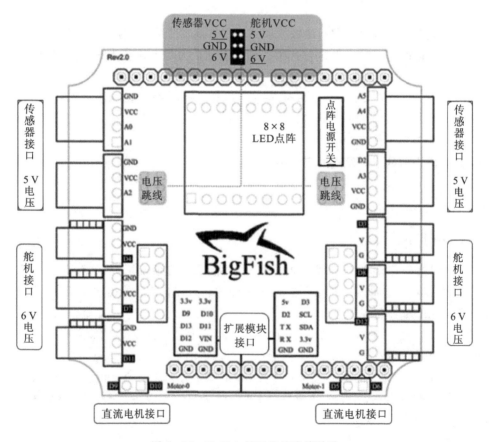

图8-16　BigFish扩展板接线端说明

D11\D12舵机端口与LED点阵复用,请注意避免同时使用。

BigFish扩展板与Basra主控板堆叠连接,如图8-17所示。BigFish扩展板的使用说明可扫图 8-18 二维码链接。

图 8-17 BigFish 扩展板与 Basra 主控板堆叠连接

图 8-18 BigFish 扩展板的使用说明

8.6 Basra 控制板的使用

8.6.1 I/O 口的基本使用

为实现机器人的自动化和智能化,传感器是机器人不可缺少的组成模块,传感器用来实时检测机器人的运动及工作情况,获取内部和外部环境状态中有意义的信息,根据需要反馈给控制系统,与设定信息进行比较后,对执行机构进行调整,以保证机器人的动作符合预定的要求。

"探索者"组件中,PCB 板为红色的传感器均为数字量传感器,有触碰传感器、近红外传感器、黑标传感器、白标传感器、声控传感器、光强传感器、闪动传感器、触须传感器等。数字传感器的默认触发条件为低电平触发。PCB 板为蓝色的传感器均为模拟量传感器,有温湿度传感器、超声测距传感器、加速度传感器、颜色传感器等。其中,黑标传感器、白标传感器、声控传感器、光强传感器,既可作为数字量传感器也可作为模拟量传感器。黑标/白标传感器读取数字量时可以识别黑色(1)和白色(0),读取模拟量时称为灰度传感器,可以获得物体的灰度(深浅不一的灰色)参数;光强传感器读取数字量时可以识别暗光(1)和强光(0),读取模拟量时可以获得光线的强度参数;声控传感器读取数字量时可以识别有声(1)和无声(0),读取模拟量时可以获得响度参数。

为方便传感器连接,Basra 主控板与 BigFish 扩展板堆叠连接,传感器连接到 BigFish 扩展板传感器接口。

传感器对应的引脚号要看传感器端口 VCC 引脚旁边的编号,即:A0、A2、A3、A4,也就是紧挨 VCC 引脚旁的端口号有效。引脚参数值为模拟引脚数值+14,即:模拟引脚 A0 对应参数 14,模拟引脚 A2 对应参数 16 等,如图 8-19 所示。

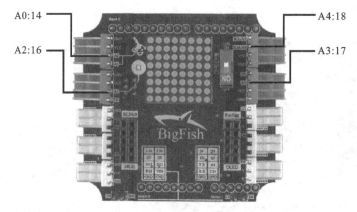

图 8-19 传感器接口有效端口号图示

1. I/O 口数字量读取

在对数字量传感器的值进行采集时，先根据实际接线确认传感器的引脚参数值，然后配置引脚为输入模式，再对引脚进行数字量读操作，这样，便可获得引脚的采集值（0 或 1）。

例 8.1 用触碰传感器控制 Basra 控制板 D13 LED 灯的亮灭，按下触碰后，主板的 LED 灯亮。

触碰传感器与扩展板接线如图 8-20 所示，连接对应关系如表 8-2 所示。

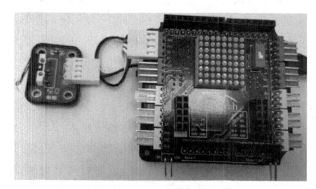

图 8-20 触碰传感器连接图示

表 8-2 连接引脚对应关系

Basra 板子	触碰传感器
GND	GND
5 V	VCC
A0	DATA

例题编程如下：

```
const int buttonPin = 14;      // the number of the pushbutton pin
const int ledPin =   13;       // the number of the LED pin
int buttonState = 0;           // variable for reading the pushbutton status
void setup()
  {
    pinMode(ledPin, OUTPUT);      // initialize the LED pin as an output
    pinMode(buttonPin, INPUT);    // initialize the pushbutton pin as an input


  }
```

```
void loop()
    {
       buttonState = digitalRead(buttonPin);
       Serial.println(buttonState);
       if (buttonState == 0)
          {
              digitalWrite(ledPin, HIGH);   // turn LED on
          }
       else
          {
              digitalWrite(ledPin, LOW);    // turn LED off
          }
    }
```

2. I/O 口模拟量读取

模拟量传感器检测到的是连续信号,获得的是一串数字。在对模拟量传感器的值进行采集时,先根据实际接线确认传感器的引脚参数值,再对引脚进行模拟量读操作,这样,便可获得引脚的采集值(一串数字)。

例 8.2 读取灰度传感器值,通过串口监视器查看获取值。

灰度传感器与控制板接线如图 8-21 所示,连接对应关系如表 8-3 所示。

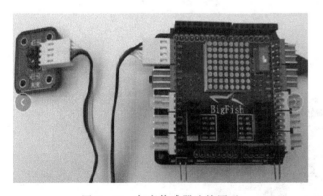

表 8-3 连接引脚对应关系

Basra 板子	灰度传感器
GND	GND
5 V	VCC

图 8-21 灰度传感器连接图示

例题编程如下:

```
const byte potPin = A0;     //也可将 A0 写为 14
int val;                    // 接收模拟输入值的变量,类型为整数
void setup()
    {
       Serial.begin(9600);   // 以 9600bps 速率初始化序列
    }
void loop()
```

{
　　val = analogRead(potPin);
　　Serial.println(val);
　　delay(500);
}

在 C 语言界面的 Tools 菜单里面,找到 Serial Monitor 选项,如图 8 - 22 所示;打开串口监视器,查看返回值,如图 8 - 23 所示。

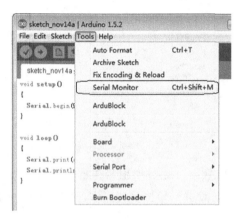

图 8 - 22　选择 serial monitor 选项

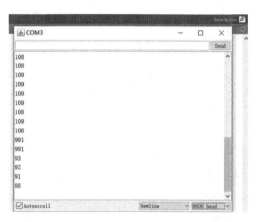

图 8 - 23　在串口监视器中查看返回值

8.6.2　串口的基本使用

1. 硬件串口通信

例 8.3　串口输出"hello5"。用 USB 线把控制板和 PC 机连接,如图 8 - 24 所示。

图 8 - 24　用 USB 线把控制板和 PC 机连接

例题编程如下:
void setup()
　　{
　　　　Serial.begin(9600);

```
            }
void loop()
    {
    int bytesSent = Serial.write("hello");
    Serial.println(bytesSent);
    delay(1000);
    }
```

打开串口监视器,可以看到接收到的值如图 8-25 所示。

图 8-25 输出"hello5"

例 8.4 用蓝牙模块通过串口控制机器人小车运动。

蓝牙模块如图 8-26 所示,设备名称为 HC-05,配对密码为 1234。使用时,在手机端先下载蓝牙串口助手 APP,然后在 APP 界面进行配置,如将两个按键的名字分别设置为"前进""后退",发送的数据分别为 1、2。

只要把串口数据和机器人要做的动作匹配起来,就可以实现用串口控制机器人小车运动了。下载以下程序时,先不要堆叠蓝牙串口模块,因为会占用串口,造成下载失败。下载完程序后,将蓝牙模块堆叠在 BigFish 扩展板上(注意方向,不要插反),并将 BigFish 插到控制板上,如图 8-27 所示。

图 8-26 蓝牙模块

图 8-27 蓝牙模块堆叠图示

例题编程:

```
int _ABVAR_1_data = 0 ;
void setup()
```

```
{
    Serial.begin(9600);
    pinMode( 9 , OUTPUT);
    pinMode( 5 , OUTPUT);
}
void loop()
{
    _ABVAR_1_data = Serial.parseInt() ;
    if (_ABVAR_1_data ) ==  1 )
      {
        digitalWrite( 9 , HIGH );
        digitalWrite( 5 , LOW );
      }
    if (_ABVAR_1_data ) ==  2 )
      {
        digitalWrite( 9 , LOW );
        digitalWrite( 5 , HIGH );
      }
}
```

2.软件模拟串口通信

除硬件串口通信 HardwareSerial 外,Arduino 还提供了 SoftwareSerial 类库,它可以将其他数字引脚通过程序模拟成串口通信引脚。

通常我们将 Arduino UNO 上自带的串口称为硬件串口,而使用 SoftwareSerial 类库模拟成的串口,称为软件模拟串口(简称软串口)。在 Arduino UNO 上,提供了 0(RX)、1(TX)一组硬件串口,可与外围串口设备通信,如果要连接更多的串口设备,可以使用软串口。

软串口是由程序模拟实现的,使用方法类似硬件串口,但有一定局限性:在 Arduino UNO MEGA 上部分引脚不能被作为软串口接收引脚,且软串口接收引脚波特率建议不要超过 57600。

实现软串口通信串口连接如图 8-28 所示。

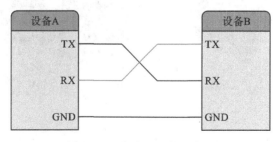

图 8-28 软串口通信示意图

建立软串口通信。SoftwareSerial 类库是 Arduino IDE 默认提供的一个第三方类库,和硬件串口不同,其声明并没有包含在 Arduino 核心库中,因此要建立软串口通信,首先需要声明包含 SoftwareSerial.h 头文件,然后即可使用该类库中的构造函数,初始化一个软串口实例。

SoftwareSerial(),SoftwareSerial 类的构造函数,通过它可指定软串口 RX、TX 引脚。

语法:

SoftwareSerial mySerial= SoftwareSerial(rxPin,txPin)

SoftwareSerial mySerial(rxPin,txPin)

参数:

mySerial:用户自定义软件串口对象;

rxPin:软串口接收引脚;

txPin:软串口发送引脚。

如:SoftwareSerial mySerial(10,11)是新建一个名为 mySerial 的软串口,并将 10 号引脚作为 RX 端,11 号引脚作为 TX 端。

例 8.5 两个 Basra 控制板间通信,Basra 板子(master)发送数据,Basra 板子(slave)接收数据,可以从串口查看接收到的数据。

为便于接线,将 BigFish 扩展板叠加在 Basra 控制板上,通过扩展槽用杜邦线将两个 Basra 控制板连接起来,接线如图 8-29 所示,相应引脚对应关系见表 8-4。例题编程可扫图 8-30 二维码。

图 8-29 两块 Basra 控制板通过软串口通信接线图

表 8-4 接线引脚对应关系

Basra 板子(master)	Basra 板子(slave)
(10)RX	(11)TX
(11)TX	(10)RX
5 V	5 V
GND	GND

图 8-30 两块 Basra 控制板通过软串口通信例程

例题编程如下:

①主设备的程序 SoftwareSerial_Master(主机发送数据,从机接收收据)。
```
#include <SoftwareSerial.h>
SoftwareSerial mySerial(10, 11); // RX, TX
void setup()
{
    Serial.begin(115200);
    while (! Serial)
       {
          ;
       }
    Serial.println("Master!");
    mySerial.begin(9600);
}
void loop()
{
    mySerial.println(1);
    delay(1000);
    mySerial.println(2);
    delay(1000);
}
```

②从设备的程序 SoftwareSerial_Slave(从设备接收主设备的数据,可以从串口查看接收到的数据)。
```
#include <SoftwareSerial.h>
SoftwareSerial mySerial(10, 11);
String receive_data = "";
void setup()
    {
       Serial.begin(115200);
       while (! Serial)
          {
             ;
          }
    Serial.println("slave");
    mySerial.begin(9600);
    }
void loop() // run over and over
    {
```

```
        if (mySerial.available())
        {
            char inchar = mySerial.read();
            receive_data += inchar;
            if(inchar == '\n')
                {
                    Serial.println(receive_data);    //receive value
                    receive_data = "";
                }
        }
    }
```

把程序下载到相应设备里,打开与从设备连接的串口监视器,接收到数据如图 8-31 所示。

图 8-31 从设备所接收到的数据

8.6.3 中断的使用

1. 外部中断

例 8.6 用两个触碰开关分别控制 Basra 控制板上 D13 LED 的亮灭,按下触碰开关后,Basra 板子上的灯亮;按下另一个触碰开关后,Basra 板子上的灯灭。

为方便观察 D13 LED 的亮灭情况,触碰开关不通过 BigFish 扩展板连接,而直接接到 Basra 控制板上,接线图如图 8-32 所示,相应的引脚对应关系见表 8-5。

图 8-32 两个触碰开关与 Basra 控制板接线图

表 8-5 连接引脚对应关系

Basra 板子	触碰传感器 1	Basra 板子	触碰传感器 2
GND	GND	GND	GND
5 V	VCC	3.3 V	VCC
D2	DATA	D3	DATA

例题编程如下：
```
int pin = 13;
int state = LOW;
void setup()
{
    pinMode(pin, OUTPUT);
    attachInterrupt(0, blink, LOW);   //中断源 0 对应数字引脚 D2
    attachInterrupt(1, blink_1, LOW); //中断源 1 对应数字引脚 D3
}
void loop()
{
    digitalWrite(pin, state);
}
void blink()                          //中断函数
{
    state = LOW;
}
void blink_1()                        //中断函数
{
    state = HIGH;
}
```

2. 定时器中断

定时中断：主程序在运行的过程中过一段时间就进行一次中断服务程序，不需要中断源的中断请求触发，而是自动进行。

Arduino 已经写好了定时中断的库函数，可以直接使用。常用的库有 FlexiTimer2.h 和 MsTimer2.h，这两个库的用法大同小异。常用的几个函数用途如下：

①void set(unsigned long ms, void (* f)( ))：这个函数设置定时中断的时间间隔和调用

的中断服务程序。ms 表示的是定时时间的间隔长度,单位是 ms,void(*f)()表示被调用中断服务程序,只写函数名字就可以了。

②void start():开启定时中断。

③void stop():关闭定时中断。

例 8.7 采用定时器中断,每隔 1000 ms 中断一次,控制 LED 灯的亮灭。

例题编程如下:

```
#include <MsTimer2.h>
void flash()
{
    static boolean output = HIGH;
    digitalWrite(13, output);
    output = ! output;
}
void setup()
{
    pinMode(13, OUTPUT);
    MsTimer2::set(1000, flash);
    MsTimer2::start();
}
void loop()
    {    }
```

8.6.4 PWM 输出基本使用

PWM(Pulse‑Width Modulation,脉宽调制),这是一种对模拟信号电平进行数字编码的方法,由于计算机和 UNO 板只能输出 0 V 或 5 V 的数字电压值,所以就要通过改变方波脉宽占空比的方式,来对模拟信号进行编码,经过脉宽调制的输出电压和通断的时间有关,公式如下:

$$输出电压=(接通时间/脉冲总时间)\times 最大电压值$$

Duty Cycle(占空比):它表示为在 PWM 信号周期内保持导通的时间信号的百分比

$$D=t/T$$

PWM 输出的一般形式如图 8-33 所示,PWM 波形的特点是波形频率恒定,占空比可变。我们常用 PWM 来驱动 LED 的暗亮程度,电动机的转速等。

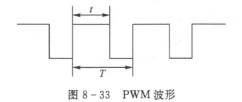

图 8-33 PWM 波形

Basra 控制板上标记有"～"的引脚(3、5、6、9、10 和 11)支持 PWM，Basra 控制板基于 Arduino UNO，PWM 的频率大约为 490 Hz，5、6 脚可达 980 Hz。

①用 analogWrite(pin,value)实现 PWM 输出。

其中，pin：PWM 输出的引脚。value：用于控制占空比，范围为：0～255。值为 0 表示占空比为 0，输出电压为 0；值为 255 表示占空比为 100%，输出电压为 5 V；值为 127 表示占空比为 50%，输出电压为 2.5 V。value 值也可以这样理解：把总电压分成 255 份，value 值代表输出电压在总电压中所占的份数。由于 PWM 是需要完成一个周期的时间的，因此，这个函数的两次调用之间应该有时延。

在调用 analogWrite()函数之前，不需要调用 pinMode()将引脚设置为输出，因为 analogWrite 源代码中，已经配置了。

例 8.8 用 PWM 控制呼吸灯。

```
void setup()//初始化函数
{   }
void loop() //执行函数
{
    unsigned char i;//亮度增减变量
    for (i=1;i<=255;i++)//增量范围 0～255
    {

        analogWrite(9,i);    //PWM 引脚位,指定输出值
        delay(5);            //延时
    }
    for (i=255;i>=1;i--)
    {
        analogWrite(9,i);    //PWM 引脚位,指定输出值
        delay(5);            //延时
    }
}
```

②用 digitalWrite(pin,value)实现 PWM 输出。该函数在引脚设置为 OUTPUT 时，用于设置引脚的输出电压为高电平或低电平，pin 参数是引脚号，value 参数表示输出的电压为 HIGHT(高电平)或 LOW(低电平)。

例 8.9 用 PWM 控制舵机来回摆动。

电路连线如图 8-34 所示，接线对应关系见表 8-6。舵机的信号频率要求是 50 Hz，周期 20 ms，脉宽 0.5～2.5 ms，舵机的输出轴转角与输入信号的脉冲宽度之间的关系如图 8-35 所示。舵机控制线输入的是一个宽度可调的周期性方波脉冲信号，方波脉冲信号的周期为 20 ms(频率为 50 Hz)。当方波的脉冲宽度改变时，舵机转轴的角度发生改变，角度变化与脉冲宽度的变化成正比。

第 8 章 基于单片机控制的模块化机器人

图 8-34 舵机与 Bigfish 扩展板舵机接口的连接

表 8-6 接线对应关系

Basra 板子/Bigfish 扩展板	标准舵机
GND	GND
VCC	VCC
D4	DATA

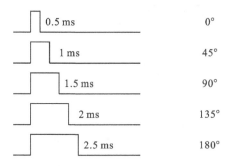

图 8-35 舵机输出转角与输入信号脉冲宽度之间的关系

例题编程如下：
```
int servoPin = 4;    //定义舵机接口数字接口4,也就是舵机的信号线位置
void setup()
{
    pinMode(servoPin, OUTPUT);   //设定舵机接口为输出接口
}
void loop()
  {
    servo(30);  //舵机转到 30 度
    delay(1000);
```

217

```
            servo(60);      //舵机转到 60 度
            delay(1000);
    }
    void servo(int angle)
        {                   //定义一个脉冲函数；
         for(int i=0;i<50;i++)    //发送 50 个脉冲
           {
                int pulsewidth = (angle * 11) + 500;   //将角度转化为 500-2480 的脉宽值
                                                        //(0 度-500 微秒;180 度—2480 微秒)
                digitalWrite(servoPin, HIGH);        //将舵机接口电平至高
                delayMicroseconds(pulsewidth);       //延时脉宽值的微秒数
                digitalWrite(servoPin, LOW);         //将舵机接口电平至低
                delayMicroseconds(20000 - pulsewidth);
           }
    delay(100);
    }
```

8.7 本章小结

本章主要以探索者创新套件中的 Basra 控制板为例，介绍了 ATMega328 AVR 单片机在模块化机器人控制中的应用。主要内容有：

①I/O 口的使用；

②串口的使用；

③中断的使用；

④PWM 输出的使用等。

8.8 训练内容

8.8.1 基础训练

①将 Basra 主控板通过 USB 线连接到 PC，编写程序以控制 Basra 主控板上 LED 灯闪烁。LED 位于如图 8-36 所示位置，针脚号为 D13。

②编写程序，用 PWM 控制 Basra 主控板上 LED 灯以不同亮度点亮。

③用组件零件组装一个驱动轮，编写程序控制直流电动机的旋转以实现轮子正转、反转及停转。驱动轮的组装步骤参考文件请扫图 8-37 二维码，驱动轮如图 8-38 所示。Basra 主控板与 BigFish 扩展板堆叠连接，直流电动机连接到 BigFish 扩展板上直流电动机接口，如图 8-39 所示。

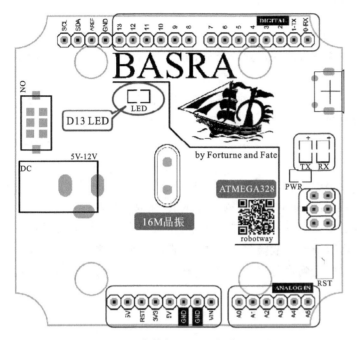

图 8-36 主控板上 LED 灯位置图示

图 8-37 驱动轮的组装步骤

图 8-38 驱动轮图示

图 8-39 电动机与 BigFish 扩展板的连接

④组装一个机械手爪,如图 8-40 所示,编程实现机械手爪的开合控制。机械手爪的组装详细步骤参考文件可扫图 8-41 二维码。

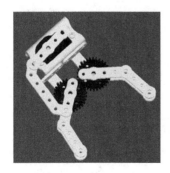

图 8-40 机械手爪

图 8-41 机械手爪的组装步骤

8.8.2 综合训练

1.组装一台循迹小车,要求小车能够按照规定路线行驶,运行到指定位置停止,编程控制小车实现循迹功能。

2.组装一台多方向避障小车,要求小车在运行途中能够判断障碍物所在的方向(前方/左方/右方),并能够向避开障碍物的方向移动。编程控制小车实现多方向避障功能。

8.8.3 拓展训练

1.单车项目:组装一台移动搬运小车,要求小车能够按照规定路线行驶;行进途中遇到障碍停止,障碍去除可继续前进;能够运行到指定物品存放位置停止,抓取物品。

2.两车配合项目:组装一台搬运小车和一台遥控排爆小车,排爆小车可适应多种路面(平路、坡路、搓板路),具有避障功能、运行到指定危险物位置停止,抓取危险物放到搬运小车上,搬运小车按照指定路线搬移,行进途中遇到障碍停止,障碍去除可继续前进;运行到指定位置停止。

拓展训练要求:

①结构合理、稳固,造型美观;

②使用直流电动机、舵机;

③至少使用三种不同的传感器;

④至少使用一种通信模块(蓝牙模块/NRF 无线模块)。

第9章 智能家居系统的设计与开发

物联网(IoT,Internet of things)是将各种信息传感设备与网络结合起来而形成的一个巨大网络,实现任何时间、任何地点,人、机、物的互联互通。智能家居是物联网技术在家庭中的一种基础应用,它起源于20世纪80年代的美国,随后传播到欧洲、日本、新加坡等地。家居对象是如何实现"智能"的呢?对家居环境中的状态量是如何实现监测,电器设备是如何实现控制的呢?手机、电脑等客户端是如何实现远程操作设备的呢?本章将从智能家居的结构设计、技术构成等角度解决以上问题。

9.1 概述

智能家居系统是以房屋、建筑为平台,利用网络通信技术、传感器技术、自动控制技术、安全防范技术、对人们家居生活相关的事务进行统一、高效支配与管理的系统。它的根本目的就是为了服务人类,提高人们家居生活的便利性、安全性、舒适性,并注重与生态的和谐相处,提供一个节能环保的居住环境。

国外很早便开始了智能家居相关的研究。从最初的住宅电子化(HE,Home Electronics),没有形成局域网和设备的信息交互,后来发展成为住宅自动化(HA,Home Automation),能够构成最简单基础的通信网络,随后实现了总线技术的 Wise Home\Smart Home,就是智能家居的原型。进入21世纪后,智能家居系统将无线通信技术逐步地融合进来,目前,出现了通过 WiFi、ZigBee、蓝牙等无线通信技术进行控制,加速了智能家居产业的发展和普及。

国内智能家居系统的起步较晚,智能家居概念的推广是从20世纪90年代开始的。但是发展迅速,行业结构比较复杂,研究水平差异较大。近几年,政府对智能家居行业的重视程度逐步提高,组建相关工作组、颁布国家标准等一系列举措,为加快推动我国智能家居产品的产业化,为物联网技术在智能家居领域的广泛普及和推广提供政策性和标准化保障。现阶段,很多家庭都开始使用扫地机器人、智能电视、智能音箱等各种类型的智能家电,但智能家居不简单等同于智能家电。未来的发展中,数据安全问题、标准化接口、统一的通信协议、用户的多元化需求等问题逐一突破,最终实现全屋智能化和万物互联的终极形态。

9.2 智能家居实现的功能

随着对生活品质的要求越来越高,人们希望出门在外也能随时随地对掌管家中的情况;在工作忙碌一天以后,希望回到家就能拥有一个舒适、便利的环境;同时,利用智能手机远程监控家中的电气、安全防护,就更加符合现代人们的使用习惯。基于以上分析,智能家居系统实现的功能主要有以下几种。

(1)组网功能

从技术角度讲,分为无线组网和有线组网,分别利用无线通信和有线通信技术。相较于有线组网,无线网络技术具有安装方便、组网灵活、即插即用、可移动性强的特点,在不影响房屋原有布局的情况下,便可以实现对室内电器的控制,更适用于智能家居网络,也更方便智能家居利用自组网技术。

(2)智能电器控制

实现用遥控、定时、声音等多种智能方式对空调、灯光、电视、地暖、新风系统等的智能控制,各种电器设备得到人性化地管理,能够有效节约电能,是一种最优的节能环保方案。

(3)安防功能

在相对私密的家居环境中,人们也希望自身的财产和生命安全得到保障,尤其在家中无人的时候,也能够应对一些突发状况,比如,监测是否有陌生人侵入、煤气泄漏等情况。

(4)远程控制功能

智能家居之所以智能,与远程控制功能是密不可分的,对于快节奏的今天,人们希望在有限的时间内,完成更多的事情,甚至希望能有"分身术",可以达到一身二用。

9.3 智能家居技术架构

从物联网的技术角度,智能家居可以分为三层架构:感知层、网络层和应用层,如图9-1所示。

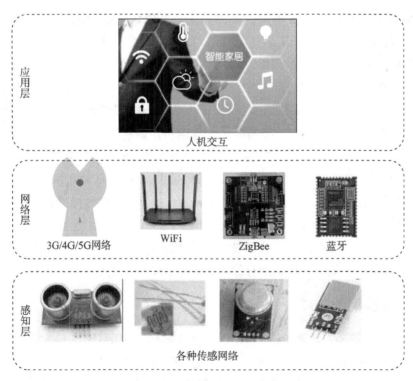

图9-1 智能家居结构分层

感知层是智能家居架构中的最底层,是由各种传感器和传感器网关组成,包括温/湿度传感器、烟雾传感器、摄像头等。其作用是识别物体,采集状态信息,通过网络将数据发送至网关设备,感知层的主要作用是完成数据的采集和传输。感知层是智能家居系统的基础,发挥着重要作用。

网络层如同人的神经网络。其能够把感知层采集到的数据,进行高时效性、高可靠性、高安全性的传输,也可以将应用终端设备发出的指令信息传递到其他终端设备上。它将没有关系的各类信息建立在了一张网络上,使得各个终端、服务器、智能手机等接入设备进行互联,从而实现感知数据的传输。

应用层的主要功能是把感知层通过网络传输过来的信息进行存储、分析和处理,做出正确的控制和决策,从而实现智能化管理、应用和服务。在智能家居系统使用过程中,应用层主要指的是人机界面的交互,比如,人与智能手机、人与计算机等。应用层行使的主要职责是监测和控制。

9.4 无线组网技术基础

智能家居不仅体现在家居单品的智能化上,更体现在不同设备之间互联互通构成一个智能化的家居生态,组网必不可少。从技术发展和实用性角度出发,无线网络技术有着得天独厚的优势,不仅仅因为无线网络可以提供更多的灵活性、便捷性,节省成本,且有利于家居环境的美观;更重要的是它符合家庭运营成本低、传输速率和传输距离要求不高的通信特点。无线网络技术众多,已经成功应用在智能家居领域的技术方案主要包括射频(RF)技术、无线局域网(WiFi)技术、蓝牙技术、HomeRF 技术、ZigBee 标准及 Z-Wave 标准等,其中,WiFi、ZigBee 是无线技术中两种最佳选择。两种技术各自的优缺点是家庭网络使用需要考虑的重要因素。

1. 无线局域网(WiFi)技术

WiFi 是 Wireless Fidelity 的缩写,即无线保真技术,它也指 IEEE 802.11b,是无线网络通信的一种工业标准,属于一种短距离无线传输技术。随着 IEEE 802.11a、IEEE 802.11g 等许多标准的出现,它们被统称为 IEEE 802.11 协议族,也被称为 802.11x 系列标准,包含了一系列的无线局域网协议标准。IEEE 802.11b 工作在开放的 2.4 GHz 频段,既可以作为有线网络的补充,也可以独立组网,使网络用户摆脱网线的束缚,实现真正意义上的移动应用。支持的范围是室外 300 m,办公环境中最远为 100 m,允许访问点之间进行无缝连接。WiFi 已成为现代家庭生活、办公环境、饭店、咖啡厅等场所中非常便捷、快速的联网途径。

WiFi 技术有以下特点:

①无线电波的覆盖范围广,覆盖半径可达 100 m,适合办公、校园和医院等楼层内部使用。

②传输速度快,可靠性高。IEEE 802.11b 无线网络,最大带宽为 11 MBps,在信号较弱或有干扰的情况下,带宽可调整为 5.5 Mbps、2 Mbps、1 Mbps,有效地保证了网络的稳定可靠。

③辐射小。IEEE 802.11 规定发射功率不可超过 100 mW,实际发射功率 60~70 mW,手机的发射功率为 0.2~1 W,手持对讲机的发射功率高达 5 W,与之相比,WiFi 辐射功率要小

很多。

④保密性能和数据安全性低,密码非常容易被破译,如果有黑客入侵家居网络中,激活某个电气设备,比如燃气,导致的后果将非常严重。

⑤功耗大。这是高带宽带来的代价,导致其在家居领域中的应用受限。

2. ZigBee 技术

ZigBee 是近年来兴起的一种短距离双向无线通信技术,由 IEEE 802.15.4 工作组制定,其高层应用、互联互通测试和市场推广由 2002 年 8 月组建的 ZigBee 联盟负责。ZigBee 的名称来源于一种有趣的生物现象,当蜜蜂发现食物后,会通过跳"Z"字形的舞蹈来向同伴传递食物位置和方向等信息。由于蜜蜂体积质量小,所需能量小,能传输信息等特点与该技术特点吻合,所以人们将该技术命名为 ZigBee。ZigBee 定义了短距离、低速率无线通信所需要的一类通信协议,可工作在 2.4 GHz、868 MHz、915 MHz 频段,可与 254 个节点联网,基本传输速率为 250 Kbps,比 WiFi 传输速率低很多。

ZigBee 有以下技术特点。

①功耗低。ZigBee 技术的传输速率低,传输数据量小,信号收发时间短,在非工作状态下处于自动休眠模式,所以 ZigBee 节点的功耗非常低。通常情况下,ZigBee 节点在两节 5 号干电池供电的情况下可工作 6 个月到 2 年,使用碱性电池则可工作数年。

②可靠度高。ZigBee 技术在媒体接入控制层(MAC 层)采用了碰撞避免机制,这是一种完全确认的数据传输机制,每个发送的数据包都必须等待接收方的确认信息,如果没有收到确认信息则再传一次。同时为需要固定带宽的通信业务预留专用时隙,避免了数据发送时的竞争和冲突,有效地提高了系统信息传输的可靠性。

③网络容量大。单个 ZigBee 网络中最多可同时搭载 255 个设备,包括一个主设备(Master)和 254 个从设备(Slave),一个区域最多可以有 100 个 ZigBee 网络同时工作。

④保密性高。ZigBee 技术提供了基于循环冗余码校验(CRC)的数据完整性检查和鉴权功能,并采用 AES-128 加密算法,各应用可以灵活地确定其安全属性,使得网络安全性得到了较高的保证。

⑤低时延。ZigBee 技术对通信时延以及系统唤醒时延等问题也做了优化,系统唤醒时延一般为 15 ms,设备搜索时延一般为 30 ms,移动设备加入网络时延为 15 ms。

⑥成本低。ZigBee 技术的协议栈设计简练,所以研发和生产成本相对较低,并且 ZigBee 协议是免专利费的,大大降低了成本。

⑦有效范围小。ZigBee 的有效传输距离为 10~75 m,具体距离依据实际发射功率的大小和各种不同的应用模式而定,基本能够覆盖普通的家居环境。

每种技术都有自身的长处,也有短板,目前的智能家居市场需求是多样的,各种技术都能够在市场上找到位置并发挥作用,无论使用哪种技术,智能家居的目的是要实现在家居场景中,解放人类双手,为人们的生活提供便捷。

下面将讨论用 ZigBee 通信技术实现的智能家居网络。

9.5 ZigBee 通信网络

1. ZigBee 通信频段和信道

频段是设备在工作时可以使用的一定范围内的频率段,信道是在这个频段内可供选择、用于传输信息的通道。ZigBee 物理层工作在 868 MHz、915 MHz 和 2.4 GHz 这三个频段上,其分别对应 1 个、10 个、16 个信道,并具有 20 Kbps、40 Kbps 和 250 Kbps 的最高数据传输速率。它们属于工业、科学和医学应用免费 ISM 频段,用户使用这些频段不需要申请执照。其中,868 MHz 和 916 MHz 频段分别是欧洲和美国专属频段,2.4 GHz 在全球范围都可以使用。国内的 ZigBee 网络通信使用的是 2.4 GHz 频段。ISM 频段信道分布图如图 9-2 所示。

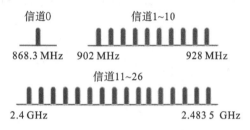

图 9-2 ISM 频段信道分布图

ZigBee 的网络号(PAN ID)是一个 ZigBee 网络的基本标识,一个网络的网络号是唯一的,也是同一个通信区域内不同网络中的节点加入自己应加入网络的标识。网络号是一个 16 位的标识,也称为网络地址,或个人局域网识别标志,设置范围为 0X0000～0XFFFF。理论上有 64K 个网络号可供选择。事实上只允许在 0x0000～0xFFFE 之间进行设置,如果将网络号设置为 0XFFFF,则会产生一个随机网络号。

2. ZigBee 网络拓扑结构

ZigBee 网络有三种逻辑设备类型,即协调器(Coordinator)、路由器(Router)和设备终端(End Device)。协调器的主要功能是建立和设置网络,也是形成网络的第一个设备,路由器的主要功能是在网络中起到承上启下的作用,终端是网络中的末端节点,只完成本节点的数据传输功能。

ZigBee 网络中的协调器、路由器和终端的硬件电路并无区别,只是其软件设置有所不同。协调器的设置内容包括网络拓扑结构、信道和网络标识(即网络号 PAN ID),然后开始启动这个网络(各个节点上电即为启动)。一旦启动网络,在协调器的有效通信距离范围内,且设置为相同网络标识和信道的路由器和终端就会自动加入这个网络。如果未设置网络号,PAN ID 的默认值为 0xFFFF,事实上会随机产生一个网络号并建立网络。路由器是在网络中起支持关联设备的作用,实现其他节点的消息转发功能。路由器的功能可以描述为:使其子树中的设备(路由器或终端)加入这个网络、路由功能、辅助其子树终端的通信。ZigBee 网络的终端节点是具体执行数据传输的设备,不转发其他节点的消息,因此,在不发射和接手数据时可以休眠,也可以作为电池供电节点。

ZigBee 网络支持星状、树状和网状三种网络拓扑结构，如图 9-3 所示。

星状拓扑是 ZigBee 的最小型网络，包含一个协调器和若干终端节点，不支持路由节点，每个终端节点只与协调器之间进行通信，协调器作为发起设备，建立一个自己的网络，优点是结构简单、数据传输速度快，缺点是网络中的节点数少且通信距离短，一般用于构成小型网络，并且星状网络对协调器要求高，一旦协调器出现故障或掉电，整个网络将瘫痪。树状拓扑包含一个协调器、若干路由器和一系列终端节点，协调器和路由节点可以包含自己的子节点，路由节点只与协调器和终端节点进行通信，各路由器之间不能相互通信，优点是网络的节点数多，可组成大规模 ZigBee 网络，数据传输速度比网状网络快，并且当网络组建完成后可不依赖协调器，即使将协调器撤出，网络仍可正常运行。网状拓扑在树状拓扑的基础上，路由节点之间可以相互通信，信息传输更加灵活。由此可知，星状和树状网络适合点对点、距离相对较近的应用。

本节采用星状网络结构。

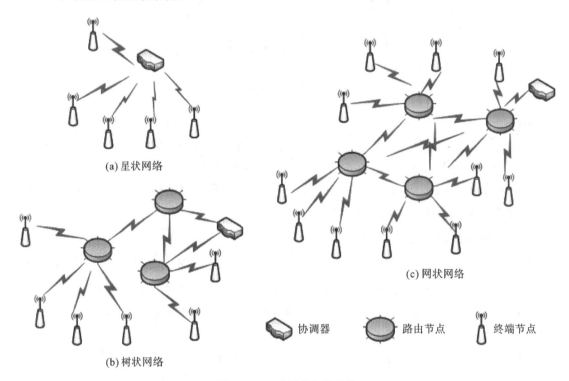

图 9-3 三种网络拓扑结构

3. ZigBee 射频芯片和协议栈

ZigBee 网络的实现需要依靠支持 IEEE 802.15.4 标准的无线射频芯片和协议栈。ZigBee 得到大量普及与应用的一大优势是成本低，随着世界各大硬件厂商陆续推出了支持该标准的片上系统(SoC)解决方案。ZigBee 是一个全球协议，很多公司和组织依据 ZigBee 标准和规范实现了各自的协议栈，并提供了开发工具。本节使用德州仪器(简称 TI)公司的 CC2530 芯片以及 Z-Stack 协议栈。

协议栈是一系列的通信标准,通信双方需要按照这一标准进行正常的数据发射和接收。通俗地讲,协议栈就是协议和用户之间的一个接口,开发人员通过使用协议栈来使用这个协议,进而实现无线数据收发。如图9-4所示,ZigBee协议分为两部分,IEEE 802.15.4定义了PHY(物理层)和MAC(介质访问层)技术规范,ZigBee联盟定义了NWK(网络层)、APS(应用程序支持层)、APL(应用层)技术规范。ZigBee协议栈就是将各个层定义的协议都集合在一起,以函数的形式实现,并给用户提供API(应用程序),用户可以直接调用。

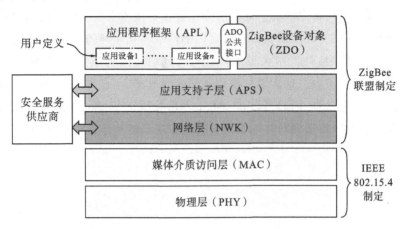

图9-4 ZigBee无线网络协议层的架构图

协议栈是协议的实现,可以理解为代码、库函数、供上层应用调用,协议栈的底层与应用是相互独立的。商业化的协议栈只提供接口,即在使用协议栈时,不需要关心协议栈底层的实现过程,只需要指导如何正确使用这些接口就可以了。一般情况下,进行简单无线数据通信,协议栈使用步骤为:

①组网:调用协议栈组网函数、加入网络函数,实现网络的建立和节点的加入;
②发送:发送节点调用协议栈的发送函数,实现数据无线收发;
③接收:接收节点调用协议栈的无线接收函数,实现数据无线接收。

9.6 智能家居系统的总体结构

智能家居开发与实现的基本要求是选用合适的软硬件平台,构建合理的通信网络,通信接口能够控制外部设备,也可以接收传感器的上传的数据,并对数据进行存储、分析和处理;还可以将数据上传至互联网,方便远程监控;系统具备可扩展性和灵活性,用户可根据需求对设备进行自由添加或删减,不用再组网。

本章节介绍的内容是基于CC2530控制芯片的开发板做为核心嵌入式设备,采用IAR Embedded Workbench 8.0作为嵌入式应用开发工具,实现智能家居的设计。

9.6.1 系统总体结构设计

从用户的实际应用角度,智能家居系统需要实现以下几点:
①家庭内部通信网络合理构建,实现数据互联互通;

②满足用户对于环境舒适度、家居安全、电器智能控制等方面的需求；

③满足用户对家居环境中的信息情况远程监测的需求；

④确保网络的灵活性和系统的可扩展性，方便用户对设备进行自由增减。

依照上述需求，智能系统系主要包括家庭内部无线传感局域网、智能网关模块和远程通信模块三个部分。家庭内部无线传感局域网基于 ZigBee 的星型拓扑网络结构，ZigBee 模块同时充当了网络协调器和终端节点两个角色，协调器主要负责组建家庭内部无线网络，搜索有效信道和终端节点，完成数据的转发功能。终端节点主要负责接收来自协调器的命令，对系统的各个末端节点进行控制。智能网关模块负责家庭内部网络与互联网的连接，接收来自 ZigBee 网络的各项监测数据信息和家电工作状态，利用 WiFi 网络接入到以太网，将信息发送至电脑、手机，或者直接上传至云平台。远程通信模块基于云服务器，用户可通过 PC 端或移动端浏览网页，实时查看家中环境信息；同时可以在手机上发出控制指令，通过网关将命令通过 ZigBee 无线网络将各项控制指令发送到对应的节点。智能家居系统整体设计框图如图 9-5 所示。

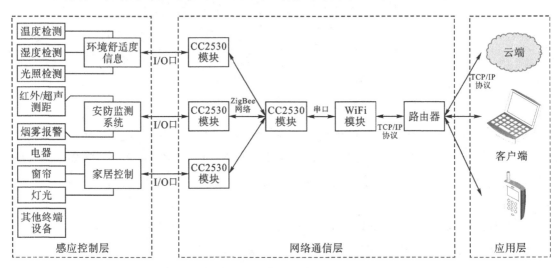

图 9-5　智能家居系统框图

9.6.2　ZigBee 模块

ZigBee 模块主要负责组建家庭内部局域网，使用星形网络，由 ZigBee 协调器和 ZigBee 终端节点构成。本章节使用 TI（德州仪器）公司的 CC2530 芯片作为智能家居系统的嵌入式开发芯片。

1. CC2530 芯片

CC2530 是 TI 公司推出的一款兼容 ZigBee 协议的无线射频单片机，使用业界标准的增强型 8051 内核，结合了领先的高效 RF（射频）收发器的优良性能，结合了 ZigBee 协议栈 Z-Stack，提供了完整的 ZigBee 解决方案。

CC2530 本质上是一个拥有无线收发器（RF）的 8051 增强型单片机，最大的特点是既能实现单片机功能，又能实现无线传输。单片机的本质是将数据处理能力的中央处理器 CPU、随机存储器 RAM、只读存储器 ROM、输入/输出端口、中断控制系统、定时/计数器和通信接口进行集成的一个电路芯片。其基本结构是内核＋外设，内核通过寄存器控制外设，外设通过中断系统通知内核，而内核与外设之间通过总线传输数据、地址及控制信息。区别于基本的单片机功能，CC2530 还提供了一个 IEEE 802.15.4 兼容无线收发器，RF 内核控制模拟无线模块。射频电路的工作频段为 2.4～2.4835 GHz，使用高级加密标准（AEC）外部协处理器，减少CPU 参与执行数据加密/解密，使得 CPU 能够有更多时间处理其他事务。

CC2530 采用 QFN40 封装，有 40 个引脚。芯片管脚如图 9-6 所示。其中，有 21 个数字 I/O 引脚，其中 P0 和 P1 是 8 位端口，P2 仅有 5 位可以使用。这 21 个数字端口均可通过编程进行配置。事实上，P2 端口的 5 个引脚中，能够使用的只有 P2_0。P2_1、P2_2 在开发时接仿真器的通信引脚，P2_3、P2_4 接外部晶振引脚，CC2530 的开发过程中，可以正常使用的 I/O 口有 17 个引脚。所以，通常需要对 I/O 口进行功能复用。通过对寄存器的配置选择引脚功能。

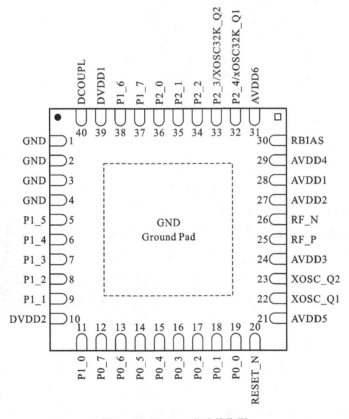

图 9-6 CC2530 芯片管脚图

芯片的详细信息可根据需求查阅官方数据手册。

2. 协调器和终端节点的结构

家庭局域网采用 ZigBee 星形网络。网络协调器和终端节点的硬件电路基本相同，主要以CC2530 嵌入式处理器为核心模块，通过搭载外部电路模块构成。与大部分单片机一样，

CC2530通过串行方式与外设之间进行数据通信,数据一位一位地顺序发送或接收。为了与各类型 PC 机通信方便,一般需要进行 USB 接口和串口数据的数据转换。协调器由 CC2530 处理器模块、电源供电模块、USB 转串口模块、ZigBee 射频模块四部分组成,结构框图如图 9-7 所示。终端节点模块除了构成协调器的四部分,另外加一个传感器模块,由五部分组成。终端节点结构框图如图 9-8 所示。

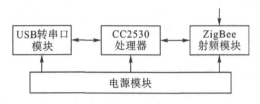

图 9-7 协调器结构框图

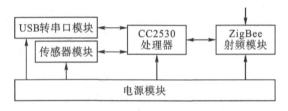

图 9-8 终端节点结构框图

3. 开发板

开发板包含一块 CC2530 核心板和一块底板,核心板上包含 CC2530 芯片及其外围电路,CC2530 核心板实物图如图 9-9 所示,原理图如图 9-10 所示。外围电路设计如下:CC2530 供电电路部分由一个 LC 组成的滤波网络实现,该芯片的 21、24、27～29 和 31 号管脚接 3.3 V 模拟电源,并分别接电容进行滤波,以得到特定频率的电源信号。10 脚和 39 脚接 3.3 V 数字电源,同时接上电容进行滤波。30 脚接一个精度高的电阻给 RF 射频电路提供偏置电路使得电子管工作在所希望的工作状态,同时 40 脚接一个去耦电容以防信号跳变造成干扰。供电电压 3.3 V 有电源模块给出。晶振

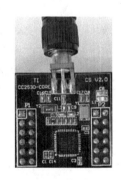

图 9-9 CC2530 核心板

电路主要包括一个 32 MHz 的高频晶振和一个 32.876 kHz 的低频晶振,分别为 CC2530 提供精准的高频时钟源和低频时钟源。电容 C9、C10、C11,电感 L2、L3 和天线组成了射频电路。CC2530 将信号通过 25、26 引脚传出,信号经过电容、电感,最终通过天线发射出去。

第 9 章 智能家居系统的设计与开发

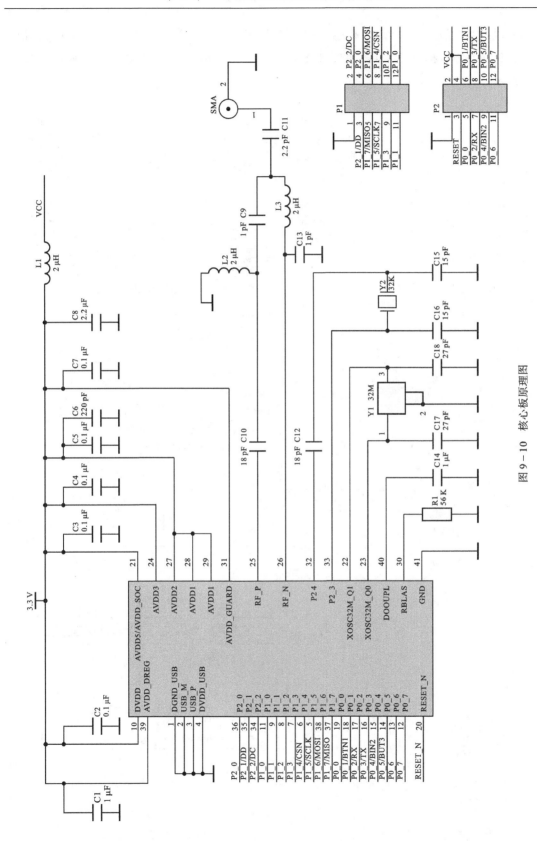

图 9-10 核心板原理图

核心板与底板通过 P1 和 P2 相连,底板上扩展了 I/O 接口 J4、J6 以及 LED 模块、按键模块、OLED 液晶显示接口、WiFi 模块接口、5 V 和 3.3 V 传感器接口等,底板工作原理图如图 9-11 所示。

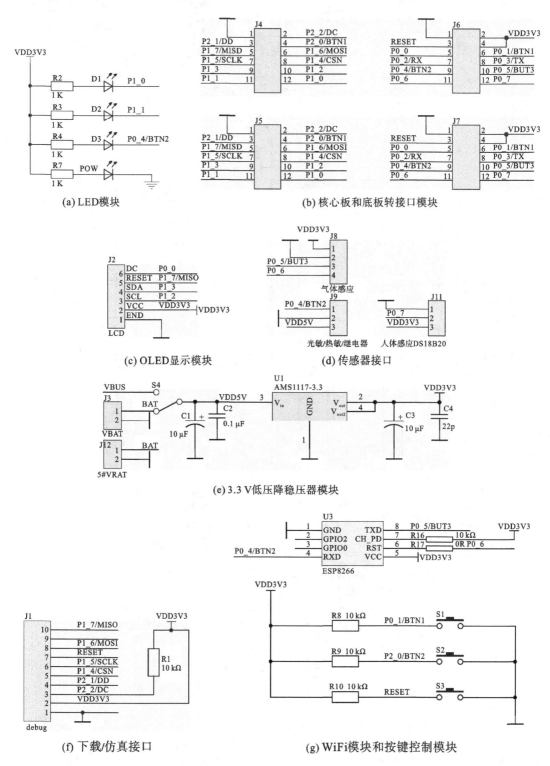

(a) LED模块　　(b) 核心板和底板转接口模块

(c) OLED显示模块　　(d) 传感器接口

(e) 3.3 V低压降稳压器模块

(f) 下载/仿真接口　　(g) WiFi模块和按键控制模块

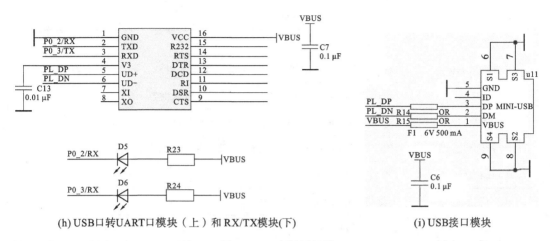

(h) USB口转UART口模块（上）和 RX/TX模块（下）　　(i) USB接口模块

图 9-11　底板原理图

板卡实物图和各引脚说明如图 9-12 所示。

开发板板载资源丰富，丝印清晰；接口丰富，可以与多种类型传感器模块连接，连接方便；采用底板加核心模块组合设计，可更换带 PA 的天线模块或板载天线模块；引出所有 I/O 口，方便接线和调试；板载 USB 转 UART 串口电路，方便笔记本电脑用户；支持 OLED 显示。板卡功能特点如表 9-1 所示。

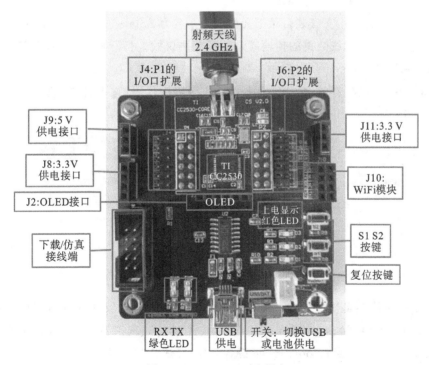

图 9-12　CC5230 开发板卡

表 9-1 板卡功能特点

功能特点	说明
支持串口通信	自带 USB 转串口功能(CH340),方便笔记本用户
供电方式	miniUSB 供电或一节 1300 mA、3.7 V 锂电池供电
功能接口	Debug 接口,标准 TI 标准仿真工具,所有 I/O 口
支持传感器	1 组 5 V 接口,2 组 3.3 V 接口,以及常用的串口引脚
功能按键	1 个复位键,2 个普通按键
LED 指示灯	电源指示灯、组网指示灯、普通 LED
LCD	支持 OLED,显示清晰,方便调试

9.6.3　Z-Stack 协议栈基础及应用

1. 协议栈的安装和介绍

Z-Stack 协议栈软件是一个应用工程,本书中使用的是与 CC2530 芯片配套的 ZStack-CC2530-2.3.0-1.4.0 版本,软件可从 TI 公司官网直接下载并免费使用,安装过程非常简单,默认路径为 C:\Texas Instruments。

安装好协议栈软件后,在安装目录下会生成一个名为 ZStack-CC2530-2.3.0 的文件夹,该文件夹就是协议栈。无线数据的传输就是基于此协议栈。打开该文件夹,有四个文件夹分别是:Components、Documents、Projects、Tools。

Components 文件夹:存放 Z-Stack 开源的主要程序代码,它主要包括硬件接口层、MAC 层、操作系统 OSAL 等。如图 9-13 所示。

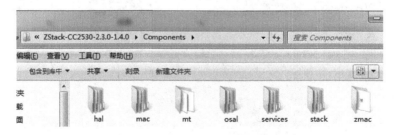

图 9-13　Components 文件夹结构

其中,stack 文件夹是协议层最核心的模块,其为 ZigBee 协议栈的具体实现。它包括 af(应用框架)、nwk(网络层)、sapi(简单应用接口,应用层封装的函数接口)、sec(安全)、sys(系统头文件)、zcl(ZigBee 簇库)、zdo(ZigBee 设备对象)等部分源代码。

Documents 文件夹:存放关于 Z-Stack 的说明文档。包括各层 API 函数接口、用户开发指南、编译选项、工具使用说明等重要文档。这个目录中的文档在开发过程中非常实用,用户要经常学习和查阅。

第9章 智能家居系统的设计与开发

Projects 文件夹:存放用户自己的工程。其中报了 TI 公司提供的几个官方例程及编程模板。尤其在 Samples 文件夹中的程序,对用户理解和学习协议栈开发非常有益。通过对示例的学习可以加快用户对 Z-Stack 的理解,提高工程开发效率,缩短开发周期。

Tools 文件夹:存放 Z-Stack 分析工具、无线下载工具(ZOAD)和调试工具(Z_Tool)。

2. IAR Z-Stack 开发工具界面介绍

Z-Stack 默认开发工具为 IAR EW。读者需选择与 Z-Stack 协议版本一致的 IAR 版本,否则会出现错误信息。

在协议栈的安装目录\Projects\zstack 下,读者可以找到协议栈相关的范例工程,比如 Projects\ zstack \Samples\SampleApp\CC2530DB\SampleApp.eww,用 IAR 开发工具打开,可查看整个协议栈从 HAL 层到 APP 层的文件架分布。如图 9-14 所示。

Z-Stack 使用将系统结构模块化的设计方法来进行协议栈的设计。它将协议栈结构里面不同层用单独的一个模块来实现,每一层都要向上一层的模块进行特定服务的提供,而各层模块之间的数据信息传递媒质由层端口来实现。除此之外,协议栈中还设计了能够实现其他功能和辅助的模块,其中部分的模块以库函数的形式来提供,但是仅仅提供了接口定义,用户不能看到实现协议栈的具体细节,这是因为协议栈的开发者担心用户会对协议栈的重要代码进行误改,也为了避免用户花费不必要的时间去研究对开发无关的程序。

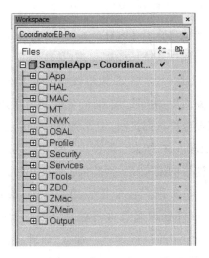

图 9-14 Z-Stack 协议栈在 EW 中的架构

参照图 9-14,每层目录的含义如表 9-2 所示:

表 9-2 Z-Stack 目录说明

目录名	说明
APP	为应用层目录,用户可以根据需求添加自己的任务,该目录中包含了应用层和项目的主要内容,在协议栈里面一般是以操作任务实现的
HAL	硬件驱动层,包括硬件相关的配置、驱动以及操作函数

续表

目录名	说明
MAC	MAC层目录,包含了MAC层的参数配置文件及其MAC的LIB库函数接口文件
MT	监控调试层,含网络层配置参数文件及网络层库函数接口文件,APS层库的函数接口
OSAL	协议栈的操作系统
Profile	应用程序框架(AF)层目录,包含AF层处理函数
Security & Services	安全服务层目录,安全层和服务层处理函数,比如加密
Tools	工程配置目录,包括空间划分及Z-Stack相关配置信息
ZDO	ZDO设备对象目录
ZMac	MAC层目录,包括MAC层参数及MAC层的LIB库函数、回调处理函数
Zmain	主函数目录,包括项目main入口函数及硬件配置文件
Output	输出文件目录,有IAR自动生成

3. Z-Stack基础和OSAL工作原理

Z-Stack协议栈中有个重要的概念是OSAL(operating system abstraction layer),OSAL不是ZigBee协议中的具体层,而是作为操作系统抽象层出现,是整个Z-Stack运行的基础,用户自己建立的任务和应用程序都在此基础上运行。OSAL为协议栈提供了如下管理功能:任务的注册、初始化、开始,任务间的消息交换,任务同步,中断处理,时间分配和内存分配。实质上,Z-Stack协议栈采用操作系统的思路来构建,遵循事件轮询机制,当各层初始化后,系统进入低功耗模式,当事件发生时,唤醒系统,开始进入中断处理事件,结束后继续进入低功耗模式。如果同时有几个事件发生,先判断优先级,逐次处理事件。这样的架构极大地降低了系统功耗。

Z-Stack协议栈中,OSAL负责调度各个任务的运行,如果有事件(event,即任务待处理的消息)发生,则会调用相应的事件处理函数进行处理,即执行任务。一个任务(task)即一个应用程序接口,也就是一个应用程序的执行过程。那么,事件和任务的事件处理函数是如何联系的呢?Z-Stack协议栈采用的方法是:建立一个事件表,保存各个任务的对应事件,建立另一个函数表,保存各个任务的事件处理函数的地址,然后,将两张表建立对应关系,当某一事件发生时,查找函数表中对应的任务的事件处理函数即可。

先从协议栈的入口函数main()函数看起。在IAR中的路径为ZMain\Zmain.c,如图9-15所示。

第 9 章 智能家居系统的设计与开发

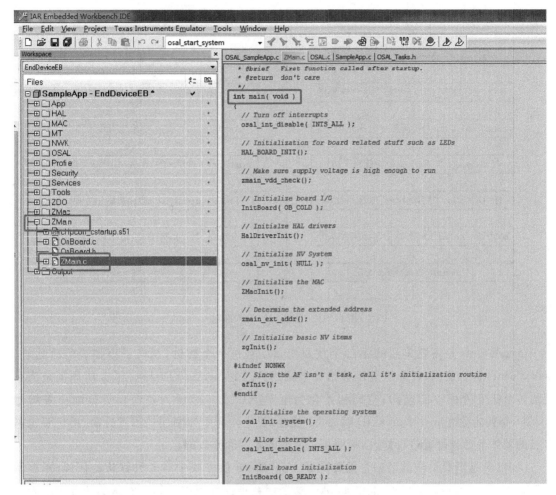

图 9-15 Z-Stack 协议栈 main()函数

总的来说，main()函数做了两件事情：一是系统的初始化，启动代码初始化硬件系统和软件架构需要的各个模块；二是开始执行操作系统实体。具体流程图和对应函数如图 9-16 所示。

整个 main()函数按照一定的顺序对系统进行初始化工作，其中与应用开发最为相关的两个重要函数是操作系统初始化函数 osal_init_system()和运行操作系统函数 osal_start_syst em ()。

main()函数中，鼠标右键选中 osal_init_system()，点击 Go to Definition of…，转到 OSAL\osa l.c 文件中查看该函数，函数中有 6 个初始化函数，重点关注任务初始化函数 osalInitTasks()，右键点击查看定义，在 osalInitTasks()函数的第二行，osal_mem_alloc()是 OSAL 中的内存管理函数，是一个存储分配函数，返回指向一个缓存的指针，参数是被分配缓存的大小，其中 tasksCnt 是需要关注的第一个变量，保存了任务的总个数。定义为：const uint8 taskCnt＝sizeof(tasksArr)/sizeof(tasksArr[0])。

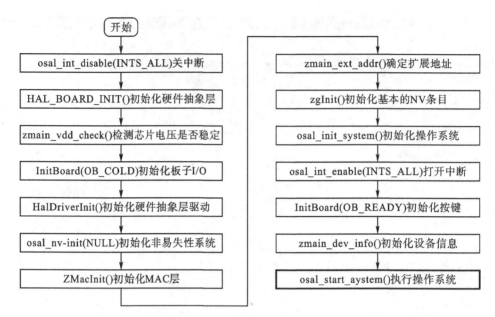

图 9-16 系统初始化流程图

tasksEvents 是需要关注的第二个重要变量。它是一个指针,指向了事件表的首地址。tasksEvents 告诉我们,任务通过函数指针来调用。因此,osalInitTasks() 函数的作用是为系统的各个任务分配存储空间,空间初始化为全 0(NULL),然后为各个任务分配任务编号 taskID,每初始化完成一个,taskID 就加 1。注意,程序注释中标明用户需考虑的,用户要根据自己的硬件平台或设置进行修改,标明不需考虑的是不能修改的。

taskArr 是需要关注的第三个重要变量。Z-Stack 协议栈中有 6 种默认的任务(不算调试任务 MT_Process),它们存储在 taskArr 这个函数指针数组中。每个默认的任务对应着协议的层次,任务的顺序优先级由高到低。taskArr 函数指针数组的定义在文件 APP\OSAL_SampleApp.c 中:

```
const pTaskEventHandlerFn tasksArr[] =
{
  macEventLoop,        //MAC 层任务处理函数
  nwk_event_loop,      //网络层任务处理函数
  Hal_ProcessEvent,    //硬件抽象层任务处理函数
#if defined( MT_TASK )
  MT_ProcessEvent,
#endif
  APS_event_loop,      //应用层任务处理函数
  ……
  SampleApp_ProcessEvent  //用户应用层任务处理函数,用户自己生成
};
```

第9章 智能家居系统的设计与开发

这个数组中最后一个元素 SampleApp_ProcessEvent 是需要重点关注的,它是用户应用层任务处理函数。用 Go to Definition of …… 转到定义,找到位于 OSAL\OSAL_Tasks.h 的 pTaskEventHandlerFn 数组的定义:

typedef unsigned short (* pTaskEventHandlerFn)(unsigned char task_id, unsigned short event);

该定义是把 pTaskEventHandlerFn 声明成一种函数指针类型的别名,这种函数指针指向 M(task_ID, event)这种类型的函数。如果用户用这个别名来生成一个指向函数的指针 P,当指针获得函数的地址后,就可以像调用原来函数一样来使用这个指针函数 P(task_ID, event),因此 tasksArr[]是一个指针数组,其内部的各个元素都是指针变量,指向的是 M(task_ID, event)这种类型的函数,即各层的事件处理函数。

至此,OSAL 的工作原理可以总结为:通过 tasksEvents 指针访问事件表的每一项,如果有事件发生,则查找函数表 taskArr[]中对应的任务处理函数进行处理,处理完后,继续查看是否有事件发生,无限循环。

按照 main()函数流程图,所有任务初始化结束后,开始进行操作系统函数 osal_start_system(),此时控制权限交给操作系统。该函数中比较重要的几行代码为:

```
osal_start _system()
{ ……
    do {
            if (tasksEvents[idx])   // 该事件优先级最高并已准备好
            {
              break; //通过(tasksEvents[idx]判断是否有事件发生时,如果有,跳出
                    //循环
            }
    } while (++idx < tasksCnt);
    if (idx < tasksCnt)
    {
       uint16 events;
       events = tasksEvents[idx]; //读取该事件
       tasksEvents[idx] = 0;   // 清除该事件
       events = (tasksArr[idx])( idx, events );//调用事件处理函数处理
//执行完事件处理函数后,需要将未处理的事件返回,即事件处理函数的返回值保存
//了未处理事件,下一句就是将该事件在写入事件表中,以便下次进行处理
       tasksEvents[idx] |= events;// 在当前任务中添加未处理事件
        }
}
```

上文讲到,用户可以自己定义事件,初始化 SampleApp_Init()并进行处理。在协议栈中

已经给出了几种事件类型,基本涵盖了需要用户需要的事件类型。

①AF_INCOMING_MSG_CMD 表示收到了一个新的无线数据。

②ZDO_STATE_CHANGE 当网络状态发生变化时,会产生该事件,如终端节点加入网络时,就可以通过判断该事件来决定何时向协调器发送数据包。

③ZDO_CB_MSG 指示每个注册的 ZDO 响应消息。

④AF_DATA_CONFIRM_CMD 调用 AF_DataRequest()函数发送数据时,有时需要确认消息,可使用该事件。

因此,OSAL 的运行机理可以最终总结为:通过不断地查询事件表 tasksEvents 来判断是否有事件发生,如果有,则查找函数表中的事件处理函数进行处理。事件表使用数组来实现,数组的每一项对应一个任务的事件,每一位表示一个事件;函数表使用函数指针来实现,数组的每一项是一个函数指针,指向了事件处理函数。

4. 使用 SampleAPP 工程范例完成应用程序开发

Z-Stack 提供的协议栈软件非常完善,提供了很多范例程序,我们借助在 Z-Stack 协议栈提供的工程范例中找到相应的项目类型,根据需求进行修改,能够完成协调器、路由器和终端节点的应用程序开发。这是完成应用程序开发的最快且最不易出错的方式。

应注意,由于协议栈工程庞大,为防止读者无意识改动源码,请在所有操作前,先将 SampleApp 文件夹拷贝并粘贴在同一目录,在拷贝的工程上进行应用程序的添加或删减。

打开复制好的副本 SampleApp.eww,在 Workspace 窗口通过下拉列表查看,工程范例提供了 DemoEB(测试项目)、CoordinatorEB(协调器)、RouterEB(路由器)、EndDeviceEB(终端节点)四种项目类型,如图 9-17 所示。

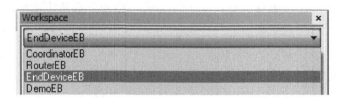

图 9-17 SampleApp 中的项目类型

星形网络的结构是由协调器和终端节点组成,我们可以参考 CoordinatorEB 和 EndDeviceEB 这两种类型下的应用程序。上文的讲解中得知,协议栈做好了底层的接口,供用户完成操作的接口大部分集中在 APP 层级。在 APP 层级下,用户可以添加文件,或在 APP\SampleApp.c 文件中根据需求进行修改或添加。主要涉及以下几个方面:

(1)节点配置信息

①Tools\f8wConfid.cfg 文件中定义了信道和网络号,用户可修改。

—DDEFAULT_CHANLIST=0x00000800　　// 11 号信道,可修改

—DZDAPP_CONFIG_PAN_ID=0xFFFF　　//默认 PAN ID,可修改

②Tools\f8wCoord.cfg 文件中定义了设备类型。

—DZDO_COORDINATOR　　　　　　　　// 协调器功能

—DRTR_NWK   // 路由器功能

(2) 任务初始化函数 SampleApp_Init()

该函数在 APP\SampleApp.c 文件中。这一函数是对用户事件进行初始化,主要完成任务初始化、网络状态初始化、任务事件地址信息初始化、端点简单描述符定义及注册、按键注册、组的定义(如果需要对一组设备同时控制,可使用)、LCD 屏的初始化。用户还根据需求自行添加串口初始化及注册(串口传输数据时使用)。如果用户需要定义新的事件,可以根据需求添加或修改为自己定义的任务事件。用户可以根据开发板端口布局对 LCD 屏进行修改。

(3) 任务事件处理函数 SampleApp_ProcessEvent(uint8 task_id, uint16 events)

任务初始化后,需要调用 SampleApp_ProcessEvent() 函数完成任务事件的处理,该函数有两个参数,任务 ID 和事件。在 APP\SampleApp.c 文件中。这个函数会根据事件类型调用不同的程序。其中,AF_INCOMING_MSG_CMD 事件属于系统事件 SYS_EVENT_MSG,表示接收到信息后的事件,当协调器接收到来自终端的数据后,会触发该事件。在 Sample App_Init() 函数中,用户自定义的事件,通过调用 osal_start_timerEx() 函数实现定时器触发。例如,对传感器定时采集数据可以通过自定义任务时间完成。

(4) 数据信息接收处理函数 SampleApp_MessageMSGCB(afIncomingMSGPacket_t * pkt)

当设备接收到数据后,会调用数据信息接收处理函数对数据进行处理。具体地,根据 pkt 中接收到数据的簇 ID 来判断调用要执行的程序。例如,协调器接收到数据后,需要通过串口传输到 PC 端,那么就可以在此编写串口传输数据的代码。

(5) 用户自定义函数

在开发过程中,用户要根据需求完成一些信息采集,就需要自定义函数。在 APP\SampleApp.c 文件中,周期信息函数 SampleApp_SendPeriodicMessage() 和闪烁信息函数 SampleApp_SendFlashMessage() 属于用户自定义函数,用户可以仿照其进行代码编写。通过自定义函数实现各类传感器数据采集,采集到的的数据通过函数 AF_DataRequest() 发送给协调器。数据发送函数 AF_DataRequest() 是协议栈提供的数据发送接口,我们理解参数的含义并学会调用即可。

```
afStatus_t AF_DataRequest (afAddrType_t * dstAddr, endPointDesc_t * srcEP,
                           uint16 cID, uint16 len, uint8 * buf, uint8 * transID,
                           uint8 options, uint8 radius)
```

AF_DataRequest() 函数中最核心的两个参数为 uint16 len(发送数据的长度)和 uint8 * buf(指向存放发送数据的缓冲区的指针)。

如果把传感器采集信息归类于周期信息事件,其流程应该为:

① 协调器上电后,会按照编译时给定的参数,选择合适的信道、网络号建立网络,这部分内容读者不需要写代码,协议栈已经实现。

② 初始化:比较重要的信息包括一下几个:定义周期信息事件的簇 ID(SAMPLEAPP_PERIODIC_CLUSTERID),地址初始化(SampleApp_Periodic_DstAddr),串口初始化,定义周期信息事件的任务 ID(SAMPLEAPP_SEND_PERIODIC_MSG - EVT,在 SampleApp.h 文件中定义)。

在协调器端,程序执行的过程为:main()→初始化完毕→osal_start_system()启动操作系统 →events=(tasksArr[idx])(idx,events)读取任务事件→SampleApp_ProcessEvent 用户应用层任务处理函数→ SampleApp_MessageMSGCB()(由 AF_INCOMING_MSG_CMD 事件 ID 判断)→在此函数中,编写相应程序代码(用户自定义)。

在终端节点,程序执行的过程为:main()→初始化完毕→osal_start_system()启动操作系统 →events=(tasksArr[idx])(idx,events)读取任务事件→SampleApp_ProcessEvent 用户应用层任务处理函数→ SampleApp_SendPeriodicMessage()(由 SAMPLEAPP_SEND_PERIODIC _MSG_EVT 事件 ID 判断)→周期采集数据程序(用户自定义)→ AF_DataRequest()(向协调器发送数据)。

9.6.4 云平台无线(WiFi)远程控制系统

1. 智能网关

网关设备承担着连接家庭内网与互联网的功能,可以使 IP 网络当中的设备和 ZigBee 网络进行通信。通过网关进行远程管理的情况下,网络本地的管理命令是通过网关接收和发送的,在进行开发时,用户只需了解和管理目的相关的特定命令或操作即可。应用平台把用户指令转化为网关可理解得指令,通过 IP 网络发送给网关设备,变成 ZigBee 所定义的一系列命令,再发送到本地网络,这样便完成了信息在内网和外网之间的传递。

内网和外网的信息传输设备由 ZigBee 协调器模块和无线 WiFi 模块构成。其中 WiFi 模块的核心芯片采用 ESP8266 芯片,该芯片是一个完整且自成体系的 WiFi 网络解决方案,能够独立运行,也可作为 salve 搭载于其他 Host 运行。该芯片体积小,功耗低,价格低,应用广泛。ESP8266 电路原理图如图 9-18 所示。ESP8266 芯片作为 WiFi 串口模块,功能就是进行数据传输,简单地说,从 WiFi 接收数据,串口输出到单片机,以及从串口接收数据,WiFi 输出。

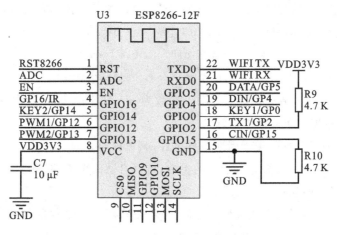

图 9-18 ESP8266 电路原理图

第9章 智能家居系统的设计与开发

ESP8266 芯片与 CC2530 通过串口通信,通信原理如图 9-19 所示:

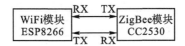

图 9-19　WiFi 模块和 ZigBee 模块的串口通信原理图

2. 云平台用户管理系统

当前家电设备的控制方式主要采用物理按钮控制或触摸控制等方式,对于电器的操控必须要近距离用手完成。目前,云技术的发展普及,使得借助手机或电脑远程控制各种家电成为可能,这也是智能家居得以发展的原因之一。另外,通过各个终端设备采集的信息也可以放在云服务器上进行存储。目前,国内的各大互联网公司和移动通信公司建立了自己的云服务平台,比如,OneNET(中国移动)、阿里云、华为云、百度云等。

云平台通过 WiFi 网络远程监控系统包含两部分功能,数据采集和远程控制。数据采集单元程序对 WiFi 模块、定时器、端口等进行初始化,然后将光照、红外信号、温湿度等传感器采集的数据通过 WiFi 传输到云平台,最后在 PC 网页或手机端进行显示。执行控制单元首先开始对 WiFi 模块、定时器以及端口进 行初始化;其次对 OneNET 平台中的数据,通过 WiFi 模块进行接收,之后扫描按键;最后对相应继电器的动作,根据逻辑判断结果进行控制。图 9-20 为数据采集流程图,图 9-21 为执行控制流程图。

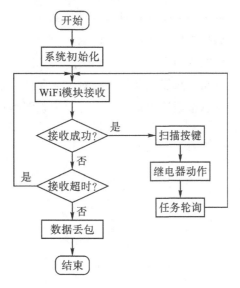

图 9-20　数据采集流程图

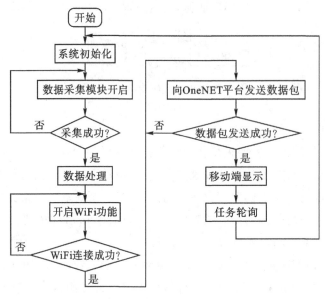

图 9-21 执行控制流程图

9.7 本章小结

本章主要介绍了智能家居系统的概念,介绍了智能家居起源、发展历程,分析了目前智能家居在各国的现状和趋势,讲解了相关技术特点。本章还给出了一种智能家居系统的设计方案,即基于云平台的智能家居远程监控系统。该系统以 CC2530 为主控制器,采用多传感器融合采集家庭内部的环境信息,可实现对家用电器的控制。应用 ESP8266 无线 WiFi 通信模块将数据传输至云平台,通过网页端或只能移动端实现对家居环境的远程监控。由于篇幅限制,只给出了相关实现方式,读者可以根据技术路线、原理图、流程图等自行实现。

附录1　常用元器件

任何复杂电路都是由基本元器件结构成的,了解元器件基本特性和作用对分析电路工作是十分重要的。附录1中将简单介绍电阻器、电容器、二极管的电路符号、主要作用、标识方法和主要特性参数。

F1.1　电阻器

电阻器简称为电阻,在电路中用字母 R 表示。电阻在电路中对电流有阻碍作用并且会造成能量的消耗,图 F1-1 是电阻的原理图符号,图 F1-2 给出了部分常用电阻的实物图片。

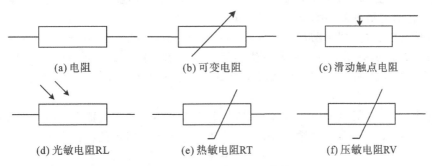

图 F1-1　电阻的原理图符号

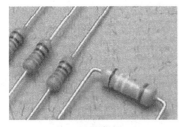

普通金属膜电阻

排阻

压敏电阻

精密电位器

线绕电位器

贴片(SMT)电阻

图 F1-2　常用电阻实物

1. 电阻的主要作用

①限流:为使通过用电器的电流不超过额定值,通常在电路中串联一个可变电阻。这种可以限制电流大小的电阻叫做限流电阻。

②分流:当在电路的支路上需同时接入几个额定电流不同的用电器时,可以在额定电流较小的用电器两端并联接入一个电阻,这个电阻的作用就是"分流"。

③分压:当工作电源高于用电器的额定电压时,给该用电器串联一个合适阻值的电阻,让它分担一部分电压,用电器便能在额定电压下工作。

④能量转换:电流通过电阻时,会把部分或全部电能转化为内能。如电烙铁、电炉、取暖器等电热器。

⑤阻抗匹配:信号传输过程中负载阻抗和信源内阻抗之间的特定配合关系称为阻抗区配。对电子设备互连来说,只要后一级的输入阻抗大于前一级的输出阻抗 5~10 倍以上,就认为其阻抗匹配良好。

2. 电阻的标识

①直标法:将电阻器的标称值用数字和文字符号直接标在电阻本体上,其允许偏差则用百分数表示,未标偏差值的默认为±20%的偏差。

②数码标识法:主要用于贴片等小体积的电阻,在四位(或三位)数码中,从左至右的前三位(或前两位)数表示有效数字,最后一位表示 0 的个数,如:582 表示 5800 Ω(即 5.8 kΩ)、3322 则表示 33200 Ω(即 33.2 kΩ),或者用 R 表示小数点的位置,如:51R1 表示 51.1 Ω、R22 表示 0.22 Ω。

③色环标识法:普通电阻用 4 环表示,精密电阻用 5 环表示。放置电阻时色环集中的一端放在左面,电阻的读数从左向右排列,图 F1-3 所示是用色环标示的精密电阻。

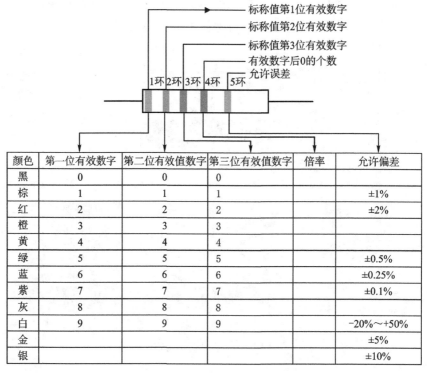

颜色	第一位有效数字	第二位有效值数字	第三位有效值数字	倍率	允许偏差
黑	0	0	0		
棕	1	1	1		±1%
红	2	2	2		±2%
橙	3	3	3		
黄	4	4	4		
绿	5	5	5		±0.5%
蓝	6	6	6		±0.25%
紫	7	7	7		±0.1%
灰	8	8	8		
白	9	9	9		−20%~+50%
金					±5%
银					±10%

图 F1-3 精密电阻的色环标示

3. 电阻的主要特性参数

①标称阻值：电阻器上面所标示的阻值。

②允许误差：是标称阻值与实际阻值的差值与标称阻值之比的百分数，表示电阻器的精度，电阻的允许误差与精度等级如表 F1-1 所示。

表 F1-1　电阻的允许误差与精度等级

精度等级	Ⅰ级	Ⅱ级	Ⅲ级
允许误差	±0.5%—0.05 ±1%—0.1(或 0) ±2%—0.2(或 0)、±5%	±10%	±20%

③额定功率：在正常的大气压力 90~106.6 kPa 及环境温度为 -55~+70℃ 的条件下，电阻长期工作所允许耗散的最大功率。

④额定电压：由阻值和额定功率换算出的电压。

⑤最高工作电压：允许的最大连续工作电压。在低气压工作时，最高工作电压较低。

⑥温度系数：温度每变化 1℃ 所引起的电阻值的相对变化。温度系数越小，电阻的稳定性越好。阻值随温度升高而增大的为正温度系数，反之为负温度系数。

⑦电压系数：在规定的电压范围内，电压每变化 1 V，电阻的相对变化量。

F1.2　电容器

电容器简称为电容，在电路中用字母 C 表示。电容虽然品种、规格各异，但就其构成原理来说，都是在两块金属极板之间间隔绝缘纸、云母等介质组成。在两块极板上加上电压，极板上就分别聚集等量的正、负电荷，并在介质中建立电场而具有电场能量。将电源移去后，电荷可以继续聚集在极板上，电场继续存在。形象地说电容器就是一种容纳电荷的器件，容量的大小反映其能够贮存电能的大小。

图 F1-4 所示是电容的原理图符号，其中图 F1-4(a)是基本电容符号，图 F1-4(b) 是可调电容符号，图 F1-4(c)是微调电容符号，图 F1-4(d)~(f)是电解电容(有极性电容)符号，弯片表示负极，空心表示正极。图 F1-5 中给了出部分常用电容的实物图片。

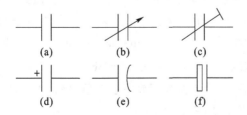

图 F1-4　电容的原理图符号

图 F1-5 部分常用电容的实物图片

1. 电容的主要作用

电容器的基本特性是充电与放电。充放电时电容极板上所带电荷对定向移动的电荷具有阻碍作用,这种阻碍作用被称为容抗,在电路中用 X_C 表示,$X_C = 1/\omega C$,单位是欧姆。在理想条件下,当 $\omega = 0$ 时,X_C 趋向无穷大,这说明直流电将无法通过电容,所以电容器具有"隔直流,通交流"的作用;容抗 X_C 与交流信号的角频率 ω 成反比,在电子电路中,常常利用其频率特性"通高频交流信号,阻低频交流信号";又由于电容可以存储和释放电荷,而存储和释放电荷都需要一定的时间,所以电容可以充当滤波器,使脉动信号变得更为平滑。

电容的充放电作用所延伸出来许多电路现象,使得电容器有着诸多用途。例如,在家用电器中可以用它来产生相移,将单项交流电变成相互正交的两项交流电,从而使交流电动机工作;在照相闪光灯中,用它来产生高能量的瞬间放电;在声光控照明电路中用它和电阻器一起,决定照明路灯的延时时间。

2. 电容器的标识

电容"F"单位的容量非常大,所以一般都采用 μF、nF、pF 作为电容的单位。一般情况下,小于 9900P 用 P 表示,大于 0.01μ(含 0.01)用 μ 表示。电容器的标识方法有直标、数字标识、数字字母标识、单位标识和色标等。

①直标:将标称容量和允许偏差直接标在电容器上,直标法有标注单位和不标注单位两种。直标法中有些常把整数单位的"0"省去,用 R 表示小数点,如 R47μF 表示 0.47μF。

②数字标识:只标数字而不标单位(仅限单位是 pF 和 μF)。例如,涤纶电容或瓷介电容上标有"3""680""0.01"分别表示 3 pF、680 pF、0.01 μF。

③数字字母标识:将标称容量的整数部分写在单位之前,小数部分写在单位之后的标示方法。例如 1p2、3n3 分别标示 1.2 pF 、3300 pF。

③色环(或色点)标识:电容器的色标法与电阻相同。

④误差标志精度:电容数码后缀的英文字母代表误差值,A:0～±5％,J:±5％,K:±10％,M:±20％,Z:－20％～＋50％,如 222 K＝2 200 pF±10％。

3.电容的主要特性参数

①容量与误差:电容量即电容加上电荷后储存电荷的能力大小。电容量误差是指其实际容量与标称容量间的偏差,常用固定电容允许误差的等级见表F1-2。

表 F1-2 常用固定电容允许误差的等级

允许误差	±2%	±5%	±10%	±20%	(+20% -30%)	(+50% -20%)	(+100% -10%)
级别	02	Ⅰ	Ⅱ	Ⅲ	Ⅳ	Ⅴ	Ⅵ

②额定工作电压:是该电容在电路中能够长期可靠地工作而不被击穿所能承受的最大直流电压。如果工作电压超过电容的额定工作电压,电容将被击穿,造成不可修复的损坏。

③温度系数:电容器电容量随温度变化的大小用温度系数(在一定温度范围内,温度每变化 1℃,电容量的相对变化值)来表示。

④绝缘电阻:电容漏电的大小用绝缘电阻来衡量。绝缘电阻越大,电容器漏电越小。小电容的绝缘电阻很大,可达几百兆欧或几千兆欧。电解电容器的绝缘电阻一般较小。

⑤损耗:在电场作用下,电容在单位时间内因发热所消耗的能量叫做损耗。理想电容在电路中不应消耗能量。实际上,电容或多或少都要消耗能量。能量的消耗主要由介质损耗和金属部分的损耗组成。

⑥频率特性:电容器的频率特性通常是指电容器的电参数(如电容量、损耗角)随电场频率而变化的性质。由于介电常数在高频时比低频时小,因此在高频下工作的电容器的电容量将相应地减小,损耗将随频率的升高而增加。

4.电容器的检测

(1)电容漏电阻的离线检测

检测之前先给电容放电,用指针式万用表的 R×1k 挡,直接测量电容引脚的漏电阻,万用表指针先向右偏转,然后缓慢地向左回转,指针停下来所指示的漏电电阻值如果只有几十千欧,说明这一电解电容漏电严重(理想情况接近无穷大)。电解电容的容量越大,万用表指针向右摆动的角度就越大(指针还应该向左回转)。

(2)电容开路或击穿的检测

断开电路,并使电容放电。用万用表 R×1 挡,测量时如果万用表指针向右偏后无回转,且指示阻值很大,说明电容器开路。如果表针向右偏转后所指示的阻值很小(接近短路),说明电容器严重漏电或已击穿。

(3)在线带电检测

如果怀疑电解电容只在通电状态下才存在击穿故障,可以给电路通电,然后用万用表直流电压挡测量该电容器两端的直流电压,如果电压很低或为 0 V,则表示该电容器已击穿。

(4)电解电容的极性判别

对于电解电容的正、负极标志不清楚的,应先判别出它的正、负极。对调万用表笔红、黑端,测量两次,以漏电大(阻值小)的一次为准,黑表笔所接引脚为负极,另一引脚为正极。

F1.3　半导体二极管

半导体二极管,在电路中用字母 D 表示。其主要特性是单向导电性,也就是在正向电压的作用下,导通电阻很小;而在反向电压作用下导通电阻极大或无穷大。硅管的导通电压为 0.6~0.8 V,锗管的导通电压为 0.2~0.3 V,工程分析时通常采用 0.7 V 作为二极管的导通电压值。图 F1-6 是常用半导体二极管的原理图符号,图 F1-7 给了出部分常用二极管的实物图片。

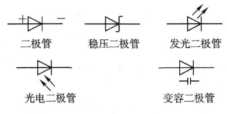

图 F1-6　二极管原理图符号

图 F1-7　部分常用二极管实物

1.二极管的主要作用

正因为二极管具有单向导电性特性,使得它在电子电路中延伸出很多作用,无绳电话机中常把它用在整流、隔离、稳压、极性保护、编码控制、调频调制等电路中。

①开关作用:二极管在正向电压作用下并导通之后的电阻很小,相当于开关接通;在反向电压作用下,处于截止状态,如同断开的开关。利用二极管的开关特性,可以组成各种逻辑电路。

②整流作用:利用二极管单向导电性,可以把方向交替变化的交流电变换成单一方向的脉动直流电。

③限幅作用:二极管正向导通后其压降基本保持不变,利用这一特性,二极管在电路中可作为限幅元件,把信号幅度限制在一定范围内。

④稳压二极管:又称齐纳二极管,在反向击穿电压之前具有很高的阻值。在临界击穿点

上,反向电阻会降低到某个很小的值,在这个低阻值区中电流增加而电压则保持恒定。利用这一特性,稳压二极管在电路中被作为电压基准元件或稳压器,使用时必须串接合适的电阻。

⑤发光二极管:简写为 LED,具有普通二极管的特性,它可以把电能转化成光能。发光二极管的反向击穿电压约为 5 V,小功率管的工作电流为 10~30 mA,正向压降值通常在 1.5~3 V,正向伏安特性曲线很陡,使用时必须串联限流电阻。

⑥光电二极管:也称为光电传感器,在反向工作电压作用下,无光照时,反向电流(暗电流)极其微弱;有光照时,反向电流(光电流)迅速增大到几十微安。光的变化引起光电二极管电流变化,光的强度越大,反向电流也越大。

⑦变容二极管:加反向工作电压时,变容二极管在电路中相当于可调电容。反向电压变化会引起容量的变化。反向偏压与结电容成反比,在高频调谐、通信等电路中作可变电容器使用。

2. 二极管极性的判别

①小功率二极管的负极(N 极),在二极管外表用一种色圈标出来。有部分产品在二极管管脚的正极(P 极)标注字母"P",负极标注字母"N"。

②发光二极管的正、负极可从管脚长短来识别,长脚为正极,短脚为负极。

3. 二极管好坏的判别

用指针万用表 R×100 或 R×1 k 的电阻挡,测量二极管的正,反向电阻,若两次测得阻值分别为 1 kΩ 左右和 100 kΩ 以上,说明二极管正常,二极管的正向电阻越小越好,反向电阻越大越好。若正向电阻无穷大,说明二极管内部断路,若反向电阻为零,则表示二极管已被击穿。

附录 2　C++控制程序设计

在电气控制系统中,控制规律或者控制策略是由控制器完成的,而在数字控制器中,控制规律通常需要由程序完成,本书中编程采用的是 C++语言。C++是一种应用广泛的程序设计语言,它在 C 语言的基础上扩展了面向对象的程序设计特点。最主要的是增加了类功能,使它成为面向对象的程序设计语言,从而提高了开发软件的效率。下面将重点介绍本书所列训练项目相关的 C++语言知识。

F2.1　概述

C++源于 C 语言。C 语言由于其简单、灵活的特点,很快就被用于编写各种不同类型的程序,从而成为世界上最流行的计算机语言之一。很多操作系统都是采用 C 语言编写的,如 UNIX 操作系统以及 UNIX 系统下运行的商业程序一般都是用 C 语言来编写。

C 语言是一种高级编程语言,相对于汇编语言更容易理解和编写,可以编制较为复杂的系统程序。但它也具有低级语言的特点,类似汇编语言,可以直接对硬件进行操作。

虽然 C 语言是一种高级语言,但是相对于其他高级语言不太容易理解,20 世纪 80 年代初,美国贝尔实验室设计并实现了 C 语言的扩充、改进版本,最初的成果称为"带类的 C",1993 年正式取名为"C++"。C++改进了 C 语言的不足之处,支持面向对象的程序设计,在改进的同时保持了 C 的简洁性和高效性。C 语言的大多数特征都成为 C++语言的一个子集,C++面向对象编程使得程序模块更加独立,程序的可读性和可理解性更好,代码的结构性更加合理。

F2.2　C++语言基础

F2.2.1　标准 C++程序的基本组成

一个标准 C++程序由预处理命令、函数、语句、变量、输入/输出和注释几个基本部分组成。

```
#include <iostream.h>              //预处理命令
void main(void)                    //主函数
{
    int x;                         //变量定义
    cin>>x;                        //输入赋值
    cout<<"Hello c++"<<endl;       //屏幕输出
}
```

1. 预处理命令

C++程序的预处理命令以"#"开头。C++提供了三类预处理命令:宏定义命令、文件包含命令和条件编译命令。

2. 函数

C++的程序通常是由若干个函数组成,函数可以是C++提供的库函数,也可以是用户自己编写的自定义函数。在组成一个程序的若干个函数中,必须有一个并且只能有一个是主函数 main()。执行程序时,系统先找主函数,并且从主函数开始执行,其他函数只能通过主函数或被主函数调用的函数进行调用。

3. 语句

语句是组成程序的基本单元。在 C++语句中,表达式语句最多。表达式语句由一个表达式后面加上分号组成。语句除了有表达式语句和空语句之外,还有分支语句、循环语句和转向语句等,所有语句都以分号结束。

4. 变量

多数程序都需要说明和使用变量。变量的类型很多,基本数据类型有整型、字符型和浮点型。

5. 输入和输出

C++程序中总是少不了输入和输出语句,主要用于接收用户的输入以及返回程序运行结果。

6. 注释

注释可以帮助用户读懂程序,不参与程序的运行。C++的注释为"//"之后的内容,直到换行。注释仅供阅读程序使用,是程序的可选部分。另外,C++为了与C语言兼容,也能识别C语言的注释方式,即符号对"/*"与"*/"之间的内容。

F2.2.2 基本数据类型

程序用于处理数据,而数据是以变量或常量的形式存储,每个变量或常量都有数据类型。C++语言的基本数据类型分成四种:整型(int)、字符型(char)、浮点型(float)和布尔型(bool)。另外为了适应情况需要,将几种类型前面加以修饰,常用修饰符有四种:有符号(signed)、无符号(unsigned)、长型(long)、短型(short)。以 32 位计算机为例,C++常用的数据类型以及取值范围如表 F2-1 所示。

表 F2-1　C++基本数据类型

数据类型	关键字	占字节数	取值范围
字符型	char	1	−128～127
无符号字符型	unsigned char	1	0～255
整型	int	4	−2147483648～2147483647

续表

数据类型	关键字	占字节数	取值范围
无符号整型	unsigned int	4	0～4294967294
短整型	short int	2	－32768～32767
长整型	long int	4	－2147483648～2147483647
单精度浮点型	float	4	－3.4e38～3.4e38
双精度浮点型	double	8	－1.7e308～1.7e308
无值型	void	0	
逻辑型	bool	1	true 或 false

除了以上基本数据类型外，用户可以根据需要，按照C++语法由基本数据类型构造出一些数据结构，如数组、指针、结构体、共用体、类等。

F2.2.3 运算符和表达式

在程序中，表达式是计算求值的基本单位，它是由运算符和操作数组成的式子。最简单的表达式只有一个常量或变量，当表达式中有两个或多个运算符时，表达式称为复杂表达式。

1. 算术运算符

C++定义了五种基本算术运算操作，即加（＋）、减（－）、乘（＊）、除（/）和取余（％）

C++中算术运算符和数学运算的概念及运算方法是一致的，其中乘（＊）、除（/）和取余（％）优先于加（＋）减（－）。还要注意几个问题，如对于两个整型操作数相除，结果为整数；取余运算只针对整型操作数。

2. 赋值运算符

在 C++语言中，赋值操作符"="构成的是一个赋值表达式，作用是将赋值符右边的操作数的值赋给左边的变量。例如：pi＝3.14159。

3. 复合运算符

在 C++语言中，规定了十种复合赋值运算符，常见的算术复合赋值运算符有：＋＝（加赋值），－＝（减赋值），＊＝（乘赋值），/＝（除赋值），％＝（求余赋值）。例如：$x+=1$，等同于 $x=x+1$。

4. 关系运算符

关系运算符是双目运算符，是对两个操作数进行比较，运算结果为布尔型，若关系成立，则值为 true，否则为 false。C++提供了六种关系运算符：＜（小于），＜＝（小于或等于），＞（大于），＞＝（大于或等于），＝＝（等于），!＝（不等于）。例如：4＜5 的结果为 true。

5. 逻辑运算符

C++语言中有三种逻辑运算符：!（逻辑非），＆＆（逻辑与），||（逻辑或）。"逻辑非"的规则是，当运算分量为 false 时，结果为 true；运算分量为 true 时，结果为 false。"逻辑与"是当

两个运算分量都是"真"时,结果才是"真",否则为"假"。"逻辑或"是当两个运算分量中有一个是"真"时,结果就为"真",而只有当它们都为"假"时,结果才为"假"。

6. 位运算符

位是计算机中数据的最小单位,也是在编程中常用的一种运算形式,一般用0和1表示。一个字符在计算机中用8个位表示,8个位组成一个字节。对于操作数的位运算,通常将十进制数表示为二进制,并逐位进行运算。具体运算规则与实例如表F2-2所示。

按位与的运算规则:参与运算的两个操作数,如果两个对应的位均为1,对应位与的结果为1,否则结果为0。

按位或的运算规则:参与运算的两个操作数,如果两个对应的位只要有一个为1,对应位或的结果就为1。

按位异或的运算规则:参与运算的两个操作数,如果两个对应的位不同,对应位异或的结果为1,否则为0。

按位取反的运算规则:对于一个二进制数据按位取反,各个位0变1,1变0。

移位运算规则:将一个操作数向左移一位,相当于该操作数乘以2;向右移一位,相当于除以2。从表中的例子可以看出,对于二进制数据进行移位,移出的位舍弃,空出的位补0。

表F2-2 位运算规则与实例

位运算符	运算符名称	例子(二进制)	运算结果(二进制)
&	按位与	1010&0110	0010
|	按位或	1010|0110	1110
^	按位异或	1010^0110	1100
~	按位取反	~1010	0101
<<	左移位	0110<<1	1100
>>	右移位	1010>>2	0010

7. 表达式

表达式是由运算符和操作数组成的式子,常量、变量、函数等都可以作为操作数,而C++中运算符很丰富,所以表达式种类很多。常见表达式有算术表达式、关系表达式、逻辑表达式、条件表达式、赋值表达式和逗号表达式六种。

在表达式中使用运算符时,要明确运算符的功能,如:&,*,既可以作为单目运算符,也可以作为双目运算符,表达的意义也不同。同时,运算符优先级决定了在表达式中各个运算符执行的先后顺序。高优先级运算符先于低优先级运算符进行运算。如表达式"a+b*c",会先计算b*c,得到的结果再和a相加。在优先级相同的情形下,则按从左到右的顺序进行运算。当表达式中出现了括号时,会改变优先级。先计算括号中表达式值,再计算整个表达式的值。

F2.2.4 C++的程序结构

算法的基本控制结构也称为流程控制结构,和传统的结构化程序设计一样,C++有三种基本结构:顺序结构、选择结构和循环结构。

1. 顺序结构

顺序结构就是按照语句出现的顺序一条一条地执行,先出现的先执行,后出现的后执行,是一种简单的语句,通常包括表达式语句、输入语句与输出语句。

表达式语句是一种简单的语句,任何表达式加上分号都可以构成表达式语句。C++的输入和输出工程通常是由函数 scanf、printf 或者输入、输出流来实现。输入、输出流是指数据传输与流动,C++在 iostream 类中定义了运算符"$>>$"和"$<<$"来实现输入与输出功能。

当程序需要键盘输入时,采用操作符"$>>$"从输入流 cin 中获取键盘输入的数字或者字符,并赋值给变量。具体格式如下所示。

```
#include<iostream.h>          //包含 iostream 头文件
void main(void)
{
    int x;                    //定义整型变量 x
    cin>>x;                   //通过键盘输入赋值
}
```

当需要在屏幕显示输出时,可以用操作符"$<<$"与 cout 结合,在屏幕上显示字符与数字。执行下所示代码将在屏幕上输出"$x=5$",cout 语句中,引号里面的内容为屏幕上限制的字符,而后面的 x 将以数字"5"输出,"endl"的功能是换行。

```
#include <iostream.h>
void main(void)
{
    int x=5;
    cout<<"x="<< x<< endl;
}
```

2. 选择结构

选择结构是用来判断所给定的条件是否满足,并根据判定的结果(真或假)选择执行不同的分支语句。C++中构成选择结构的语句有条件语句(if)和开关语句(switch)。

(1)条件语句

条件语句的基本形式有三种:if 语句、if...else 语句、多重 if...else 语句。

if 语句的形式为(流程图如图 F2-1 所示):

if(<表达式>)
  <语句>

if...else 语句的形式为(流程图如图 F2-2 所示):

if(<表达式>)
  <语句 1>
  else
  <语句 2>

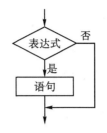 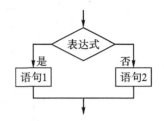

图 F2-1　if 语句流程　　　　图 F2-2　if...else 语句流程

(2)switch 语句

switch 语句也叫情况语句，是一种多分支语句，语句的形式为：

switch(＜表达式＞)
　　{
　　case ＜常量表达式 1＞：＜语句 1＞；break；
　　case ＜常量表达式 2＞：＜语句 2＞；break；
　　……
　　case ＜常量表达式 n＞：＜语句 3＞；break；
　　default：＜语句 n+1＞；
　　}

当表达式的值与 case 中某个表达式的值相等时，就执行该 case 中的所有语句；通过 break 语句，跳出 switch 结构。若表达式的值与 case 中的表达式值都不匹配，则执行 default 后面的语句。

3. 循环语句

C++有三种循环语句：for 循环语句、while 循环语句和 do...while 循环语句。

(1)for 循环语句

for 循环是 C++中最常见的一种循环形式，主要功能是将某段程序代码反复执行若干次，语句形式如下：

for(＜表达式 1＞；＜表达式 2＞；＜表达式 3＞)
　　{＜语句序列＞;}

其中，表达式 1 是对循环控制变量进行初始化，表达式 2 是循环条件，表达式 3 是对循环控制变量进行递增或者递减操作。具体执行过程如图 F2-3 所示：首先循环变量初始化；然后判断循环条件是否成立，成立则执行循环体的语句组，不成立则结束循环；更改循环条件，重复执行，直到循环条件不成立为止。

(2)while 循环语句

while 循环语句是一种简单的循环，可以看成是 for 循环语句表达式 1 和表达式 3 为空的一种形式。具体格式如下：

while(条件表达式)
{
＜循环体语句＞；
}

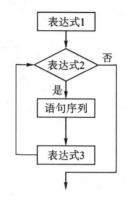

图 F2-3　for 循环流程图

while 首先判断循环条件,当条件为真时,程序重复执行循环体的语句,当条件不成立时,循环结束。流程如图 F2-4 所示。

(3) do...while 循环语句

do...while 循环语句的形式如下：

do

＜循环体语句＞；

while(＜条件表达式＞)

和 while 循环语句的区别在于：while 语句先判断表达式,然后再执行循环体语句；而 do...while 先执行循环体语句,然后判断表达式。do...while 语句循环体语句至少被执行一次,而 while 循环语句中循环体语句有可能一次都不被执行。执行的流程如图 F2-5 所示。

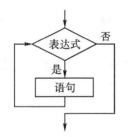

图 F2-4　while 语句流程图

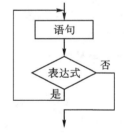

图 F2-5　do...while 语句流程图

4. 跳转语句

循环结构中,通常采用条件来判断循环是否继续进行,但在某些情况下,需要在循环的中途停止继续执行循环体的剩余语句,从循环中提前退出或者重新回到循环开始的地方进入新的一次循环,或者跳转到其他地方继续执行,这时需用到跳转语句,C++提供了 break、continue 语句。

(1)break 语句

break 语句使程序从当前的循环语句(while 和 for)内跳转出来,接着执行循环语句外面的语句；也可以用来跳出 switch 语句。下面程序可以看出 break 的用法,程序提示输入一个数字,当键盘输入的数字不为"8"时候,继续等待输入；而当输入数字"8"后,程序结束循环。

```cpp
#include <iostream.h>
void main(void)
{
    int x;
    while(1)
    {
       cout<<"请输入一个 10 以下数字"<<endl;
       cin>>x;
       if (x==8)
       break;
    }
}
```

(2)continue 语句

continue 语句只用于循环语句,它类似于 break,但与 break 不同的是,它不是结束整个循环,而是结束本次循,接着执行下一次循环。

```cpp
#include <iostream.h>
void main(void)
{
    int n;
    for(n=10;n<100;n++)
    {
        if(n%3!=0) continue;
        cout<<n<<endl;
    }
}
```

例程的主要功能是输出 10~100 之间能被 3 整除的数,采用 continue 作为转移语句。而如果将 continue 替换为 break 时,将无法输出,这是因为当 $n=10$ 时,采用 break 将会跳出整个 for 循环。

F2.3　函数及常用 C++ 函数

在程序设计中,函数是重要的组成部分,在 C++ 中,函数的主要任务是完成某一个独立的功能的子程序,这样一个复杂的程序就可以按照"自顶向下"的思想分解成若干功能相对独立的子模块。使用函数的主要目的有:①程序按功能划分成较小的功能模块,可以使程序更简单,调试方便。②避免语句重复,将重复的语句编写成一个函数,还可以减少编辑程序的时间。

在调用函数时,C++ 会转移到被调用的函数中执行,执行完后再回到原先程序执行的位置,然后继续执行下一条语句。

C++ 的函数的定义一般由函数类型、函数名、参数列表和函数体四个部分构成,其格式如下:

```
函数类型 函数名(参数列表)
{
    函数体;
}
```

函数名:函数名通常要符合C++命名规范,通常用英文单词或者英文单词的缩写,并尽可能体现函数功能。同时为了与C++编译器定义的一些函数区分开,通常避免下划线开头。

函数类型:函数类型通常是函数体中使用return返回的函数值的类型,具体类型同签名定义的数据类型。如果函数没有返回值,通常定义为void。

参数列表:参数可以是多个或者没有,通常参数的说明写在函数名后面的括号中,包含函数参数说明和参数名两个部分,参数间通常用逗号隔开。参数列表的主要作用是向函数传递数值或者从函数返回数值。

函数体:花括号中的语句成为函数体,它是完成函数功能的主体。

函数定义与调用举例如下列代码,其只要功能是利用子函数对两个整型数进行求和,并将求和后的数据返回主函数。

```
#include <iostream.h>
int plus(int a,int b)
{
    return (a+b);
}
void main()
{
    int x,y,z;
    x=20;
    y=10;
    z=plus(x,y);
    cout<<"x+y="<<z<<endl;
}
```

在编程时,可以采用以上函数格式进行自定义,从而完成某一功能。在编译器中,也提供了一些库函数,在使用时,不需要进行自定义,只需要进行调用即可,下面将对C++中常用的函数进行说明。

(1)读端口函数:_inp( )

原型:int _inp(unsigned short port);

头文件:conio.h

函数说明:port参数为指定的输入端口地址。调用后,它从port参数指定的端口读入并返回一个字节,输入值可以是在0~255范围内的任意无符号整数值。

(2)写端口函数:_outp( )

原型:int _outp(unsigned short port, int byte);

函数说明:port参数为指定的输出端口地址,byte参数为输出的值。调用后,它将byte参数指定的值输出到 port 参数指定的端口并返回该值。byte 可以是 0～255 范围内的任何整数值。

值得注意的是：在 Windows 98 以及以前版本，可以调用端口读写函数进行硬件操作，但是在以上版本，屏蔽了对端口的直接读写操作。

(3)时间挂起函数：Sleep( )

原型：Sleep(unsigned long)；

头文件：windows.h

函数说明：函数的功能是执行挂起一段时间，可以用作程序的延时等待操作。在标准 C 语言中是小写 sleep，在 VC 程序编写时采用首字母大写。

Sleep( )是以毫秒为单位，所以如果想让函数滞留 2 s 的话，可以用 Sleep(2000)。下面的程序的功能是，每隔 2 秒钟，在屏幕上循环输出"Hello C++"。

```
#include <windows.h>
#include <iostream.h>
  void main(void)
  {
    while(1)
    {
        cout<<"Hello C++"<<endl;
        Sleep(2000);
    }
  }
```

(4)键盘检测函数 kbhit( )

原型：int kbhit(void)；

头文件：conio.h

函数说明：检查当前是否有键盘输入，若有则返回一个非 0 值，否则返回 0。

举例如下：以下程序，如果没有键盘输入，程序一直输出"Hello C++"。

```
#include <conio.h>
#include <iostream.h>
void main(void)
{
    while(! kbhit( ))
    {
        cout<<"Hello C++"<<endl;
        Sleep(2000);
    }
}
```

(5)读取字符函数 getch( )

原型:int getch(void);

头文件:conio.h

函数说明:在Windows平台下等待键盘输入,并获取输入字符,但是输入字符不在屏幕回显。

```
#include <conio.h>
#include <iostream.h>
void main(void)
{
    char c;
    cout<<"敲击键盘退出"<<endl;
    c=getch();
}
```

F2.4 VC 6.0 开发环境介绍

采用C++语言进行程序开发,必须要有编译环境,Microsoft Visual C++ 6.0,(简称VC 6.0)是微软公司的C++开发工具,具有集成开发环境,可提供C语言、C++语言编程。下面将对VC 6.0集成开发环境进行介绍。集成环境如图F2-6所示,Visual C++ 6.0开发环境界面有标题栏、菜单栏、工具栏、项目工作区窗口、文档编辑区窗口、输出窗口等。

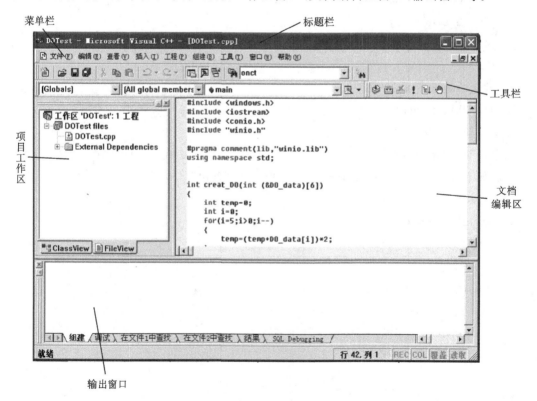

图F2-6 VC 6.0集成开发环境

1. 菜单栏

①文件(File)菜单(如图 F2-7 所示):File 菜单中的各项命令主要用来对文件和项目进行操作,如"新建""打开""保存""打印"等。

②编辑(Edit)菜单如图 F2-8 所示,主要是用来编辑文件内容。有撤销、恢复、复制、剪切、粘贴等操作命令,此外,菜单中还有查找、替换、设置断点等功能。

图 F2-7 文件菜单

图 F2-8 编辑菜单

③查看(View)菜单(如图 F2-9 所示)主要用来改变窗口和工具栏的显示方式,激活调试时所用的各个窗口,同时还包括使用频率很高的建立类向导。

④插入(Insert)菜单主要用于资源的创建与添加。

⑤工程(Project)菜单主要用于添加文件到工程并设置工程、导出生成文件等。工程是程序设计的基本单位,特别是在当前工程中添加文件使用较多。

⑥组建(Build)菜单主要用于应用程序的编译、连接、调试、运行,如图 F2-10 所示。

图 F2-9 查看菜单

图 F2-10 组建菜单

⑦工具(Tool)菜单主要用于选择和定制开发环境中一些工具,如组件管理等。

⑧窗口(Windows)菜单主要用于排列、打开和关闭集成开发环境中的各个窗口,调整窗口的显示方式,使窗口组合或者分离等。

⑨ 帮助(Help)菜单主要提供 VC 使用帮助。

2. 工具栏与快捷键

工具栏提供了图形化的快捷操作界面,工具栏上的按钮分别和菜单命令相对应,提供了执行常用命令的快捷方法。主要有标准工具栏、编译工具栏和类向导工具栏。

(1)标准工具栏如图 F2-11 所示,其中的工具按钮命令大多数是常用的文档编辑命令,如新建、保存、撤销、恢复、查找等命令。

图 F2-11　标准工具栏

(2)编译工具栏提供了常用的编译工具,如图 F2-12 所示,具体功能介绍如表 F2-3 所示。

图 F2-12　编译工具栏

表 F2-3　编译工具栏功能

编译工具栏序号	对应菜单命令	快捷键	功能
1	组建/编译	Ctrl+F7	编译程序
2	组建/组建	F7	生成.exe 应用程序
3	组建/停止组建	Ctrl+Break	停止组建
4	组建/执行	Ctrl+F5	执行.exe 应用程序
5	组建/开始调试/Go	F5	调试执行
6	组建/Breakpoint	F9	插入或删除点段

在程序单步调试时,可以使用单步调试快捷键:
- 设置/取消断点(F9):在某一行设置和取消断点。
- 单步执行(F10):单步执行,遇到函数调用时把其当作一条语句执行。
- 深入函数的单步执行(F11):单步执行,遇到函数调用是深入到其内部。
- 执行到光标处(Ctrl+F10):一次执行完光标前的所有语句,并停到光标处。
- 跳出(Shift+F11):执行完当前函数的所有剩余代码,并从函数跳出。
- 重新开始调试(Ctrl+Shift+F5):重新开始调试过程。
- 结束调试(Shift+F5):执行完程序的剩余部分,结束调试。

3. 工作区

工作区窗口位于集成开发环境左侧,当加载或者新建一个工程时,工作区就以树状结构显示项目中的内容。创建了一个项目工作区,每个项目工作区都有一个项目工作区文件(.dsw),存放该工作区中包含的所有项目的有关信息和开发环境本身的信息。项目置于项目工作区的管理之下。通常有三种不同的查看方式:ClassView(类视图)、ResourceView(资源视图)和 FileView(文件视图)。

附录 2　C++控制程序设计

4. 编辑区

编辑区位于开发环境右侧,在打开或者输入程序代码时,代码会显示在编辑区;而当设计菜单、对话框以及图片图标时,编辑区作为图形绘制与显示窗口。

5. 输出窗口

输出窗口的作用是对用户进行信息提示,如图 F2-13 所示。当应用程序进行编译后,输出窗口就会出现在集成开发环境的底部,用于显示程序编译的进展、警告与错误信息,同时在调试时候,显示变量的数值信息等。

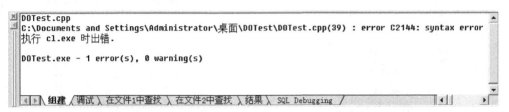

图 F2-13　输出窗口

F2.5　创建 C++控制台（console）程序

在课程中,我们通常编制 VC 控制台程序,下面将介绍控制台程序的建立、编译与运行。

1. 创建程序

打开已安装的 VC 6.0 集成开发环境,将出现如图 F2-14 所示开发环境,这里使用的是中文企业版。要创建一个 C++源程序,步骤如下：

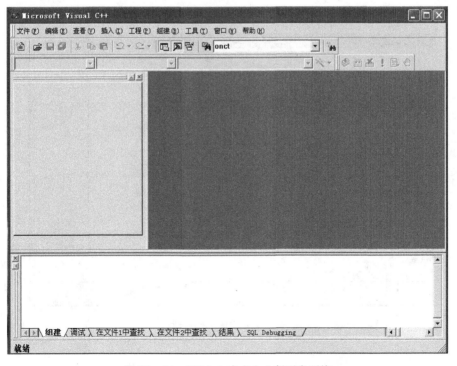

图 F2-14　VC 6.0 中文企业版开发环境

①点击菜单(File)/新建(New),弹出如图 F2-15 所示对话框。在对话框中选择"Win32 Console Application"(控制台应用工程),并在对话框右侧设置工程名称"Hello"以及工程存储路径。确定后,建立一个控制台程序的空工程。

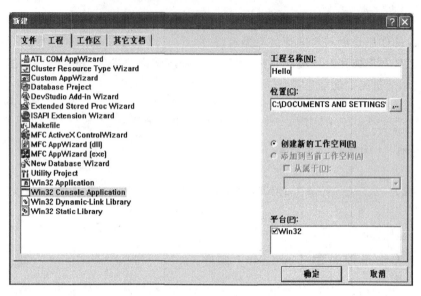

图 F2-15 新建工程对话框

② 单击文件(File)/新建选项卡,将出现如图 F2-16 所示对话框,选择"C++ Source File"选项,并在右侧对话框中设定程序所添加到的工程以及程序文件名,将文件名设定为"Hello C++",并点击确定。

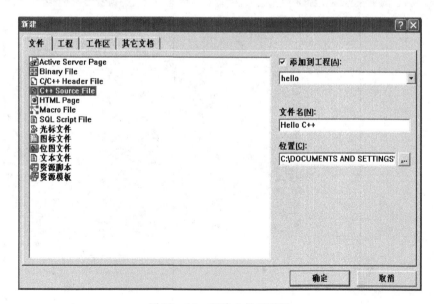

图 F2-16 新建文件对话框

③输入代码,代码清单如下:
1　＃include <iostream.h>
2　int main(void)
3　{
4　　　cout<<"Hello C++"<<endl;
5　　　return 0;
6　}

2. 编译组建

完成以上简单程序输入后,首先进行保存,并使用 VC 编译器对程序进行编译,编译可以检查程序中是否有语法错误,编译后可以进行连接,生成可执行文件。

进行编译和连接时,可以使用前面介绍的编译工具栏或组建菜单,也可以采用快捷键,编译(Compile)的快捷键是 Ctrl+F7,组建的快捷键是 F7。

3. 运行

单击编译工具栏或组建菜单或者按快捷键 Ctrl+F5,就可以运行可执行程序 hello.exe,显示屏上显示字符串"Hello C++",如图 F2-17 所示。

图 F2-17　程序运行结果

F2.6　编程规范

在程序编制时,要遵循一定的规范。特别是在一些大程序编制时,如果每个程序员都按照自己的编写风格编写程序,必然会降低程序的可读性,对系统的集成、调试带来一系列麻烦。下面将对 C++编程基本的编程风格和规范进行简要介绍。

源文件通常由标题、内容与附加说明三部分构成。标题为文件说明,主要包括程序名、作者、版本号、版权说明以及简要说明等。内容通常是程序文件中的功能语句,主要包括预处理命令、函数、语句、变量、输入/输出和注释等。附加说明通常放在文件末尾,可以对参考文献等资料进行补充说明。

缩进与对齐:缩进通常以 Tab 为单位,一个 Tab 是四个空格,通常在程序的不同结构层次之间加上缩进,预处理语句、函数原型定义、函数说明、附加说明一般顶格书写。语句中的"{ }"通常与上一行对齐,括号中的内容进行缩进。程序中关系紧密的一些行通常需要对齐。

空格与空行:运算符空格一般规律如下:"++""－－""!"" ~ ""::""*"(指针)、"&"(取地址)等通常不加空格,大多数双目运算符两边均空一格。程序中结构独立的模块之间,通常进行空行分隔。

命名规范：标识符一般用英文或英文缩写，所用英文与英文缩写要尽可能表达一定意义，单词一般首字母大写，缩写通常全部大写。

函数与注释：对于复杂程序，通常划分成若干个模块，模块可以用子函数实现，这样可以增强系统的可读性与重用性，具体说明见 F2.3 所示函数及常用 C++ 函数。注释在程序中必不可少，对于注释的要求是能够正确描述程序，同时要尽可能地简练。标题和附加说明的注释通常采用块注释"/*…*/"，函数说明与代码行说明通常用"//"。

F2.7 WinIo 库的使用

Windows 系统出于对系统安全性的保护，通常不允许对于 I/O 进行直接操作。WinIo 通过加载一个内核模式的设备驱动程序，利用几种底层编程技巧，使得 Windows 应用程序可以直接对 I/O 端口和物理内存进行存取，从而绕过了 Windows 系统的保护机制。WinIo 包含了三个文件：WinIo.dll、WinIo.sys 和 WINIO.VXD，其中 WINIO.VXD 驱动程序用在 Window 95/98 系统上，WinIo.sys 驱动程序用在 Windows NT/2000/XP 系统上，WinIo.dll 提供了功能函数的调用。

为了在 VC 中能正常使用 WinIo 库，必须按以下步骤进行配置：

①将 WinIo.dll、WinIo.sys、WINIO.VXD 三个文件放在程序可执行文件(Debug)目录下；

②WinIo.lib 及 winio.h 文件放在工程目录下；

③将 WinIo.lib 添加到工程中，♯pragma comment(lib,"winio.lib")；

④头文件中加入 ♯include "winio.h" 语句；

⑤调用 InitializeWinIo()函数初始化 WinIo 驱动库；

⑥调用读写 I/O 口的_inp()或_outp()函数；

⑦调用 ShutdownWinIo()函数关闭 WinIo 库。

F2.8 小结

本附录主要介绍了 C++语言的特点，从其特点可以看出，C++语言适合控制系统的开发。附录针对于测控实习的需要，重点介绍了 C++控制台程序的基本结构，详细介绍了 C++常用的表达式与运算符，以及控制系统编程中常用的位操作运算符以及常用函数，并列举了一些典型例子。

掌握 C++语言的流程控制结构很重要，附录介绍了 C++有三种基本结构：顺序结构、选择结构和循环结构，并介绍了在循环语句中，如何使用跳转语句实现在循环的中途停止继续执行循环体的剩余语句，从循环中提前退出或者重新回到循环开始的地方进入新的一次循环。这对于初学者来说，理解起来难度大，需要不断进行练习。

附录采用 VC 6.0 作为 C++的编译环境，简要介绍了 VC 6.0 集成开发环境，以及如何创建 C++控制台程序，如何编译组建，如何调试运行程序。

养成良好的编程习惯可以提高程序的可读性、可重用性,提高编程、调试的效率。附录在最后介绍了程序的书写、命名以及注释规范。

F2.9 基本训练内容

①练习基本运算和输入、输出。

②输出 0~200 范围内能被 3 整除的数。

③求两个数的最大公约数。

④将任意一个十进制整数按照二进制形式输出。

⑤对某一维数组数据进行降序排列并输出。

⑥输入 20 个整型数字,将重复数字去除,并将剩余数字按照升序排列。

⑦输入一学生成绩,并进行 5 分制输出。

⑧编写程序,计算 $1+2+3+\cdots+n$ 的值。

⑨猜数字游戏:游戏需要两个人,一个人首先设置任意一个整数(100 以内),请另外一个游戏者输入猜想数据,系统会提示猜大了还是小了,10 次以内猜对获胜。猜不对的话最后输出设置数据。

附录3 PCI-1710 数据采集控制卡

1. 概述

PCI-1710/1710HG 是一款局部并行总线(PCI 总线)的多功能数据采集卡。其先进的电路设计使得它具有更高的质量和更多的功能。这其中包含五种最常用的测量和控制功能：12位 A/D 转换、D/A 转换、数字量输入、数字量输出及计数器/定时器功能。

(1)即插即用功能

PCI-1710/1710HG 完全符合 PCI 规格 Rev2.1 标准，支持即插即用。在安装插卡时，用户不需要设置任何跳线和 DIP 拨码开关。实际上，所有与总线相关的配置，比如基地址、中断，可由即插即用。

(2)单端或差分混合的模拟量输入

PCI-1710/1710HG 有一个自动通道/增益扫描电路。该电路能代替软件控制采样期间多路开关的切换。卡上的 SRAM 存储了每个通道不同的增益值及配置。这种设计可以对不同通道使用不同增益，并自由组合单端和差分输入来完成多通道的高速采样。

(3)卡上 FIFO(先入先出)存储器

PCI-1710/1710HG 卡上有一个 FIFO 缓冲器，它能存储 4K 的 A/D 采样值。当 FIFO 半满时，PCI-1710/1710HG 会产生一个中断。该特性提供了连续高速的数据输入及 Windows 下更可靠的性能。

(4)卡上可编程计数器

PCI-1710/1710HG 提供了可编程的计数器，用于为 A/D 变换提供可触发脉冲。计数器芯片为 82C54 或与其兼容的芯片，它包含了三个 16 位的 10 MHz 时钟的计数器。其中有一个计数器作为事件计数器，用于对输入通道的事件进行计数。另外两个级联在一起，用作脉冲触发的 32 位定时器。

(5)用于降低噪声的特殊屏蔽电缆

PCL-10168 屏蔽电缆是专门为 PCI-1710/1710HG 所设计的，它用来降低模拟信号的输入噪声。该电缆采用双绞线，并且模拟信号线和数字信号线是分开屏蔽的。这样能使信号间的交叉干扰降到最小，并使 EMI/EMC 问题得到了最终的解决。

(6)16 路数字输入和 16 路数字输出

提供 16 路数字输入和 16 路数字输出，使客户可以最大灵活地根据自己的需要来应用。

(7)短路保护

PCI-1710/1710HG 在+12V(DC)/+5V(DC)输出管脚处提供了短路保护器件，当发生短路时，保护器件会自动断开停止输出电流，直到短路被清除大约两分钟后，管脚才可开始输出电流。

2. 特性

①16 路单端或 8 路差分模拟量输入，或组合方式输入。

②12 位 A/D 转换器，采样速率可达 100 kHz。

③每个模拟量输入通道的增益可编程设置。

④板载 4 k 采样 FIFO 缓冲器。

⑤2 路 12 位模拟量输出。

⑥16 路数字量输入及 16 路数字量输出。

⑦可编程触发器/定时器。

⑧PCI 总线数据传输。

3. 一般特性

① 获 CE CISPR 22 CLASS B 认证。

②I/O 接口:68 脚 SCSI－II 孔式接口。

③功耗:＋5 V/850 mA(典型值)＋5 V/1.0 A(最大值)。

④工作温度:0℃～60℃(32°F～140°F)。

⑤存储温度:－20℃～70℃(－4°F～158°F)。

⑥工作湿度:5%～85% 非凝结(参考 IEC－68－1、IEC－68－2、IEC－68－3)。

⑦尺寸:175 mm(L)×107 mm(H)。

4. 规格

(1)数字量输入

①通道:16。

② 输入电压：

低:最大 0.4 V。

高:最小 2.4 V。

③输入负载：

低:－0.2 mA/0.4 V。

高:20 μA/2.7 V。

(2)数字量输出

①通道:16。

②输出电压：

低:最大 0.4 V/8.0 mA(汇点)。

高:最小 2.4 V/－0.4 mA(源点)。

(3)模拟量输入

①通道:16 路单端或 8 路差分 (可通过软件编程)。

②分辨率:12 bit。

③板载 FIFO:4k 采样点数。

④转换时间:8 μs。

⑤输入范围:±10 V,可通过软件编程。

⑥最大输入过压:±30 V。

⑦线性误差:±1 LSB。

⑧输入阻抗:1 GΩ。

⑨触发模式:软件,板载可编程定时器或外部触发器。

(4)模拟量输出

①通道:2。

②分辨率:12 bit。

③相对精度:$\pm\frac{1}{2}$ LSB。

④增益误差:±1 LSB。

⑤最大采样速率:100 k/s。

⑥电压变化率:10 V/μs。

⑦输出范围:(可通过软件编程)。

内部参考:0~+5 V,0~+10 V。

外部参考:0~+X/−X(−10 V≤X≤10 V)。

(5)可编程定时器/计数器:

①计数器芯片:82C54或同等芯片。

②计数器:3通道、16位、2个通道被永久配置为可编程定时器,1个通道供用户根据需要进行配置。

③输入电平:TTL/CMOS兼容。

④时基:

通道1:1 MHz。

通道2:从通道1的输出获取输入。

通道0:内部100 kHz或外部时钟(最大10 MHz),通过软件选择。

5．针脚定义

针脚对应定义如图F3-1所示。

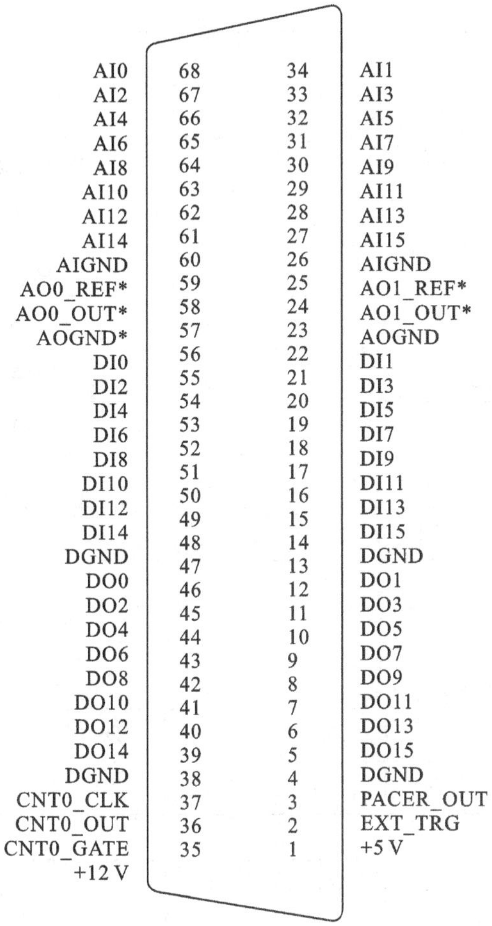

附录3　PCI-1710数据采集控制卡

```
AI0    68  34  AI1
AI2    67  33  AI3
AI4    66  32  AI5
AI6    65  31  AI7
AI8    64  30  AI9
AI10   63  29  AI11
AI12   62  28  AI13
AI14   61  27  AI15
AIGND  60  26  AIGND
AO0_REF*  59  25  AO1_REF*
AO0_OUT*  58  24  AO1_OUT*
AOGND*    57  23  AOGND
DI0    56  22  DI1
DI2    55  21  DI3
DI4    54  20  DI5
DI6    53  19  DI7
DI8    52  18  DI9
DI10   51  17  DI11
DI12   50  16  DI13
DI14   49  15  DI15
DGND   48  14  DGND
DO0    47  13  DO1
DO2    46  12  DO3
DO4    45  11  DO5
DO6    44  10  DO7
DO8    43   9  DO9
DO10   42   8  DO11
DO12   41   7  DO13
DO14   40   6  DO15
DGND   39   5  DGND
CNT0_CLK   38   4  PACER_OUT
CNT0_OUT   37   3  EXT_TRG
CNT0_GATE  36   2  +5V
+12V       35   1
```

图 F3-1　针脚定义

6. PCI-1710采集卡端口地址

PCI-1710采集卡端口地址分配见表 F3-1。

表 F3-1　PCI-1710采集卡端口地址分配表

地址	读	写
Base+0	A/D低字节	软件触发
+1	A/D高字节及通道信息	—
+2	—	增益、极性、单端与差动控制
+4	—	多路开关起始通道控制
+5	—	多路开关结束通道控制
+6	—	A/D工作模式控制

续表

地址	读	写
+7	A/D 状态信息	—
+9		FIFO（先进先出寄存器）清空
+10	—	D/A 通道 0 低字节
+11	—	D/A 通道 0 高字节
+12	—	D/A 通道 1 低字节
+13	—	D/A 通道 1 高字节
+14		D/A 参考控制
+16	DI 低字节	DO 低字节
+17	DI 高字节	DO 高字节

7. 寄存器

(1) DI/DO 数据寄存器

Base+16	D7	D6	D5	D4	D3	D2	D1	D0
DI 低字节	DI7	DI6	DI5	DI4	DI3	DI2	DI1	DI0

Base+17	D7	D6	D5	D4	D3	D2	D1	D0
DI 高字节	DI15	DI14	DI13	DI12	DI11	DI10	DI9	DI8

Base+16	D7	D6	D5	D4	D3	D2	D1	D0
DO 低字节	DO7	DO6	DO5	DO4	DO3	DO2	DO1	DO0

Base+17	D7	D6	D5	D4	D3	D2	D1	D0
DO 高字节	DO15	DO14	DO13	DO12	DO11	DO10	DO9	DO8

(2) 清空中断和 FIFO 寄存器（写任意字）

写	清空中断并 FIFO							
Bit#	7	6	5	4	3	2	1	0
BASE+9	Clear FIFO							
BASE+8	Clear Interrupt							

附录3 PCI-1710数据采集控制卡

(3) 多路转换控制寄存器

写	多路转换控制							
Bit#	7	6	5	4	3	2	1	0
BASE+5					STO3	STO2	STO1	STO0
BASE+4					STA3	STA2	STA1	STA0

STA3~STA0	开始扫描通道编号
STO3~STO0	停止扫描通道编号

(4) 设置通道范围及增益的寄存器

写	模拟量输入通道范围							
BASE+2			S/D	B/U		G2	G1	G0

S/D	单端或差分	0表示通道为单端,1表示通道为差分
B/U	双极或单极	0表示通道为双极,1表示通道为单极

PCI-1710的增益码如下。

增益	输入范围(V)	B/U		增益码		
1	-5~+5	0	0	0	0	0
2	-2.5~+2.5	0	0	0	0	1
4	-1.25~+1.25	0	0	0	1	1
0.5	-10~10	0	1	0	0	0

(5) 控制寄存器 BASE+6

Bit#	7	6	5	4	3	2	1	0
BASE+6	AD16/12	CNT0	ONE/FH	IRQEN	GATE	EXT	PACER	SW

SW	软件触发启用位	设为1可启用软件触发,设为0则禁用
PACER	触发器触发启用位	设为1可启用触发器触发,设为0则禁用
EXT	外部触发启用位	设为1可启用外部触发,设为0则禁用

注意:用户不能同时启用软件触发、触发器触发和外部触发。

续表

GATE	外部触发门功能启用位	设为 1 可启用外部触发门功能,设为 0 则禁用
IRQEN	中断启用位	设为 1 可启用中断,设为 0 则禁用
ONE/FH	中断源位	设为 0 将在发生 A/D 转换时生成中断,设为 1 则在 FIFO 半满时生成中断
CNT0	计数器 0 时钟源选择位	0 表示计数器 0 的时钟源为内部时钟(100 kHz),1 表示计数器 0 的时钟源为外部时钟(最大可达 10 MHz)

(6) AD 状态寄存器

Bit#	7	6	5	4	3	2	1	0
BASE+7	CAL				IRQ	F/F	F/H	F/E

寄存器 BASE+6 的状态寄存器的内容与控制寄存器的内容相同

F/E	FIFO 空标志	此位用于指示 FIFO 是否为空,1 表示 FIFO 为空
F/H	FIFO 半满标志	此位用于指示 FIFO 是否为半满,1 表示 FIFO 半满
F/F	FIFO 满标志	此位用于指示 FIFO 是否为满,1 表示 FIFO 为满
IRQ	中断标志	此位用于指示中断状态,1 表示已发生中断

(7) A/D 数据寄存器

读	通道编号与模拟量数据							
Bit#	7	6	5	4	3	2	1	0
BASE+1	CH3	CH2	CH1	CH0	AD11	AD10	AD9	AD8
BASE+0	AD7	AD6	AD5	AD4	AD3	AD2	AD1	AD0

通道编号和 A/D 数据的寄存器

AD11~AD0	A/D 转换结果	AD0 是 A/D 数据中最低有效位(LSB),AD11 则是最高有效位(MSB)
CH3~CH0	A/D 通道编号	CH3~CH0 保存接收数据的 A/D 通道的编号,CH3 为 MSB,CH0 为 LSB

(8) 用于 D/A 参考控制的寄存器

写	模拟量输出通道设置							
Bit#	7	6	5	4	3	2	1	0
BASE+14					DA1_I/E	DA1_5/10	DA0/I/E	DA0_5/10

用于 D/A 参考控制的寄存器

DA0_5/10	内部参考电压,用于 D/A 输出通道 0	此位控制用于 D/A 输出通道 0 的内部参考电压。0 表示内部参考电压为 5 V,1 表示 10 V
DA0_I/E	内部或外部参考电压用于 D/A 输出通道 0	此位指示用于 D/A 输出通道 0 的参考电压为内部还是外部。0 表示参考电压来自内部源,1 表示来自外部源
DA1_5/10	内部参考电压,用于 D/A 输出通道 1	此位控制用于 D/A 输出通道 1 的内部参考电压。0 表示内部参考电压为 5 V,1 表示 10 V
DA1_I/E	内部或外部参考电压用于 D/A 输出通道 0	此位指示用于 D/A 输出通道 1 的参考电压为内部还是外部。0 表示参考电压来自内部源,1 表示来自外部源

(9) D/A 数据寄存器

读	模拟量输出通道 0							
BASE+11					DA11	DA10	DA9	DA8
BASE+10	DA7	DA6	DA5	DA4	DA3	DA2	DA1	DA0

读	模拟量输出通道 1							
BASE+13					DA11	DA10	DA9	DA8
BASE+12	DA7	DA6	DA5	DA4	DA3	DA2	DA1	DA0

附录4　开关量输入例程 DItest.cpp

```cpp
#include <windows.h>
#include <iostream>
#include <conio.h>
#include "winio.h"
#pragma comment(lib,"winio.lib")
using namespace std;

int creat_DI(int (&DI_bit)[8], int num)
{
    int i=0;
    for(i=0;i<8;i++)
    DI_bit[i]=(num>>i)&0x0001;
    return 0;
}

void main(void)
{
    char c;
    unsigned short BASE_ADDRESS = 0xE880;
    int iPort=16;

// 初始化 WinIo

    if (! InitializeWinIo())
    {
        cout<<"Error In InitializeWinIo!"<<endl;
        exit(1);
    }

//数字量输入

        int i;
```

附录4 开关量输入例程 DItest.cpp

```cpp
    int DI_data;
    int DI[8]={0};

while(1)
{
    DI_data = _inp(BASE_ADDRESS + iPort);
    creat_DI(DI,DI_data);
    Sleep(100);
    for(i=0;i<8;i++)
      {
         cout<<"DI_"<<i+1<<"="<<DI[i]<<endl;
      }
    cout<<"按 n 继续采集,其他键退出"<<endl;
    c = getch();
    if(c=='n'||c=='N')   continue;
    else break;
}
 ShutdownWinIo();          //关闭 WinIo

}
```

附录5　开关量输出通道例程 DOtest.cpp

```cpp
#include <windows.h>
#include <iostream>
#include <conio.h>
#include "winio.h"
#pragma comment(lib,"winio.lib")
using namespace std;

int creat_DO(int (&DO_bit)[8])
{
    int temp=0;
    int i=0;
    for(i=7;i>0;i--)
    {
        temp=(temp+DO_bit[i])*2;
    }
    return temp+DO_bit[0];
}

void main(void)
{
    unsigned short BASE_ADDRESS = 0xE880;
    int OPort=16;

// 初始化 WinIo
    if (! InitializeWinIo())
    {
      cout<<"Error In InitializeWinIo!"<<endl;
      exit(1);
    }
//数字量输出

    char c;
```

附录 5　开关量输出通道例程 DOtest.cpp

```cpp
    int DO_data;
    int DO[8]={0};

    while(1)
    {
       cout<<"请参照以下格式输入:1 0 1 0 1 0 1 0"<<endl;
cin>>DO[0]>>DO[1]>>DO[2]>>DO[3]>>DO[4]>>DO[5]>>DO[6]>>DO[7];
DO_data=creat_DO(DO);
_outp(BASE_ADDRESS + OPort, DO_data);
    cout<<"Press n to next and other key to quit!"<<endl;
    c = _getch();
    if(c=='n'||c=='N')   continue;
    else break;
    }
    _outp(BASE_ADDRESS + OPort, 0);
    ShutdownWinIo();              //关闭 WinIo
}
```

附录6　模拟量输入通道例程 AItest.cpp

```cpp
#include "stdafx.h"
#include <windows.h>
#include <iostream>
#include <conio.h>
#include "winio.h"
#pragma comment(lib,"winio.lib")
using namespace std;

void main(void)
{
    unsigned short BASE_ADDRESS = 0xE880;
    int iChannel = 0;
    float fHiVolt, fLoVolt, temp;
    unsigned short adData;
    unsigned char ucGain;
    unsigned char ucStatus = 1;
    int i=1;
    unsigned short tmp;
//初始化 WinIo
    if (! InitializeWinIo())
    {
        cout<<"Error In InitializeWinIo!"<<endl;
        exit(1);
    }
    _outp(BASE_ADDRESS + 9, 0);          //Clear FIFO
    //选择起始和结束通道
    _outp(BASE_ADDRESS + 4, iChannel);   //Start channel
    _outp(BASE_ADDRESS + 5, iChannel);   //Stop channel
    fLoVolt = -10.0;
    fHiVolt = 10.0;
    ucGain = 0x04;
    _outp(BASE_ADDRESS + 2, ucGain);     //设置增益及电压范围
```

附录6 模拟量输入通道例程 AItest.cpp

```
    while(1)
    {
        system("cls");
        _outp(BASE_ADDRESS + 6, 0x01);// 设置软件触发方式
        _outp(BASE_ADDRESS, 0);        //软件触发 AD 转换
        ucStatus = 1;
        while((! _kbhit()) && (ucStatus == 1))
        {
            ucStatus = (_inp(BASE_ADDRESS + 7)) & 0x01;
        }
        if (ucStatus == 0)
        {
            tmp = _inpw(BASE_ADDRESS);
            adData = tmp & 0xfff;
            temp = (fHiVolt－fLoVolt) * adData / 4095.0 + fLoVolt; //代码转换
            cout<<endl<<"模拟量第 "<<iChannel<<"通道采集电压为:"<<temp;
        }
        else
        {
            cout<<endl<<"采集数据错误!";
            break;
        }
    }
    ShutdownWinIo();            //关闭 WinIo
}
```

附录7 模拟量输出通道例程 AOtest.cpp

```cpp
#include <iostream>
#include <windows.h>
#include <conio.h>
#include "winio.h"
#pragma comment(lib,"winio.lib")
using namespace std;

void main()
{
    int BASE_ADDRESS=0xE880;
    int iChannel = 0;
    float fVoltage, fHiVolt, fLoVolt;
    int AOPort;
    int LByte;
    int HByte;
    char c;
    unsigned short outData;

    /*初始化 WinIo*/
    if (! InitializeWinIo())
    {
        cout<<"Error In InitializeWinIo!"<<endl;
        exit(1);
    }

    while(1)
    {
    system("cls");                      //清屏函数
    _outp(BASE_ADDRESS + 14,0);         //设置内部参考电压为5 V

    fHiVolt = 5;
    fLoVolt = 0;
```

附录7 模拟量输出通道例程 AOtest.cpp

```cpp
        AOPort = 10 + iChannel * 2;
        cout<<"请设定AO输出电压:"     <<endl;
        cin>>fVoltage;                    //设定DA通道输出的电压值
        outData = (unsigned short)(fVoltage / (fHiVolt - fLoVolt) * 0xfff);//代码转换
        LByte=outData & 0x00ff;
        HByte=(outData >> 8) & 0x000f;
        _outp(BASE_ADDRESS + AOPort,LByte);       //低字节部分
        _outp(BASE_ADDRESS + AOPort + 1, HByte); //高字节部分
        cout<<endl<<endl<<"第"<<iChannel<<" 通道输出电压为: "<<fVoltage<<"V"<<endl;
        cout<<"按n继续输出,其他键退出"<<endl;
        c = _getch();
        if(c == 'N' || c == 'n') continue;
        else break;
    }

    _outp(BASE_ADDRESS + AOPort,0);
    _outp(BASE_ADDRESS + AOPort + 1,0);//清零
    ShutdownWinIo();                          //关闭WinIo
}
```

参考文献

[1] 胡洪超. 实验室安全教程[M]. 北京:化学工业出版社,2019.

[2] 王天曦,李鸿儒,王豫明. 电子技术工艺基础[M]. 北京:清华大学出版社,2009.

[3] 樊尚春. 传感器技术及应用[M]. 3 版. 北京:北京航空航天大学出版社,2016.

[4] 唐文彦. 传感器[M]. 北京:机械工业出版社,2021.

[5] 刘芳,张宣妮. 传感器原理及应用实训[M]. 上海:上海交通大学出版社,2017.

[6] 李冰,徐秋景,曾凡菊. 自动控制原理[M]. 北京:人民邮电出版社,2014.

[7] 董红省,李双科,李先山. 自动控制原理及其应用[M]. 北京:清华大学出版社,2014.

[8] 王孙安,等. 工业系统的驱动、测量、建模与控制(上册)[M]. 北京:机械工业出版社,2007.

[9] 朱梅,朱光力. 液压与气动技术[M]. 西安:西安电子科技大学出版社,2004.

[10] 马永林,等. 机械原理[M]. 北京:高等教育出版社,1992.

[11] 王书锋,谭建豪. 计算机控制技术[M]. 武汉:华中科技大学出版社,2011.

[12] 朱玉玺,崔如春,邝小磊. 计算机控制技术[M]. 2 版. 北京:电子工业出版社,2010.

[13] 吕辉,陈中柱,李纲,等. 现代测控技术[M]. 西安:西安电子科技大学出版社,2006.

[14] 姚金生. 电子技术培训教材[M]. 北京:电子工业出版社,2001.

[15] 王国玉,余铁梅. 电工电子元器件基础[M]. 北京:人民邮电出版社,2006.

[16] 戴仕明,赵传申. C++程序设计[M]. 北京:清华大学出版社,2009.

[17] 张艳兵,王忠庆,鲜浩. 计算机控制技术[M]. 北京:国防工业出版社,2006.

[18] 刘金琨. 智能控制[M]. 北京:电子工业出版社,2014.

[19] 蔡自兴. 智能控制导论[M]. 北京:中国水利水电出版社,2019.

[20] 陈桂友,等. 基于 ARM 的微机原理与接口技术[M]. 北京:清华大学出版社,2020.

[21] 刘勇,于磊. 电梯技术[M]. 2 版. 北京:北京理工大学出版社,2017.

[22] 陈继文,等. 电梯结构原理及其控制[M]. 北京:化学工业出版社,2017.

[23] 段晨东. 电梯控制技术[M]. 北京:清华大学出版社,2020.

[24] 钟柏昌. Arduino 机器人设计与制作[M]. 石家庄:河北教育出版社,2016.

[25] 李永华. Arduino 项目开发[M]. 北京:清华大学出版社,2019.

[26] 王滨生. 模块化机器人创新教学与实践[M]. 哈尔滨:哈尔滨工业大学出版社,2016.